# なるほど統計力学

村上 雅人 著

# なるほど統計力学

海鳴社

# はじめに

水の分子構造は $H_2O$ である。水素原子(H) 2 個と、酸素原子(O) 1 個からなり、その立体構造に関して、かなり理解が進んでおり、量子力学 (quantum mechanics) や量子化学 (quantum chemistry) によって、その電子構造や基本特性に関する物理化学的な理解も進んでいる。

ところで、$H_2O$ は 0°C 以下の低温では固体 (solid) の氷 (ice) であり、0 から 100°C までは液体 (liquid) の水 (water) となり、100°C 以上では気体 (gas) の水蒸気 (vapor) となる。これを相変態 (phase transformation) と呼んでいる。

実は、量子力学に頼っている限り、なぜ、このような相変化が生じるのかは理解できないのである。これは、数多くのミクロ粒子が集団として行動する際の特徴であり、ミクロ粒子 1 個 1 個の性質からは、理解することのできない特性なのである。

実は、粒子の集合体の特性に関しては、熱力学 (thermodynamics) という学問で取り扱うことが可能である。相変態に関しては、系の自由エネルギー(free energy) というものを導入し、その低い状態が安定と考えるのである。

例えば、0°C 以下では、水は、固体の自由エネルギーが液体や気体よりも低く、よって氷が安定となるのである。

それでは、この自由エネルギー($G$: free energy)とはいったい何であろうか。それは、エンタルピー ($H$: enthalpy) 、エントロピー ($S$: entropy) および温度 ($T$: temperature) の関数であるが、マクロな系において、経験則（と数学的処理）から定義された物理量なのである。

実は、熱力学が建設された時代には、分子や原子の存在が明らかになってはいなかった。それでも、熱機関が牽引する産業発展とともに、熱力学の数学的な解析も進展し、エンジンの高性能化や、精錬、鋳造などの化学工業分野をはじめとする工業社会の礎となったのである。

しかし、熱力学に登場する変数（および関数）は、分子や原子の集合体としての挙動に関係しているはずである。それならば、熱力学関数のエンタルピーやエントロピーなどのパラメーターは、基本的には、これらミクロ粒子の集団の統計的な数理解析によって理解することが可能となるはずである。

そして、実際に、ミクロ粒子の集団を扱う過程で、多くの熱力学関数や変数の意味がミクロ機構の延長で説明できるようになったのである。このミクロとマクロの接点を担うのが統計力学である。

このように重要な学問であるにも関わらず、統計力学は難解な学問として学生から敬遠される傾向にある。その理由のひとつは、その基となる熱力学が、そもそも難解な学問ということがある。

エントロピーやエンタルピーなど、実際に測定できないマクロな物理量が登場し、場合によっては、その物理的意味は置き去りにしたまま、数式処理によって、多くの関係式が導出されていく。まるで迷路に迷い込んだようと形容する学生もいる。

実は、統計力学によって、これら熱力学関数 (thermodynamic functions) のミクロ機構が明らかになっていくのである。それまで、曖昧模糊として捉えどころの無かった熱力学関数に血が通いだすのである。しかも、統計力学によって、ミクロとマクロの融合がなされ、熱力学の本質さえもが明らかになっていく。まさに、熱力学という推理小説に込められた謎が、統計力学という探偵によって明らかになっていく、そんな感覚を与えてくれる学問なのである。

さらに、統計力学は、固体物理学への導入としても重要な側面を持っており、フェルミ統計やボーズ統計など、金属電子論や電子工学の発展に及ぼした波及効果は大きい。本書を通して、多くの読者が統計力学の魅力の一端に気づいていただければ、幸甚である。

最後に、芝浦工業大学の小林忍さんと石神井西中学校の鈴木正人さんには、原稿のチェックなど大変お世話になった。ここに謝意を表する。

2017年1月　著者

もくじ

# 第1章　分子運動論

**統計力学** (statistical mechanics) という学問は、気体（もちろん固体、液体も扱う）の圧力や温度などのマクロな物性を、気体分子というミクロ粒子の力学的運動を統計的に扱うことで理解しようという学問である。

本章では、気体のマクロな特性を、気体分子の運動を基に解析する例として、高校物理においても導入した**分子運動論** (Kinetic theory of molecules) について紹介する。

## 1. 1.　気体の状態方程式

ある気体のモル数を $n$[mol]としよう。この気体の体積 (volume) を $V$ [m$^3$]、圧力 (pressure) を $P$ [N/m$^2$]、温度 (temperature) を $T$ [K]とすると、次の状態方程式 (gas equation of state) が成立する。

$$PV = nRT$$

ここで、$R$ は気体定数 (gas constant) と呼ばれる定数である。驚くことに、$R$ は気体の種類に関係なく、8.31 [J/mol/K]と一定となる。ちなみに $R$ の単位は比熱 (specific heat) と同じであり、実際に比熱と密接な関係にある。

この式を変形すると　$\dfrac{PV}{T} = A\,(= nR)$　となり、**ボイル・シャルルの法則** (combined gas law) となる。ただし、右辺の $A$ は定数であり、$A = nR$ となる。

ここで、単位解析をしてみよう。すると

$$\frac{PV}{T} = \frac{[\mathrm{N/m^2}][\mathrm{m^3}]}{[\mathrm{K}]} = \frac{[\mathrm{Nm}]}{[\mathrm{K}]} = \frac{[\mathrm{J}]}{[\mathrm{K}]}$$

となり、左辺の単位は熱容量 (heat capacity) と同じ[J/K]となる。この1モルあたりの量が $R$ であるので、$R$ の単位はモル比熱 (molar specific heat) と同じ[J/K/mol]

となる。さて、ボイル・シャルルの法則から、以下の事実がわかる。

1　体積が一定ならば、気体の圧力は温度に比例して大きくなる: $P = A_1 T$

2　圧力が一定ならば、気体の体積は温度に比例して大きくなる: $V = A_2 T$

　これはシャルルの法則 (Charles' law) である。

3　温度が一定ならば、気体の圧力と体積は反比例する: $PV = A_3$

　これは、ボイルの法則 (Boyle's law) である。

ただし、$A_1, A_2, A_3$ は定数となる。

以上の関係を、矛盾なく説明するために誕生したのが、**気体分子運動論** (Kinetic theory of gas) である。気体は数多くの分子 (molecules) からなり、これら気体分子が運動することで圧力が生じる。そして、温度が高いほど、分子の運動エネルギー (kinetic energy) が大きくなる。

このように考えると、ボイル・シャルルの法則がみごとに説明できるのである。気体のマクロな特性を、ミクロな分子の運動から説明しようとした第一歩である。

それでは、より定量的な考察をしてみよう。気体を構成している分子の質量を $m$[kg]とし、分子の数は $N$ 個としよう。この気体が 1 辺の長さが $L$[m]の立方体の中に閉じ込められているとする。

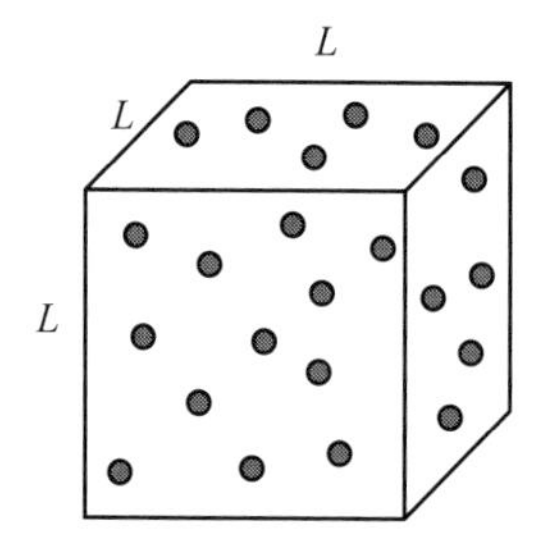


**図 1-1**　1 辺の長さが $L$ [m] の立方体容器に $N$ 個の気体分子が閉じ込められている。

これら分子は、ある速度 $v$ [m/s]で運動しており、常に容器の壁と衝突している。この衝突 (collision) が気体の圧力の原因となっていると考えるのである。気体の分子は、容器内の 3 次元空間 ($xyz$ 空間)を自由に運動しており、実際には、速度 (velocity) はベクトル (vector) となり

$$\vec{v} = \begin{pmatrix} v_x \\ v_y \\ v_z \end{pmatrix} \text{ [m/s]}$$ となり、その大きさは $v = |\vec{v}| = \sqrt{v_x^{\ 2} + v_y^{\ 2} + v_z^{\ 2}}$ [m/s]

と与えられる。

ここで、$x$ 軸方向 ($x$-axis direction)の運動に注目してみよう。この方向の速度成分を $v_x$[m/s]とする。そして、分子は、$x$ 軸に垂直な壁に、この速度で衝突すると、$-v_x$[m/s]で跳ね返されるものとする。これは、完全弾性衝突 (perfectly elastic collision) に相当する。もし、非弾性衝突 (inelastic collision) とすると、気体の圧力は時間経過とともに減っていくはずであるが、このような現象は見られないので、衝突は完全弾性衝突と見なせるのである。

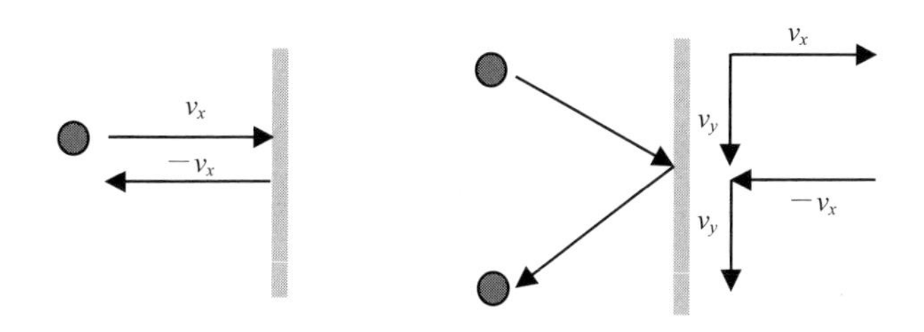


**図 1-2**　$x$ 方向における気体分子と壁の衝突。速度 $v_x$[m/s]で壁に衝突した分子は、壁から跳ね返され、$-v_x$[m/s]となる。右図のように、ななめに衝突した場合は、$x$ 成分のみが反転し、壁に平行な成分は変化しない。

以上の前提をもとに、気体の圧力 $P$ [N/m$^2$]について考察してみよう。気体分子の $x$ 方向の運動量 $p_x$ [kg m/s]は $p_x = mv_x$ と与えられる。

ここで、**力積** (force product) について、復習する。ニュートンの運動方程式は、運動量($p_x$)を使うと

$$f_x = m\frac{d^2x}{dt^2} = m\frac{dv_x}{dt} = \frac{d(mv_x)}{dt} = \frac{dp_x}{dt}$$

と表される。$f_x$ は $x$ 方向の力で、単位は[N]である。$t$ は時間であり、単位は[s]である。また、$d^2x/dt^2$ は加速度[m/s$^2$]となる。時間 $t$ に関して積分すると

$$\int f_x dt = \int dp_x$$

という関係がえられる。この左辺は力積と呼ばれ、ある時間範囲で、どれだけの力が積算されるかという指標となる。この関係を、定積分で表記すると

$$\int_{t_1}^{t_2} f_x dt = \int_{t_1}^{t_2} dp_x$$

となる。ここで、気体分子が壁に衝突すると、運動量は $mv_x$ から $-mv_x$ へと変化するので、1 回の衝突による運動量の大きさの変化は

$$\Delta p = mv_x - (-mv_x) = 2mv_x$$

となる。ここで $\int_{t_1}^{t_2} dp_x$ という積分は、ある時間の範囲 $t_1 \le t \le t_2$ における運動量の変化の総和であるので、この時間内 $\Delta t = t_2 - t_1$ に、何回、気体分子が壁と衝突するかがわかれば計算できる。いま、気体分子の速度は $v_x$ [m/s]であるので、壁と壁の間を一往復するのに要する時間は

$$t = \frac{2L}{v_x}$$

となる。この時間の間に、気体分子は左右の壁に 1 回ずつ衝突する。よって、$\Delta t = t_2 - t_1$ の時間に、気体分子が片側の壁に衝突する回数は

$$\frac{\Delta t}{t} = \frac{v_x}{2L}\Delta t = \frac{v_x}{2L}(t_2 - t_1)$$

となり、運動量の変化の総和は

$$\int_{t_1}^{t_2} dp_x = (2mv_x)\frac{v_x}{2L}(t_2 - t_1) = \frac{m{v_x}^2}{L}(t_2 - t_1)$$

と与えられる。したがって

$$\int_{t_1}^{t_2} f_x dt = \frac{m{v_x}^2}{L}(t_2 - t_1)$$

となる。ここで、左辺の被積分関数の力 $f_x$ は、本来は一定ではないはずであるが、ここでは、気体の圧力を考えており、全体でみれば、力は一定とみなして差し支えない。そこで、$f_x$ を定数と考えると

$$\int_{t_1}^{t_2} f_x dt = f_x(t_2 - t_1) = \frac{m{v_x}^2}{L}(t_2 - t_1)$$

となり

$$f_x = \frac{m{v_x}^2}{L}$$

と与えられる。これは、気体分子1個の場合であり、$N$個の場合の力$F_x$は

$$F_x = Nf_x = \frac{Nm{v_x}^2}{L}$$

となる。ただし、ここまでの議論では、暗黙のうちに、$v_x$は$x$方向の平均の速さとみなしているが、平均ということがわかるように$\bar{v}_x$という表記を使うと

$$F_x = \frac{Nm{\bar{v}_x}^2}{L}$$

となる。ここで、気体分子は、$x$, $y$, $z$方向に自由に動いており、平均すれば、どの方向でも大きさは等しいはずである。（もし、同じでないとすれば、気体は同じ容器内で、ある方向にだけ速く動くことになり、矛盾する。）よって、方向に関係のない、気体分子の速度を$v$とすれば

$$v^2 = {\bar{v}_x}^2 + {\bar{v}_y}^2 + {\bar{v}_z}^2 = 3{\bar{v}_x}^2 \quad \text{となり} \quad F_x = \frac{Nm{\bar{v}_x}^2}{L} = \frac{Nmv^2}{3L}$$

となる。結局、圧力$P$は

$$P = \frac{F_x}{L^2} = \frac{Nmv^2}{3L^3}$$

と与えられる。この$P$は、$x$軸に垂直な面にかかる圧力であるが、気体は等方的であり、そのまま、気体の圧力とみなしてよい。よって

$$PV = \frac{Nmv^2}{3}$$

となる。ここで、右辺の単位は$mv^2$と等価であり、エネルギーの単位となることがわかる。さらに、運動エネルギーに着目すると

$$PV = \frac{Nmv^2}{3} = \frac{2N}{3}\left(\frac{1}{2}mv^2\right)$$

となる。ここで、あらためて気体の状態方程式$PV = nRT$と比較してみよう。1モルあたりの分子数である**アボガドロ数** (Avogadro's number) を$N_A$(=6.23×$10^{23}$)とすると $N = nN_A$ という関係にあるから

$$PV = nRT = N\frac{R}{N_{\mathrm{A}}}T$$

となる。したがって

$$\frac{2N}{3}\left(\frac{1}{2}mv^2\right) = N\frac{R}{N_{\mathrm{A}}}T \quad \text{から} \quad \frac{1}{2}mv^2 = \frac{3}{2}k_BT$$

という関係がえられる。ただし $k_B = R/N_{\mathrm{A}}$ であり、$k_B$ は**ボルツマン定数** (Boltzmann constant) と呼ばれる分子 1 個あたりの気体定数に相当する。

> **演習 1-1**　気体定数が $R$ = 8.31 [J/K/mol]、アボガドロ数が $N_{\mathrm{A}} = 6.23 \times 10^{23}$[mol$^{-1}$] として、ボルツマン定数 $k_B$ の値を求めよ。

**解**）　$k_B = \dfrac{R}{N_{\mathrm{A}}} = \dfrac{8.31}{6.23\times10^{23}} \cong 1.33\times10^{-23}$　[J/K]　となる。

---

つまり、気体分子 1 個の温度 $T$ [K]における運動エネルギーの平均値は(3/2)$k_BT$ となるのである。このように、分子の運動エネルギーは温度に比例する。そして、絶対零度 (absolute zero temperature) 、すなわち 0 [K]では、分子の速度は $v$ = 0 となり、すべての分子の運動が静止することになる[1]。

ところで、この 3 という数字は何を意味するのであろうか。そこで、次のような変形をしてみよう。

$$\frac{1}{2}mv^2 = \frac{1}{2}m({v_x}^2 + {v_y}^2 + {v_z}^2) = \frac{3}{2}k_BT = \frac{1}{2}(k_BT + k_BT + k_BT)$$

すると、(1/2) $k_BT$ は、3 次元空間の 3 つの方向に対応し

$$\frac{1}{2}m{v_x}^2 = \frac{1}{2}k_BT \qquad \frac{1}{2}m{v_y}^2 = \frac{1}{2}k_BT \qquad \frac{1}{2}m{v_z}^2 = \frac{1}{2}k_BT$$

という関係にあると考えられる。つまり、3 次元空間のそれぞれの方向では (1/2)$k_BT$ となっているが、3 方向で積算すると 3 倍となるということになる。実は、力学 (mechanics) では、物体の運動を自由度 (degree of freedom) で整理する場合がある。たとえば、3 次元空間における 1 個の分子の運動には、 ($x$, $y$, $z$)方

---

[1] 量子力学によれば、絶対零度であっても、不確定性原理に基づく運動である零点振動が存在するため、原子や分子が完全には静止しないことが知られている。絶対静止は、あくまでも古典物理学での考えであることに注意されたい。

向の 3 個の自由度がある。あるいは、1 個の物体の位置を特定するためには、3 個の変数が必要となるという解釈も可能である。そして、それぞれの自由度あたりのエネルギーが(1/2) $k_BT$ と考えるのである。実は、統計力学 (statistical mechanics) では、並進運動 (translational motion) だけでなく、回転 (rotation) や振動 (vibration) などの運動にともなう自由度が増えた場合も、自由度 1 個あたりのエネルギーは(1/2)$k_BT$ に等分配されるとしている。これを**エネルギー等分配の法則** (law of equipartition of energy)と呼んでいる。

この理由を少し考えてみよう。もし、エネルギーが等分配されないとしたら、どうなるであろうか。この場合、どれか 1 個の運動モードが温度 $T$ に対して、優先的に大きくなることを意味する。とすると、ある運動だけが優先されることになり、気体分子の運動のバランスは崩れてしまうであろう。よって、エネルギーは等分配以外にはありえないのである。

## 1. 2.　速度の分布

### 1. 2. 1. マックスウェル分布

前節の議論では、分子の速度の平均を考えて、気体の圧力を導出した。しかし、実際の気体分子は、いろいろな速度で動いており、すべての分子が同じ速さで運動しているわけではない。とすれば、平均速度だけでなく、実際の速度分布がどのようになっているかを考慮する必要がある。

ここで、気体分子の $x$ 方向の速度の分布確率が $u_x = f(v_x)$ という関数で与えられるものとする。なお、このように確率分布を表す関数を確率密度関数 (probability density function) という。ここで、横軸を $v_x$ として $f(v_x)$のグラフを描くと、図 1-3 のようになると予想される。

つまり、全体の平均近傍に最も多くの粒子が集まる確率が高く、それからずれるにしたがって存在確率は次第に減っていく。そして、速度が極端に大きな粒子の存在確率はほとんど 0 となる。これが定性的な速度の確率分布と考えられる。

さらに、この曲線の下の部分の面積は 1 となる。なぜなら、この図は $x$ 方向の速度分布であるが、全粒子の速度の $x$ 成分の存在確率であるから、それを全部加算すれば 1 となるはずだからである。よって

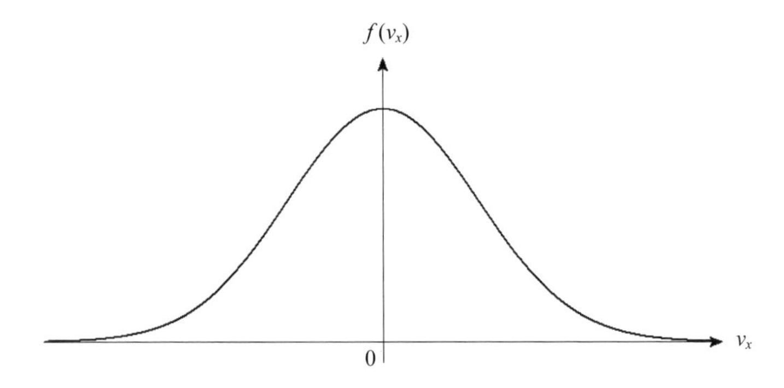


**図 1-3** 気体分子の速度の確率分布の予想図

$$\int_{-\infty}^{+\infty} f(v_x)\,dv_x = 1$$

となる。ここで $f(v_x)\,dv_x$ の意味は、気体分子の速度が $v_x$ と $v_x + dv_x$ の範囲にある確率となる。これは、図 1-4 の射影部の面積に相当する（連続関数に関わる確率については補遺 1 を参照）。

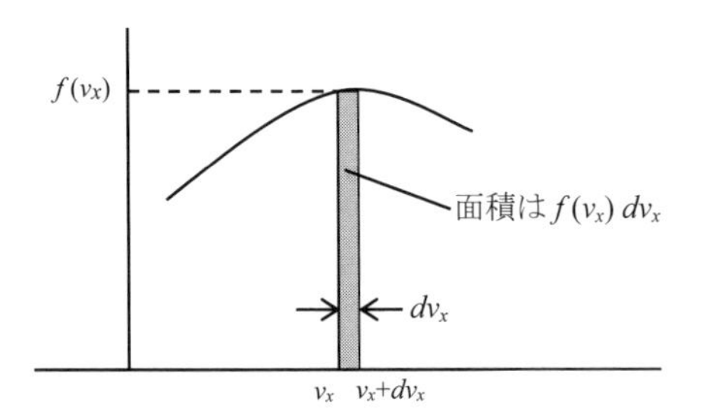


**図 1-4** $f(v_x)\,dv_x$ は、気体分子が $v_x$ と $v_x + dv_x$ の範囲にある確率であり、図の範囲の面積に相当する。この面積を全区間に亘って積算すると、その値は 1 となる。

実は、独立した多数の事象の確率分布は、**正規分布** (normal distribution) に従うことが知られている。ガウス分布 (Gaussian distribution) と呼ぶこともある。これは、平均のまわりの存在確率が最も高く、平均から離れるにしたがって確率は次第に減っていくというものである。英語で、normal（当たり前の）distribution（分布）と呼ばれる所以である。

よって、気体分子の速度の分布も正規分布に従うものと予想される。正規分布

の確率密度関数は $f(v_x) = ae^{-bv_x^2} = a\exp(-bv_x^{\,2})$ と与えられる。ただし、$a$ および $b$ は定数である。この関数を全空間にわたって積分すると、その値は

$$\int_{-\infty}^{+\infty} f(v_x)\,dv_x = a\int_{-\infty}^{+\infty}\exp(-bv_x^{\,2})\,dv_x = 1$$

になる。これは、**ガウス積分** (Gaussian integral) として知られており

$\int_{-\infty}^{+\infty}\exp(-bv_x^{\,2})\,dv_x = \sqrt{\dfrac{\pi}{b}}$　と与えられる（補遺 2 参照）。

**演習 1-2**　$\int_{-\infty}^{+\infty} f(v_x)\,dv_x = 1$ を利用して、定数 $a$ と $b$ の関係を求めよ。

**解）**　ガウスの積分公式を使うと

$$\int_{-\infty}^{+\infty} f(v_x)\,dv_x = a\int_{-\infty}^{+\infty}\exp(-bv_x^{\,2})\,dv_x = a\sqrt{\frac{\pi}{b}} = 1 \quad \text{となるので} \quad a = \sqrt{\frac{b}{\pi}}$$

という関係にあることがわかる。

---

これまでは、気体分子の 1 方向の速度分布を考えてきたが、実際の気体分子は 3 次元空間を自由に動きまわっており、3 方向の速度分布を考えなければならない。このとき、気体分子の速度はベクトルとなり

$$\vec{v} = \begin{pmatrix} v_x \\ v_y \\ v_z \end{pmatrix} \ \text{[m/s]} \qquad v = |\vec{v}| = \sqrt{v_x^{\,2} + v_y^{\,2} + v_z^{\,2}} \ \text{[m/s]}$$

となる。すでにみたように、$x$ 方向での確率密度関数は

$$f(v_x) = a\exp(-bv_x^{\,2})$$

であったが、気体分子の運動は等方的であり、方向性を持たないので

$$f(v_y) = a\exp(-bv_y^{\,2}),\quad f(v_z) = a\exp(-bv_z^{\,2})$$

のように、3 方向での速度分布に対応した関数はまったく同じかたちとなるはずである。つぎに、$x$ 方向の気体速度がと $v_x$ と $v_x + dv_x$ の範囲にある確率は

$$f(v_x)dv_x = a\exp(-bv_x{}^2)dv_x$$

である。同様にして、気体分子の速度が $y$ 方向で $v_y$ と $v_y + dv_y$ との範囲にある確率は $f(v_y)dv_y = a\exp(-bv_y{}^2)dv_y$ , $z$ 方向で $v_z$ と $v_z + dv_z$ の範囲にある確率は

$f(v_z)dv_z = a\exp(-bv_z{}^2)dv_z$ となる。互いに独立した事象の確率は、それぞれのかけ算となるので、気体分子の速度が$(v_x + dv_x, v_y + dv_y, v_z + dv_z)$ の範囲にある確率は

$$f(v_x)f(v_y)f(v_z)dv_x dv_y dv_z = F(v_x, v_y, v_z)dv_x dv_y dv_z$$

と与えられる。これを全空間に亘って積分したものが 1 となるので

$$a^3\int_{-\infty}^{+\infty}\int_{-\infty}^{+\infty}\int_{-\infty}^{+\infty}\exp(-bv_x{}^2)\exp(-bv_y{}^2)\exp(-bv_z{}^2)\,dv_x dv_y dv_z = 1$$

あるいは、まとめて $a^3\int_{-\infty}^{+\infty}\int_{-\infty}^{+\infty}\int_{-\infty}^{+\infty}\exp\{-b(v_x{}^2 + v_y{}^2 + v_z{}^2)\}\,dv_x dv_y dv_z = 1$ と表記することができる。実は、この左辺の積分は

$$a\int_{-\infty}^{+\infty}\exp(-bv_x{}^2)\,dv_x,\quad a\int_{-\infty}^{+\infty}\exp(-bv_y{}^2)\,dv_y,\quad a\int_{-\infty}^{+\infty}\exp(-bv_z{}^2)\,dv_z$$

という積分をかけたものである。そして、これら 3 個の積分の値はすべて 1 であるから、これら 3 個の積分をかけたものも 1 となる。これを計算すると

$a^3\left(\dfrac{\pi}{b}\right)^{\frac{3}{2}} = 1$ から $a = \sqrt{\dfrac{b}{\pi}}$ となって、$x$ 成分において求めた結果と一致する。

つぎに、定数 $b$ を求めてみよう。そのためには、全エネルギーを利用する。速度 $v_x$ の気体分子の運動エネルギーは$(1/2)mv_x{}^2$ であるから、$N$ 個の電子のエネルギーの和は

$$N\int_{-\infty}^{+\infty}\left(\frac{1}{2}mv_x{}^2\right)\sqrt{\frac{b}{\pi}}\exp(-bv_x{}^2)\,dv_x$$

となる。

**演習 1-3**　$\int_{-\infty}^{+\infty} x^2 \exp(-ax^2)\, dx = \dfrac{\sqrt{\pi}}{2\sqrt{a^3}}$ と与えられることを確かめよ。

**解）**　$t = ax^2$ と置くと、$dt = 2ax\, dx$ であり、積分範囲は $-\infty \le x \le +\infty$ から $0 \le t \le +\infty$ へと変わる。よって

$$\int_{-\infty}^{+\infty} x^2 \exp(-ax^2)\, dx = \int_{-\infty}^{+\infty} \frac{1}{2a} x \exp(-ax^2) 2ax\, dx = \frac{1}{2a}\int_0^{+\infty} \sqrt{\frac{t}{a}} \exp(-t)\, dt$$

$$= \frac{1}{2\sqrt{a^3}} \int_0^{+\infty} t^{-\frac{1}{2}} \exp(-t)\, dt$$

となる。つぎに $t = u^2$ とおくと $dt = 2udu$ であるから

$$\int_0^{+\infty} t^{-\frac{1}{2}} \exp(-t)\, dt = 2\int_0^{+\infty} \exp(-u^2)\, du$$

となる。これは、ガウス積分であり

$$2\int_0^{+\infty} \exp(-u^2)\, du = \int_{-\infty}^{+\infty} \exp(-u^2)\, du = \sqrt{\pi}$$

となるので、結局

$$\int_{-\infty}^{+\infty} x^2 \exp(-ax^2)\, dx = \frac{1}{2\sqrt{a^3}} \cdot \sqrt{\pi} = \frac{\sqrt{\pi}}{2\sqrt{a^3}}$$

となることが確かめられる。

---

いまの演習の途中の計算で出てきた $\int_0^{+\infty} t^{-\frac{1}{2}} \exp(-t)\, dt$ という積分は、補遺 3 に示したガンマ関数 $\Gamma(x) = \int_0^{+\infty} t^{x-1} \exp(-t)\, dt$ の $\Gamma\left(\frac{1}{2}\right) = \sqrt{\pi}$ に相当する。上記の演習結果から

$$\int_{-\infty}^{+\infty} {v_x}^2 \exp(-b{v_x}^2)\, dv_x = \frac{\sqrt{\pi}}{2\sqrt{b^3}}$$

となる。したがって

$$N\int_{-\infty}^{+\infty}\left(\frac{1}{2}mv_x^{\ 2}\right)\sqrt{\frac{b}{\pi}}\exp(-bv_x^{\ 2})\,dv_x = \frac{Nm}{2}\sqrt{\frac{b}{\pi}}\frac{\sqrt{\pi}}{2\sqrt{b^3}} = \frac{Nm}{4b}$$

と与えられる。エネルギーは $y, z$ 方向も等価であるから、全エネルギーは、この 3 倍の $E=\dfrac{3Nm}{4b}$ となる。ところで、気体の状態方程式の項で見たように、気体分子 1 個のエネルギーは $\dfrac{E}{N}=\dfrac{3}{2}k_BT$ であった。したがって $\dfrac{3}{2}k_BT=\dfrac{3m}{4b}$ から $b=\dfrac{m}{2k_BT}$ となり $a=\sqrt{\dfrac{b}{\pi}}=\sqrt{\dfrac{m}{2\pi k_BT}}$ より

$$f(v_x)=a\exp(-bv_x^{\ 2}) = \sqrt{\frac{m}{2\pi k_BT}}\exp\left(-\frac{m}{2k_BT}v_x^{\ 2}\right)$$ から

$$F(v_x,v_y,v_z)=f(v_x)f(v_y)f(v_z)=\left(\frac{m}{2\pi k_BT}\right)^{\frac{3}{2}}\exp\left(-\frac{m}{2k_BT}(v_x^{\ 2}+v_y^{\ 2}+v_z^{\ 2})\right)$$

となる。この分布を**マックスウェル・ボルツマン分布** (Maxwell-Boltzmann distribution) と呼んでいる。式から、わかるように、この分布は温度依存性を示す。例として、図 1-5 に温度を変化させた時の、$x$ 方向の速度分布の違いを示す。もちろん、$y$ 方向、$z$ 方向でも同様の分布となる。低温ほど中央近傍に速度分布が集中していることがわかる。

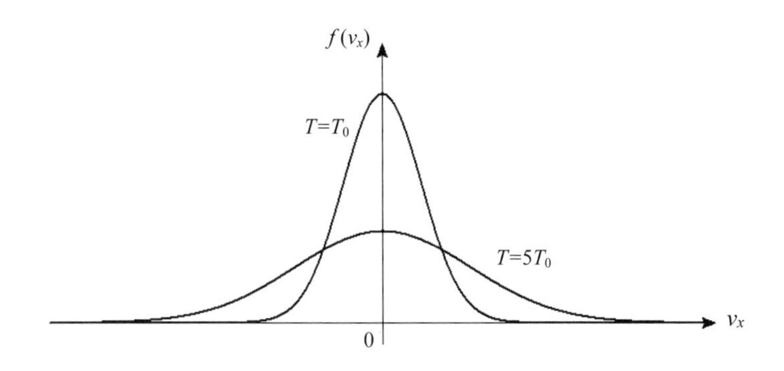


**図 1-5**　温度変化にともなう気体分子の運動速度の確率分布の変化

ところで、$x$ 方向の速さ $v_x$ の平均値は 0 となっている。これは、容器に閉じ込

められた気体の運動は等方的であり、$x$軸の正の方向にも負の方向にも同じ速度分布を持つからである。実際に、これを確認してみよう。平均速度は

$$\bar{v}_x = \int_{-\infty}^{+\infty} v_x f(v_x)\,dx = \sqrt{\frac{m}{2\pi k_B T}} \int_{-\infty}^{+\infty} v_x \exp\left(-\frac{m}{2k_B T} {v_x}^2\right) dv_x$$

によって与えられる。

---

**演習 1-4**　つぎの積分の値を求めよ。

$$\sqrt{\frac{m}{2\pi k_B T}} \int_{-\infty}^{+\infty} v_x \exp\left(-\frac{m}{2k_B T} {v_x}^2\right) dv_x$$

---

**解）**　この積分は $v_x$ にその存在確率をかけて、全空間で積分したものであるから、$v_x$ の平均値を与える。ここで、つぎの積分を計算しよう。

$$\int_{-\infty}^{+\infty} x \exp\left(-bx^2\right) dx$$

これは、表記の積分と等価である。そして、被積分関数は偶関数と奇関数の積となっているので、奇関数となる。したがって　$\int_{-\infty}^{+\infty} x \exp\left(-bx^2\right) dx = 0$ となるので

$$\sqrt{\frac{m}{2\pi k_B T}} \int_{-\infty}^{+\infty} v_x \exp\left(-\frac{m}{2k_B T} {v_x}^2\right) dv_x = 0$$　となる。

---

したがって、$x$ 方向の平均速度は 0 となるのである。このことは、$y$, $z$ 方向にも同様のことがいえるので、平均を $< >$ で示すと

$$< v_x > = < v_y > = < v_z > = 0$$

となって、すべての方向の平均速度は 0 となるのである。ベクトルで示すと

$$< \vec{v} > = \begin{pmatrix} < v_x > \\ < v_y > \\ < v_z > \end{pmatrix} = \begin{pmatrix} 0 \\ 0 \\ 0 \end{pmatrix}$$　となる。

これは、考えてみれば当たり前で、気体は容器の中に閉じ込められており、その中に停留していて、そこから動くことはない。逆に、平均速度が 0 ではないと

いうことは、ある方向に容器が移動することを示している。

### 1. 2. 2.　平均の速さ

ところで、気体分子の運動を考えるとき、0となる平均速度ではなく

$$v = |\vec{v}| = \sqrt{v_x{}^2 + v_y{}^2 + v_z{}^2}$$

という速度の絶対値の平均 $<v>$ を知ることも重要である。なぜなら、気体分子の運動の大きさは、$<v>$ に対応するからである。この平均は

$$<v> = \int_{-\infty}^{+\infty}\int_{-\infty}^{+\infty}\int_{-\infty}^{+\infty}\sqrt{v_x{}^2 + v_y{}^2 + v_z{}^2}\,a^3\exp\{-b(v_x{}^2 + v_y{}^2 + v_z{}^2)\}dv_x dv_y dv_z$$

という積分によって与えられる。ただし $a = \sqrt{\dfrac{m}{2\pi k_B T}}$， $b = \dfrac{m}{2k_B T}$　である。

この被積分関数を少し考えてみよう。これは、速さ $v = \sqrt{v_x{}^2 + v_y{}^2 + v_z{}^2}$ に、その存在確率である　$a^3\exp\{-b(v_x{}^2 + v_y{}^2 + v_z{}^2)\}dv_x dv_y dv_z$ を乗じたものであり、これを全空間に渡って積分すれば、$<v>$ がえられることになる。よって

$$<v> = a^3\int_{-\infty}^{+\infty}\int_{-\infty}^{+\infty}\int_{-\infty}^{+\infty}\sqrt{x^2 + y^2 + z^2}\exp\{-b(x^2 + y^2 + z^2)\}dxdydz$$

となる。この積分を計算するために、直交座標から極座標へ変換してみよう。直交座標系 $(x, y, z)$ と極座標系 $(r, \theta, \phi)$ との対応関係は

$$x = r\sin\theta\cos\phi \qquad y = r\sin\theta\sin\phi \qquad z = r\cos\theta$$

となる（図 1-6 参照）。よって $r^2 = x^2 + y^2 + z^2$ という関係が成立する。さらに

$$dx\,dy\,dz = r^2\sin\theta\,drd\theta\,d\phi$$

であったから（補遺 4 参照）

$$<v> = \int_{-\infty}^{+\infty}\int_{-\infty}^{+\infty}\int_{-\infty}^{+\infty}\sqrt{x^2 + y^2 + z^2}\exp\{-b(x^2 + y^2 + z^2)\}dxdydz$$

$$= \int_{r=0}^{+\infty}\int_{\theta=0}^{\pi}\int_{\phi=0}^{2\pi} r\exp(-br^2)\,r^2\sin\theta\,drd\theta\,d\phi = \int_{r=0}^{+\infty}\int_{\theta=0}^{\pi}\int_{\phi=0}^{2\pi} r^3\exp(-br^2)\sin\theta\,dr\,d\theta\,d\phi$$

$$= \int_0^{+\infty} r^3\exp(-br^2)dr\int_0^{\pi}\sin\theta\,d\theta\int_0^{2\pi}\ d\phi = 2\pi\int_0^{+\infty} r^3\exp(-br^2)dr\int_0^{\pi}\ \sin\theta\,d\theta$$

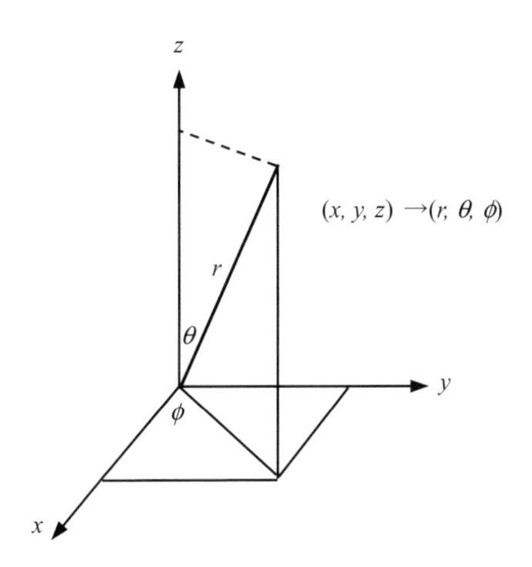


**図 1-6**　直交座標と球座標の対応関係

$$= 2\pi[-\cos\theta]_0^{\pi} \int_0^{+\infty} r^3 \exp(-br^2)dr = 4\pi \int_0^{+\infty} r^3 \exp(-br^2)dr$$　となる。

**演習 1-5**　$\displaystyle\int_0^{+\infty} x^3 \exp(-ax^2)\,dx = \frac{1}{2a^2}$ となることを確かめよ。

**解）**　$t = ax^2$ と置くと、$dt = 2ax\,dx$ であり、積分範囲は変わらない。よって

$$\int_0^{+\infty} x^3 \exp(-ax^2)\,dx = \int_0^{+\infty} \frac{1}{2a} x^2 \exp(-ax^2)\,2ax\,dx = \frac{1}{2a^2}\int_0^{+\infty} t\exp(-t)\,dt$$

となる。部分積分 $\int f(x)g'(x)dx = f(x)g(x) - \int f'(x)g(x)dx$ を使うと

$$\int_0^{+\infty} t\exp(-t)\,dt = \left[-\frac{t}{\exp t}\right]_0^{+\infty} + \int_0^{+\infty} \exp(-t)\,dt = 0 + \left[-\frac{1}{\exp t}\right]_0^{+\infty} = 1$$

したがって　$\displaystyle\int_0^{+\infty} x^3 \exp(-ax^2)\,dx = \frac{1}{2a^2}$　となる。

いまの演習の途中計算で出てきた $\int_0^{+\infty} t\exp(-t)\,dt$ という積分は、補遺 3 に示したガンマ関数 $\Gamma(x)=\int_0^{+\infty} t^{x-1}\exp(-t)\,dt$ の $\Gamma(2)=1$ に相当する。演習の結果を使うと

$$< v > = a^3 \int_{-\infty}^{+\infty}\int_{-\infty}^{+\infty}\int_{-\infty}^{+\infty} \sqrt{x^2+y^2+z^2}\,\exp\{-b(x^2+y^2+z^2)\}dxdydz \ = \frac{2\pi a^3}{b^2}$$

となる。

$$a=\sqrt{\frac{m}{2\pi k_B T}},\ \ b=\frac{m}{2k_B T} \quad \text{であるから、結局} \quad < v > \ = \sqrt{\frac{8k_B T}{\pi m}}$$

が、温度 $T$ [K] における気体分子の平均速度となる。

**演習 1-6** 酸素分子 ($O_2$) の分子量は 32 である。このとき、室温 0 [°C] における酸素分子の平均速度を求めよ。

**解）** 分子量が 32 [g] ということは、0.032 [kg] の中に、酸素分子がアボガドロ数の $6.02\times10^{23}$ 個含まれていることになる。すると、酸素分子 1 個の質量は

$$m=\frac{0.032}{6.02\times10^{23}}\cong 5.31\times10^{-26} \quad \text{[kg]}$$

となる。ボルツマン定数は $k_B = 1.33\times10^{-23}$ [J/K]であったから

$$< v >= \sqrt{\frac{8k_B T}{\pi m}} = \sqrt{\frac{8\times1.33\times10^{-23}\times273}{3.14\times5.31\times10^{-26}}} \cong \sqrt{174\times10^3} \cong 417 \quad \text{[m/s]}$$

となる。

---

室温の 25 [°C] の場合には

$$< v >= \sqrt{\frac{8k_B T}{\pi m}} = \sqrt{\frac{8\times1.33\times10^{-23}\times(273+25)}{3.14\times5.31\times10^{-26}}} \cong \sqrt{190\times10^3} \cong 436 \quad \text{[m/s]}$$

となり、わずかに速度が速くなる。一方、いまの解析から、軽い元素ほど、気体分子の速度が大きくなることがわかる。ヘリウムは、単原子分子からなる気体であり、その原子数は 4 であるので、ヘリウム分子 1 個の質量は $m=\dfrac{0.004}{6.02\times10^{23}}\cong 6.6\times10^{-27}$ [kg]となる。 よって 0 [°C] の速度は

$$<v>=\sqrt{\frac{8k_BT}{\pi m}}=\sqrt{\frac{8\times1.33\times10^{-23}\times273}{3.14\times6.6\times10^{-27}}}\cong\sqrt{140\times10^4}\cong1183\quad[\mathrm{m/s}]$$

となり、なんと 1[km/s]を超える速さとなる。

# 第2章　熱力学

**熱力学** (thermodynamics) は有用な学問であり、現代でも、物理、化学の基礎学問をはじめとして、金属工学や機械工学など数多くの分野への波及効果が大きい。しかし、その欠点は、分子や原子などのミクロ粒子の存在が発見される前に建設されたために、マクロな特性の解析が先行して、ミクロ機構が曖昧なまま学問が進展したことにある。

**統計力学** (statistical mechanics) は、熱力学によってえられた果実を、ミクロ粒子の挙動をもとに、古典力学と量子力学を駆使して理解するというものであり、ミクロとマクロの溝を埋めるものである。そして、熱力学だけではなく、多体系の量子力学にも大きな影響を与えている。本章では、統計力学について説明する前に、その基となった熱力学について、その基本事項を復習してみる。

## 2. 1.　自由エネルギー

熱力学の効用は数多くあるが、その最も重要なものに、系の安定性(stability of the system)を示す指標がえられることにある。

例えば、化学反応 (chemical reaction) は、不安定な系 (unstable system) から、安定な系 (stable system) への変化であるが、熱力学を利用すれば、どちらの方向に反応が進むかが判定できるのである。

空気中で、鉄 (Fe: iron) が錆びるのは、鉄と酸素 (O: oxygen) が遊離した状態が不安定であり、より安定な酸化鉄 (FeO: iron oxide) へと変化する過程と捉えることができる。

水が 0[°C]以下で凍るのは、この温度領域では、液体 (liquid) よりも固体 (solid) となった方が安定だからである。100 [°C]以上で、水が沸騰して蒸気となるのは、この温度領域では、液体よりも気体 (gas) のほうが安定となるからである。

このように、森羅万象の変化は、不安定な状態から、より安定な状態への変化と理解できる。そして、最も安定な状態のことを平衡状態 (equilibrium state) と呼ぶのである。

では、熱力学では、どのようにして、系が安定か不安定かを判断するのであろうか。それは、熱力学関数 (thermodynamic variable)のひとつである自由エネルギー (free energy) によって判定できるのである。これは、熱力学の集大成といってもよい。

つまり、「系の自由エネルギーが低いほど、系は安定である」といえるのである。あるいは「系の自由エネルギーが最も低い状態が平衡である」ともいえる。たとえば、常温において鉄が酸化する**化学反応** (chemical reaction) の式は

$$2\mathrm{Fe} + \mathrm{O_2} \rightarrow 2\mathrm{FeO}$$

であるが、この反応が→の方向に進むのは、左辺の自由エネルギーよりも右辺の自由エネルギーが低いからである。

実際に、一般の化学反応の熱力学関数である自由エネルギーの値は求めることができ、ある温度と圧力における反応系と生成系の自由エネルギーが計算できる。いまの化学反応の場合、自由エネルギーを $G$ で示せば、室温(25°C ; 298K) 大気圧下では

$$2G(\mathrm{Fe}) + G(\mathrm{O_2}) > 2G(\mathrm{FeO})$$

という関係にある。

水が氷になる**相変化** (phase transformation) も同様であり、0°C よりも低い温度では

$$G(\text{liquid H}_2\text{O}) > G(\text{solid H}_2\text{O})$$

という関係にある。

それでは、自由エネルギーとは、いったい何であろうか。エネルギー (energy) という呼称がついているので、運動エネルギー (kinetic energy) や位置エネルギー (potential energy) の仲間と予想される。実は、自由エネルギーは不可逆性 (irreversibility) とも密接な関係にある。

いま、世の中では、省エネルギー (energy saving) が叫ばれている。エネルギー問題は、世界的な課題であり、いずれ、石油や天然ガスなどの有効エネルギー源は枯渇するといわれている。だからこそ、新しいエネルギー源の開発と、省エ

ネルギーに世界中が取り組んでいるのである。

ところで、われわれは、高校物理の基礎として、**エネルギー保存の法則** (law of conservation of energy) を習った。もし、エネルギーが保存されるならば、省エネルギーなど必要ないのではなかろうか。

実は、エネルギーには、有効利用できるもの (available energy) と、有効利用できないもの (bound energy) があるのである。つまり

**（全エネルギー）＝（有効エネルギー）＋（無効エネルギー）**

という関係にある。そして、何か仕事をすれば、有効エネルギーは、どんどん減っていき、無効なものに変わっていくのである。有効エネルギー源の石油を燃やして暖をとったり、また、電気エネルギーを作り出すこともできるが、その結果、石油は、エネルギーとして使えない物に変わってしまう。これは、逆戻りすることのない不可逆過程 (irreversible process) である。

有効エネルギーは、自由に使えるエネルギーという意味から自由エネルギーとも呼ばれる。また、無効エネルギーは自由に使うことができないので束縛エネルギーとも呼ばれる。つまり

**（全エネルギー）＝（自由エネルギー）＋（束縛エネルギー）**

という関係にある。したがって、正式には、省エネルギーではなく、省自由エネルギー (free energy saving; available energy saving) と呼ぶべきなのである。

熱力学では、全エネルギーに相当する項を、**エンタルピー** (enthalpy) と呼び、通常は $H$ という記号を使って表記する。また、束縛エネルギーの項そのものに対応する熱力学関数はないが、**温度** ($T$: temperature) と**エントロピー** ($S$: entropy) の積 (product) として表すことができる。つまり、熱力学関数を使って、いまの関係を表現すると

$$H = G + TS$$

となる。熱力学においては、自由エネルギー($G$)が主役を演じるため、この式を変形して

$$G = H - TS$$

と表記することも多い。この式は、全エネルギーであるエンタルピー ($H$)から、使えない無効エネルギー ($TS$) を除いた部分が、有効な自由エネルギー ($G$) ということを示している。

ところで、エネルギーの有効利用という観点からは、自由エネルギーが高いほうが有利であるが、冒頭で述べたように、皮肉なことに、自由エネルギーが高いほど、系は不安定となるのである。この意味を考えてみよう。

ここで、先ほど紹介した鉄の酸化を例にとってみよう。鉄 (Fe) と酸素 ($O_2$) が分離した状態は自由エネルギーが高い状態である。つまり不安定な状態である。実は、市販されている携帯カイロには鉄粉が入っていて、空気とは接触しないようにしている。包装を破ると、鉄粉が空気に触れ、酸素と反応するため熱が発生して、身体が温まるのである。これがカイロの原理である。そして、すべての鉄粉が反応して酸化鉄 (FeO) になると、熱を発しなくなり、用済みとなる。これが安定な状態であり、より自由エネルギーの低い状態となるのである。石油を満載したタンクは自由エネルギーが高いが、不安定であるため、なにかあると大爆発を起こす。そして、爆発後は、もはやエネルギーとして使えない（その代わり安定な）二酸化炭素などに変わるのである。

それでは、エンタルピー ($H$) やエントロピー ($S$) とはいったいどういう物理量なのであろうか。そして、なぜ、エントロピー($S$)に温度($T$)を乗じたものが無効エネルギーとなるのだろうか。これについて考えてみよう。

## 2.2.　熱力学の第一法則

熱力学には、3つの基本法則があるが、その最も基本となるのが**熱力学の第一法則** (the first law of thermodynamics)である。この法則は

$$\Delta Q = \Delta U + \Delta W$$

という式によって与えられる。$Q$ は熱 (heat)、$U$ は内部エネルギー(internal energy)、$W$ は仕事 (work) である。

この式が意味するところは、「ある系に$\Delta Q$ だけの熱（エネルギー）を加えると、外部に対して$\Delta W$ だけの仕事をし、残りは、内部にエネルギー ($\Delta U$) として蓄えられる」というものである。つまり、与えた熱（エネルギー）は、一部は仕事に使われるが、残りは系に蓄積されるというもので、熱力学版の**エネルギー保存の法則** (Law of conservation of energy) に相当する。

実は、熱から動力を取り出す熱機関においては、系に加える熱 $Q$ が全エネル

ギーとなり、$Q$ とエンタルピー($H$)が、ほぼ等価となる。つまり、熱力学においては $H \cong Q$ としてよい場合が多いのである。

ただし、専門的には $H$ は**状態関数** (state function) であり**全微分可能** (totally differentiable)であるが、$Q$ は**経路関数** (path function) であり全微分形ではないという違いがある。これについては、後ほど紹介したい。

### 2. 2. 1.　内部エネルギー

ところで、熱 ($Q$) と仕事 ($W$) は、ある程度、直感でも理解できるが、内部エネルギー ($U$) とは、どのようなものであろうか。結論からいうと、それは、図 2-1 のように、分子の熱運動と考えられるのである。

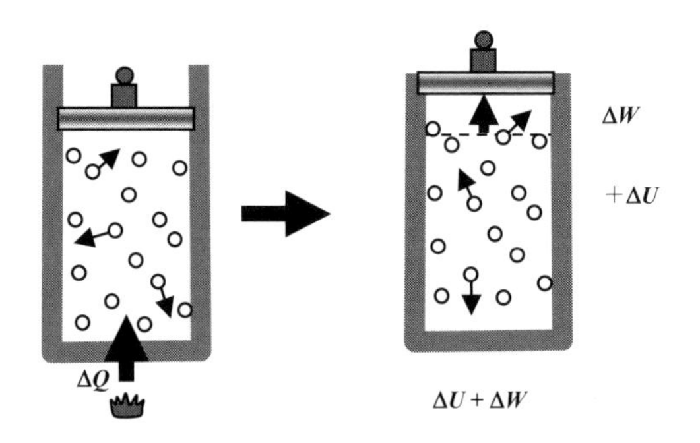


**図 2-1**　気体に熱を加えると、熱膨張によって、外に仕事をするが、残りは、内部に熱エネルギーとして蓄えられる。これが内部エネルギー($U$)と考えられる。

図 2-1 は、気体の場合であり、気体分子は自由に運動できるので、膨張も容易となる。この膨張が、外部への仕事となる。一方、液体の場合は、膨張はそれほど簡単ではない。例えば、缶コーヒーを例にとろう。これを熱すると、内部の温度は上昇するが、体積はほとんど膨張しない。このとき、加えた熱は、ほとんど内部エネルギー（液体分子の運動）の増加に使われることになる。固体の場合にも同様であり、固体を構成する原子や分子の熱振動が大きくなるが、これが内部エネルギーである。

つまり、液体や固体は、体積変化が小さいので、熱から力を産み出す動力源には適さないのである。よって、多くの熱機関は、気体を利用しているのである。

それでは、熱力学の第一法則に出てくる**仕事** (work) の項について考えてみよう。系が外部に力仕事をするためには、その体積が変化する必要がある。そして仕事 $W$ と圧力 $P$ と体積 $V$ は

$$\Delta W = P\,\Delta V$$

という関係にある。ところで、もともとの仕事の定義は

$$\Delta W = F\Delta\, s$$

であった。つまり、ある物体を力 $F$ [N] で距離 $\Delta s$ [m] だけ移動させたとき消費する仕事（エネルギー）が$\Delta W$ [J]となる。そして、物体を力 1 [N]（ニュートン）で、距離 1 [m]（メートル）だけ動かすときの仕事が 1 [J]（ジュール）となる。

$$[\mathrm{J}] = [\mathrm{N}][\mathrm{m}]$$

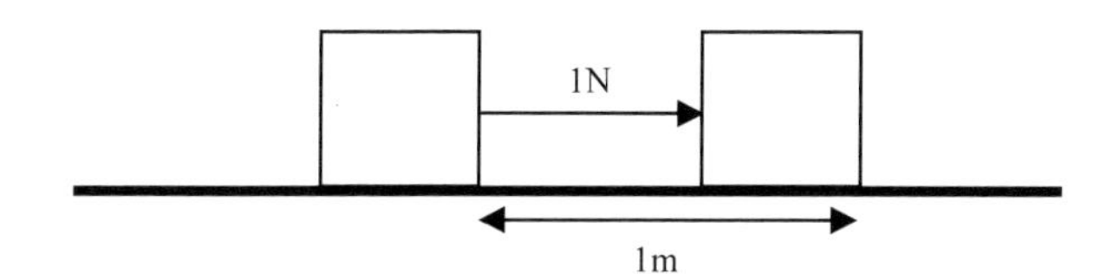


**図 2-2**　物体に力を加えて、ある距離移動したとき、力×距離を仕事と呼ぶ。

それでは、気体の膨張に伴う仕事について考えてみよう。断面積が $A$ [m²]のシリンダーを考え、このシリンダーの可動部にピストンがついているとする。気体が膨張すると、このピストンは移動するが、このピストンの移動が仕事に対応する。ここで、ピストンを動かすための気体が入った部分の長さを $L$ [m]とし、移動距離を$\Delta s$ [m]とすると

$$P = \frac{F}{A}\ \ [\mathrm{N/m^2}] \qquad V = AL\ [\mathrm{m^3}] \qquad \Delta V = A\Delta s$$

という関係にあるから

$$\Delta W = P\Delta V = \frac{F}{A}(A\Delta s) = F\Delta s$$

となって、確かに $P\Delta V$ が仕事 $F\Delta s$ に対応することがわかる。単位で見ても

$$[\mathrm{J}] = \left[\frac{\mathrm{N}}{\mathrm{m^2}}\right][\mathrm{m^3}] = [\mathrm{N}][\mathrm{m}]$$

となって、等価である。よって熱力学第一の法則は

$$\Delta Q = \Delta U + P\,\Delta V$$

となる。

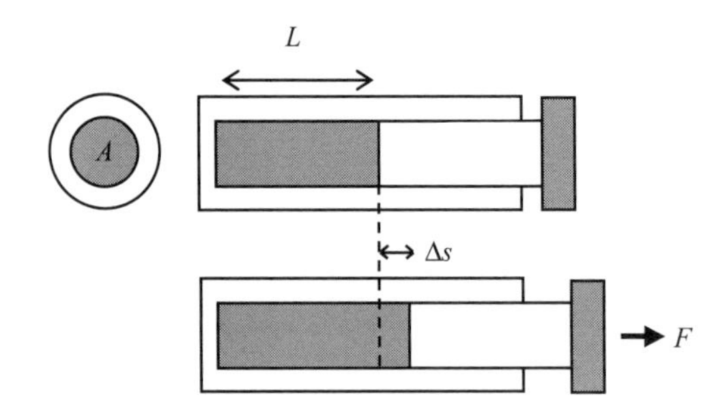


**図 2-3**　$P\Delta V$ による仕事は、ピストンの運動で考えることができる。これを単位面積に働く力 $F$ に直すと、$F\Delta s$ と等価であることがわかる。

## 2. 3.　熱容量と比熱

一般に、物体に熱を加えれば、温度が上昇する。加えた熱 ($\Delta Q$) と、温度上昇 ($\Delta T$) との間には

$$\Delta Q = C\Delta T$$

という比例関係が成立し、定数 $C$ のことを**熱容量** (heat capacity) と呼んでいる。熱容量は、微分形で表記すれば $C = \dfrac{dQ}{dT}$ となる。熱容量の単位は、熱 $Q$ の単位をどのように選ぶかによって異なり [cal/K] や [J/K] などとなる。そして、単位量 (unit quantity) あたりの熱容量のことを**比熱** (specific heat) と呼んでいる。単位がモルの場合は、**モル比熱** (molar specific heat) となり、単位は [J/K/mol] となる。単位が重量の場合には [J/K/g] あるいは[J/K/kg] などとなる。

さらに、比熱は圧力にも関係するので

$$C_P = \left(\frac{\partial Q}{\partial T}\right)_P$$

のように**偏微分** (partial derivative)のかたちで書かなければならない。右下の添え字の $P$ は圧力 (pressure)の意味で、この場合は、圧力を一定として温度で微分す

るという意味である。偏微分については次章でくわしく解説する。

ここで、$C_P$は**定圧比熱** (specific heat under constant pressure)と呼ばれるもので、例えば、大気圧下で物質の比熱を測れば、これが $C_P$となる。多くの実験は大気圧下、すなわち一定の圧力下で行われるので、定圧比熱が一般的である。

**演習 2-1**　大気圧下において、5 [mol]の気体に、1000 [J]の熱を加えたときに、その温度が 10 [K]だけ上昇した。このとき、この気体の定圧比熱の値を求めよ。

**解)**　$5C_P = \dfrac{1000}{10}$　から　$C_P = 20$ [J/K/mol]　となる。

---

一方、体積が変化しないように拘束して比熱を測ったときにえられるものを**定積比熱** (specific heat under constant volume)と呼び、通常は $C_V$と表記する。例えば、変形しない容器に気体を入れて、熱を加えた場合の比熱に相当する。これは偏微分で書くと

$$C_V = \left(\frac{\partial Q}{\partial T}\right)_V$$

となるが、体積一定では、外に仕事をしないので、加えた熱は、すべて内部エネルギーとして蓄えられることになる。よって

$$\Delta Q = \Delta U + P\Delta V = \Delta U$$

となり

$$C_V = \left(\frac{\partial U}{\partial T}\right)_V$$

のように内部エネルギーの温度変化として表記できる。体積が一定の場合、熱を加えても膨張しないため、外に仕事をしない。よって、その分、定圧比熱よりも定積比熱の値が小さくなる。

**演習 2-2**　理想気体の場合の、1 モルあたりの定圧比熱 $C_P$と定積比熱 $C_V$の差を求めよ。

**解）** $\Delta Q = \Delta U + P\Delta V$ であるから、定圧比熱は

$$C_P = \left(\frac{\partial Q}{\partial T}\right)_P = \left(\frac{\partial U}{\partial T}\right)_P + P\left(\frac{\partial V}{\partial T}\right)_P = \frac{dU}{dT} + P\left(\frac{\partial V}{\partial T}\right)_P$$

となる。ここで

$$\left(\frac{\partial U}{\partial T}\right)_P = \frac{dU}{dT}$$

としたのは、理想気体では、内部エネルギーは温度のみに依存するからである。

理想気体の 1mol における状態方程式は $PV = RT$ から $V = \dfrac{RT}{P}$ という関係式が成り立つ。よって定圧下では $\dfrac{dV}{dT} = \dfrac{R}{P}$ となる。$dU/dT=C_V$ として最初の式に代入すると

$$C_P = C_V + R$$

となって、1 モルあたりの定圧比熱と定積比熱の差は気体定数 $R$ となる。

---

ところで、He, Ar, Ne などの単原子分子 (mono-atomic molecule) からなる理想気体の内部エネルギーは

$$U = \frac{3}{2}RT$$

と与えられる（16 頁参照)。このように、(粒子どうしの相互作用のない) 理想気体では、内部エネルギーは温度のみの関数となる。

よって、単原子分子からなる理想気体の定積比熱は

$$C_V = \frac{dU}{dT} = \frac{3}{2}R$$

となり、定圧比熱は

$$C_P = C_V + R = \frac{5}{2}R$$

と与えられることになる。あるいは、1 モルの気体では、状態方程式は $PV = RT$ となるので

$$C_P = \left(\frac{\partial Q}{\partial T}\right)_P = \frac{dU}{dT} + P\left(\frac{\partial V}{\partial T}\right)_P = \frac{3}{2}R + R = \frac{5}{2}R$$

と導くこともできる。

## 2.4. エンタルピー

それでは、改めて、エンタルピー (enthalpy): $H$ について説明しよう。エンタルピーは全エネルギーに相当し、熱機関においては、エンタルピー変化は、系に加えた熱（あるいは系から奪った熱）に相当する。では、熱と何が異なるのであろうか。

熱力学の第一法則で示したように、系に加えた熱は

$$\Delta Q = \Delta U + \Delta W = \Delta U + P\Delta V$$

と与えられる。一方、エンタルピーの定義は

$$H = U + PV$$

ここで、エンタルピーの全微分を計算すると

$$dH = dU + PdV + VdP$$

したがって、圧力 $P$ が一定の場合には $dP = 0$ となるので

$$dH = dU + PdV$$

となって、熱と同じものとなる。

このように、エンタルピー$H$ は全微分可能 (totally differentiable) であるが、$Q$ は全微分可能ではない。全微分については、次章で詳しく説明する。

これは、別の視点で見ると、エンタルピーは、$P, V, T$ などの条件が決まれば、その値が決まる**状態関数** (state function) であるのに対し、熱は、状態のみでは決まらない**経路関数** (path function) ということに対応している。状態関数の条件として

$$\oint dH = 0$$

も付与される。このように周回積分が 0 となるということは

$$\oint dH = \int_A^B dH + \int_B^A dH = 0$$

ということを意味している。これは、A→B という経路ののち、B→A に戻ってくると、$H$ の積算が 0 になってしまうことになり、結局

$$\int_{A}^{B} dH = -\int_{B}^{A} dH$$

という関係にあることを示している。経路関数では、こうならないといっているのである。それでは、実際に、それを見てみよう。

実は、仕事も熱と同様に経路関数であり、経路によってその値が変化する。これを気体の $PV$ 図を使って説明しよう。

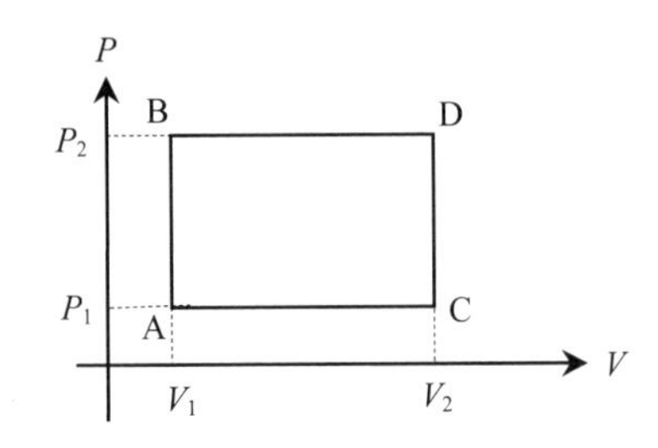


**図 2-4** $PV$ 図における A→D に対応した状態変化において A→B→D という経路と、A→C→D という経路における仕事を考える。

図 2-4 に示した $PV$ 図において、$(P_1, V_1)$ の状態 A から、$(P_2, V_2)$ の状態 D への変化を考え、この際、気体が外部にする仕事を考えてみる。ここで、外部に対する仕事は $\Delta W = P\Delta V$ によって与えられるのであった。このように、体積変化したときのみ仕事をすることになる。ここで、A→B→D という経路と、A→C→D という経路における仕事を考える。すると

$$\Delta W(\mathrm{A} \to \mathrm{B} \to \mathrm{D}) = P_2(V_2 - V_1)$$

$$\Delta W(\mathrm{A} \to \mathrm{C} \to \mathrm{D}) = P_1(V_2 - V_1)$$

となり、経路によって仕事の大きさが異なることがわかる。

このため、厳密には $dW, dQ$ という表記は使えず、$\bar{d}W, \bar{d}Q$ や $d'W, d'Q$ のように区別して表記するのが一般的である。

とはいえ、一定圧力のもとでは体積変化がなければ、エンタルピー$H$ と熱 $Q$ は同等であり、モル比熱が $C_P$ である物質 $n$ [mol]を温度 $T_1$ から $T_2$ まで加熱した

ときに増えるエンタルピーは

$$\Delta H(T_1 \to T_2) = n\int_{T_1}^{T_2} C_P dT$$

と与えられる。したがって、エンタルピーは、熱力学における全エネルギーに相当し、熱とほぼ同等であるというイメージを抱いておいて構わない。

**演習 2-3**　ある物質の比熱が 0.5 [cal/K/mol]で与えられるとき、この物質 2 [mol]を 20 [°C] から 60 [°C] まで温度上昇させたとき、この物質に蓄えられるエンタルピーを求めよ。

**解）**　蓄えられるエンタルピーを$\Delta H$ [cal] とすると

$$\Delta H = 2\int_{20+273}^{60+273} 0.5dT = 2\left[0.5T\right]_{293}^{333} = 40$$

よって 40 [cal]となる。

---

熱力学の計算では摂氏 (Celsius; centigrade)ではなく、絶対温度 [K] を使う必要があることに注意する。

**演習 2-4**　ある物質の比熱が温度の関数として $C_P = 4 + 0.1T + 0.01T^2$ [J/K/g] と与えられるとき、この物質 100 [g]を 10 [°C] から 60 [°C] まで温度上昇させるときのエンタルピーの上昇を求めよ。

**解）**　エンタルピーの上昇を$\Delta H$ [J]とすると

$$\Delta H = 100\int_{273+10}^{273+60} (4 + 0.1T + 0.01T^2)dT = 100\left[4T + \frac{0.1}{2}T^2 + \frac{0.01}{3}T^3\right]_{283}^{333}$$

$$\cong 4927617 \text{ [J]}$$

と与えられる。

---

この場合、エンタルピー$H$として計算しているが、まさに、この物質の温度を

上昇させるために加える熱量 $Q$ を求めていることは、明らかであろう。

このように、経路関数と状態関数という違いはあるが、一定圧力のもとでは体積変化がなければ、エンタルピーと熱は同じものであるとみなすことができるのである。

## 2. 5.　エントロピー

それでは、エントロピー (entropy): $S$ とはいったい何であろうか。これに温度をかけたもの $TS$ が束縛エネルギーであり、いわば、エネルギーとして使えない無効な部分に相当する。

実は、エントロピーは、**乱雑さ** (randomness) あるいは**無秩序** (disorder) の指標ともいわれており、エントロピーが大きい状態は雑然とした状態を指し、きちんと整理整頓された状態はエントロピーの低い状態という解釈もできる。そして、この考えが統計力学のエントロピーへとつながっていくのである。

### 2. 5. 1.　不可逆性とエントロピー

エントロピーが熱力学関数として導入されたのは、**不可逆性** (irreversibility) と密接な関係があるとされている。普通の力学などに使われる物理変数と、その方程式は、すべて**可逆** (reversible) となっている。不可逆とは「行きと帰りで経路が異なる」あるいは「もとに戻らない」ということである。

それでは、エントロピーの定義とは、どのようなものなのだろうか。それは

$$\Delta S = \frac{\Delta Q}{T}$$

という単純なものである。つまり、エントロピーの変化 ($\Delta S$) は、系に出入りする熱の変化量 ($\Delta Q$) を温度 $T$ で割ったものである。よって、その単位は cal/K あるいは J/K となり、単位そのものは熱容量と同じとなっている。

具体例で考えてみよう。図 2-5 に示すような温度の異なるふたつの系の熱の出入りはどうなるだろうか。

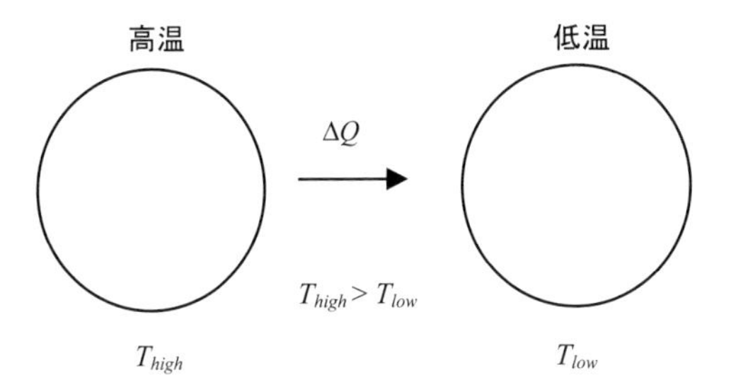


**図 2-5**　高温物質から低温物質の移動では、熱 ($\Delta Q$) は高温から低温へ移動する。

このとき、熱は必ず高温から低温へと移動する。自発的に低温から高温へ移動することはありえない。そこで、高温側から低温側へ移動する熱量を$\Delta Q$ とし、高温側の温度を $T_{high}$、低温側の温度を $T_{low}$ とすると、この場合のエントロピー変化は

$$\Delta S = \frac{\Delta Q}{T_{low}} - \frac{\Delta Q}{T_{high}}$$

と書くことができる。ここで $T_{high} > T_{low}$ であるから

$$\Delta S = \frac{\Delta Q}{T_{low}} - \frac{\Delta Q}{T_{high}} > 0$$

となり、**「単純な熱の移動を考えればエントロピーは増大する」**ということを示している。いい換えると、エントロピーが増大するということは、「熱は高温側から低温側にしか移動せず、低温側から高温側へは自発的に移動できない」という不可逆性を、熱力学関数 $S$ で表現したことになるのである。

これは、あくまでも経験則ではあるが、熱が自発的に低温側から高温側へ移動するという現象は観察されていない。つまり、熱の移動は高温側から低温側へと常に一方通行であり、不可逆なのである。

ここで、熱がミクロの振動に対応すると考えると、図 2-6 に示すように、熱の移動が高温側から低温側への一方通行が自然であることは理解できる。

この不可逆性をエントロピーという量を使うと、「$S$ は増大し、減少しない」ということになる。これを「エントロピー増大の法則」あるいは**熱力学の第二法則** (The second law of thermodynamics) と呼んでいる。

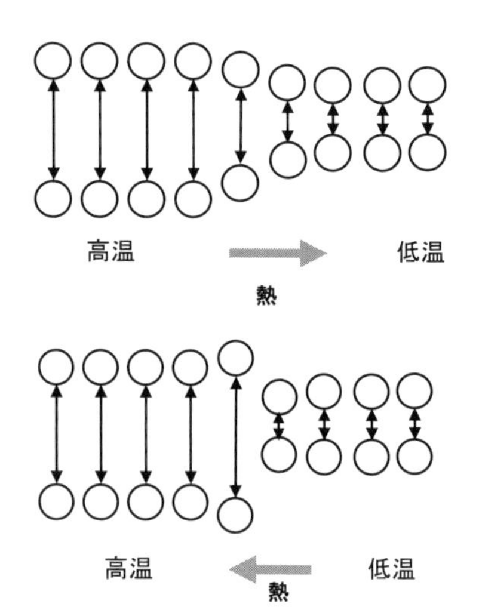


**図 2-6** 熱がミクロの振動と考えると、上図に示したように高温から低温への熱の移動は自然な変化を示すが、低温から高温へ熱が移動すると考えると、下図に示すように、界面において、小さな振動がさらに小さくなり、大きな振動は、さらに大きくなるという不自然なギャップを生じることになる。

ただし、いまの高温から低温への熱の移動にともなうエントロピー変化の計算は数学的な厳密さに欠ける。なぜなら、熱の移動にともない常に温度も変化するからである。よって

$$\Delta S = \frac{\Delta Q}{T_{low}} - \frac{\Delta Q}{T_{high}}$$

という関係式は正確ではない。そこで、より厳密な展開をしてみよう。熱の移動にともなうエントロピー変化は

$$dS = \frac{d'Q}{T}$$

と微分形式で示すことができ、実際のエントロピー変化は

$$\Delta S = \int \frac{d'Q}{T}$$

のように積分となる。ここで、熱は温度変化に対してモル定圧比熱を $C_p$ [J/K/mol] とすれば

$$d'Q = nC_p dT$$

と与えられる。ただし、$n$ はモル量である。すると、エントロピー変化は

$$\Delta S = n\int \frac{d'Q}{T} = n\int \frac{C_p}{T} dT$$

と与えられることになる。さっそく、この関係式を使って高温から低温への熱の移動にともなうエントロピー変化を解析してみよう。簡単のため、同じ物質で同じモル数のものが高温（$T_1$）と低温（$T_2$）の異なる温度にあるとする。比熱の温度依存性はあるが、ここでは、この温度範囲では比熱は常に一定とする。（比熱の温度依存性を考慮しても結果は変わらない。）すると、これら物質を接触させると、温度は最終的には $T = (T_1 + T_2)/2$ となり、高温側のエントロピー変化は

$$\Delta S(T_1 \to T) = n\int_{T_1}^{T} \frac{C_P}{T} dT = n\left[C_P \ln T\right]_{T_1}^{T} = nC_P(\ln T - \ln T_1)$$

同様にして低温側のエントロピー変化は

$$\Delta S(T_2 \to T) = n\int_{T_2}^{T} \frac{C_P}{T} dT = n\left[C_P \ln T\right]_{T_2}^{T} = nC_P(\ln T - \ln T_2)$$

となる。よってトータルのエントロピー変化は

$$\Delta S = \Delta S(T_1 \to T) + \Delta S(T_2 \to T) = nC_P(2\ln T - \ln T_1 - \ln T_2) = nC_P \ln \frac{T^2}{T_1 T_2}$$

と与えられる。ここで

$$T^2 = \left(\frac{T_1 + T_2}{2}\right)^2 = \frac{T_1^2 + T_2^2}{4} + \frac{T_1 T_2}{2}$$

であるから

$$T^2 - T_1 T_2 = \frac{T_1^2 + T_2^2}{4} - \frac{T_1 T_2}{2} = \left(\frac{T_1 - T_2}{2}\right)^2 \geq 0 \quad \text{より} \quad T^2 \geq T_1 T_2$$

よって

$$\Delta S = nC_P \ln \frac{T^2}{T_1 T_2} \geq 0$$

となり、エントロピー変化は常に正となる。ここで、この値がゼロとなるのは $T_1 = T_2$ のときで、2つの物質の温度が一致したときである。このように、温度差のある物質間で熱の移動があるときは、エントロピーは増大することがわかる。

**演習** 2-5　いま、比熱が 0.5 [cal/K/mol]の物質を考える。この物質 1 [mol]が 50 [°C]であり、さらに、この物質 1 [mol]が 10 [°C] である。これら物質を接触させて、温度が均一になったときのエントロピー変化を求めよ。

**解）** これら物質を接触させると、30 [°C]つまり 303 [K] になる。よってエントロピー変化は

$$\Delta S = nC_p \ln\frac{T^2}{T_1T_2} = 0.5\ln\frac{303^2}{283\cdot 323} = 0.002 \quad [\text{cal/K}]$$

と与えられる。

---

ここで、もう一度「熱力学の第二法則」について考えてみよう。この法則の解釈として「常にエントロピーは増大する」とされている。しかし、いまの高温源から低温源への熱の移動でわかるように、局所的には（つまり高温源では）エントロピーは減少していることを忘れてはならない。高温源と低温源をあわせた系全体では、エントロピーは上昇するという意味である。

つぎに、エントロピーは無限に増大するわけではない。両者の温度が一致したところで、エントロピーの増大はストップする。これを「**熱平衡** (thermal equilibrium) に達した」と表現する。

つまり、ある系内で温度が不均一な場合には、全体の温度が均一となるように変化するのである。その過程でエントロピーは増大する。そして、温度が不均一のときには、何らかの仕事ができたのが、温度が均一となってしまうと、何の変化もない状態、すなわち仕事のできない状態（あるいは平衡状態）へと移行するのである。

### 2. 5. 2.　エントロピーと束縛エネルギー

それでは、エントロピーがどうして、自由に使えないエネルギー（束縛エネルギー）と関係するのかを身近な例で考えてみよう。

いま、100 [°C]と 20 [°C] の水がそれぞれ 1[ℓ]あったとしよう。簡単のために 0 [°C] を基準にとると、100 [°C] の水は 100000[cal] (100 [kcal]) の熱を持つ。これは、水の比熱がおおよそ 1 [cal/cc/K]であり、水 1[ℓ] (1000[cc])を 0 [°C] から

100[°C] まで温度を 100 [K] 上昇させるのに必要な熱量が

$$1[cal/cc/K]\times1000[cc]\times100[K]=100000[cal]$$

となるので、0 [°C]の水に比べて、これだけ余分な熱量が蓄えられていると考えられるからである。このように基準を 0 [°C] としているのは、熱が経路関数であり、経路を指定しないと値が決まらないという理由によっている。いまの場合は、経路を 0 [°C] →100 [°C] と指定したことになる。

同様に 20 [°C] の水は、0 [°C] の水に比べて 20000[cal] (20 [kcal]) の熱を持っていることになる。あわせて 120000[cal] (120 [kcal]) の熱となる。

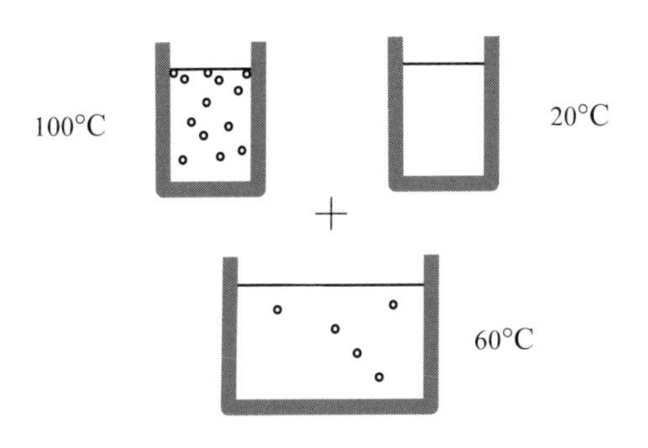


図 2-7　100 [°C]のお湯と 20[°C]のお湯 1[ℓ]を混ぜると、60[°C]のお湯 2[ℓ]となる。

ここで、これらの水を混ぜたとしよう。すると 60°C のお湯が 2[ℓ]できる。このときの、熱の総量は (0 [°C] を基準とすれば) 120000 [cal] (120 [kcal]) となって、混ぜる前と変わらない。つまり、混合によって熱の総量そのものは一定に保たれるのである。

このように熱の総量は変わらないものの、お湯と水を混ぜたことによって、大きな差が生じる。それは 100 [°C] の熱湯であれば、カップヌードルを調理することはできるが、60 [°C] のぬるま湯ではカップヌードルをつくることはもはやできないという事実である。つまり、水を混ぜる前は、料理のできる能力を持っていたのに、混ぜることによって、その能力を失ったことを意味している。つまり、熱の総量（総エネルギー）は変わらないが、水を混ぜて、100 [°C] の熱湯から 20 [°C] の水に熱が移動すると、有効に使えるエネルギーが少なくなったと考えられるのである。

前項で紹介したように、温度差のある物質を一緒にしたとき（熱が高温側から低温側に移動したとき）に増えるのはエントロピーであるから

**有効エネルギーの減少 ＝ エントロピーの増大**

という関係にあることがわかる。つまり、熱だけを見たのでは、有効に使えるエネルギーがどの程度かがわからないが、エントロピーを使うことで、有効エネルギーの減少が定量的に評価できるのである。

それでは、今の例のエントロピー変化を実際に計算してみよう。先ほどのエントロピーの計算では

$$\Delta S = mC_p \ln \frac{T^2}{T_1 T_2}$$

という結果であった。ただし、いまの場合は、$m$ は容量[cc]であり、$C_p$ は[cal/K/cc]という単位である。このとき、エントロピー変化は全体で考えると

$$\Delta S = mC_p \ln \frac{T^2}{T_1 T_2} = 2000 \cdot 1 \cdot \ln \frac{(60+273)^2}{(100+273)(20+273)} = 29 \quad [\text{cal/K}] > 0$$

となる。

これだけのエントロピーが増えたということは、それだけ有効エネルギーが減ったということになる。しかし、このままでは、単位が[cal/K]であり、エネルギーの単位になっていない。これをエネルギーにするには温度をかける必要がある。いまの温度は 60 [°C] であるから、絶対温度では 333 [K] となる。よって失われた自由エネルギーは

$$T\Delta S = 333[\text{K}] \times 14.5\ [\text{cal/K}] = 4828.5\ [\text{cal}]$$

となることがわかる。つまり、60 [°C] のお湯になると、実際には 4828.5 [cal] つまり約 4.8 [kcal]もの熱エネルギーが無駄なエネルギー（束縛エネルギー）となって有効に使えなくなってしまうのである。

### 2. 5. 3. エントロピーと秩序

エントロピーの定義式を

$$\Delta Q = T\Delta S$$

と変形してみよう。この式はどのような意味を持っているのであろうか。ひとつ

の解釈として、「熱 ($\Delta Q$) を加えても温度が変わらない場合は、その熱は系のエントロピーの増加 ($\Delta S$) に費やされる」ということを意味している。

しかし、熱を加えたら、系の温度は必ず上がるような気がするが、温度が変わらないなどということが現実に起こりえるのであろうか。

実は、この関係式は物質の相変化 (phase transformation) において重要な意味を持っている。例えば、氷を加熱することを考えてみよう。−20 [°C]にある氷に熱を加えると、図 2-10 に示すように、その温度は、加えた熱量にほぼ比例して上昇していく。このときの比例定数が熱容量（単位量あたりでは比熱）である。ところが氷が 0°C に到達したとたん温度上昇が止まってしまうのである。

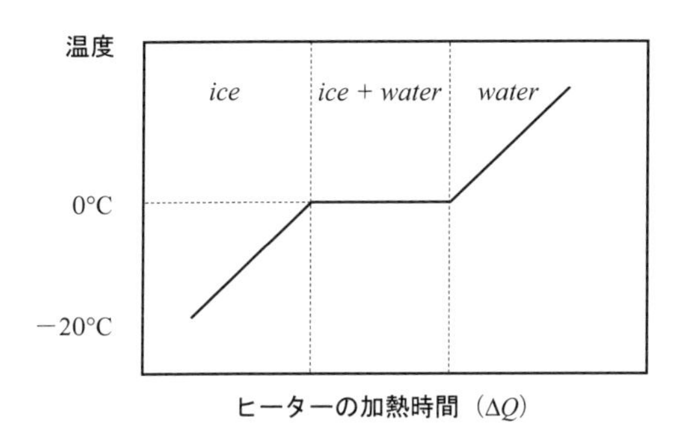


**図 2-8**　氷をヒーターで暖めると、氷の温度は次第に上昇し、0 [°C] になったところで氷が溶け始める。この状態でヒーターの加熱時間を増やしても、温度は上昇しない。

それでは、この温度で何が起きているかというと、氷が水に変化しているのである。つまり、氷と水が共存している間は、いくら熱を加えても温度変化が生じない。これは、加えた熱が、氷から水への相変化に費やされるためである。

このとき、氷を水に変えるのに必要な熱は**潜熱** (latent heat) と呼ばれ、相転移の種類によって、その単位体積あたりに必要な熱量は一定の値を示す。そして、この氷から水に変わるという変化が、まさにエントロピー変化に対応するのである。氷と水の場合は

$$\Delta Q = T\Delta S = T(S^{water} - S^{ice})$$

と書くことができる。つまり、水のエントロピー ($S^{water}$) と氷のエントロピー ($S^{ice}$) の差に温度をかけたものが潜熱となる。潜熱、つまり「潜る熱」と呼ぶ理

由は、熱を加えているにもかかわらず温度が上がらないので、あたかも熱がどこかに潜ってしまったような印象を受けるからである。英語の latent heat の latent も「隠れた」あるいは「潜在の」という形容詞で、日本語と感覚は似ている。

潜熱は、latent heat の頭文字を取って $L$ と表記される場合が多い。すると

$$L = T(S^{water} - S^{ice})$$

となり、$L$ は測定可能であるから

$$S^{water} - S^{ice} = \frac{L}{T}$$

より、相変態にともなうエントロピー変化を直接求めることが可能となる。

**演習** 2-6　氷 1 [mol] を水に変えるのに要する熱量が 6000 [J]のとき、0 [°C] における氷 1 [mol]と水 1 [mol] のエントロピー差を求めよ。

**解**）　水と氷のエントロピー差は

$$S^{water} - S^{ice} = \frac{L}{T} = \frac{6000}{273} \cong 22$$

となるので、22 [J/K/mol]となる。

---

同様にして、水が水蒸気になる場合にも同じようにエントロピー変化をともなう。よって潜熱が存在する。この場合は、**蒸発の潜熱** (latent heat of vaporization) と呼ぶ。また、固体が溶ける時の潜熱は、正式には、**融解の潜熱** (latent heat of fusion) と呼んでいる。

蒸発の場合にも、加えた熱は水から水蒸気へのエントロピー変化に費やされるので、温度上昇がない。暑い日に道路の水まきをするのは、蒸発の潜熱を利用して道路の熱をうばうのが目的である。

このエントロピー変化を少し別な視点から捉えてみよう。氷から水への変化では何が変わっているのであろうか。いろいろな見方があるが、ここでは水分子の配列の**秩序状態**　(ordered state) に変化が起こっていると考える。

すると、**秩序** (order) という観点では、氷の方が水よりも秩序が高いので、エントロピーは、氷という秩序だった状態から、水というランダムな状態に変化す

るとき、増えることになる。このため、エントロピーは**無秩序**(disorder) の指標ともいえるのである。

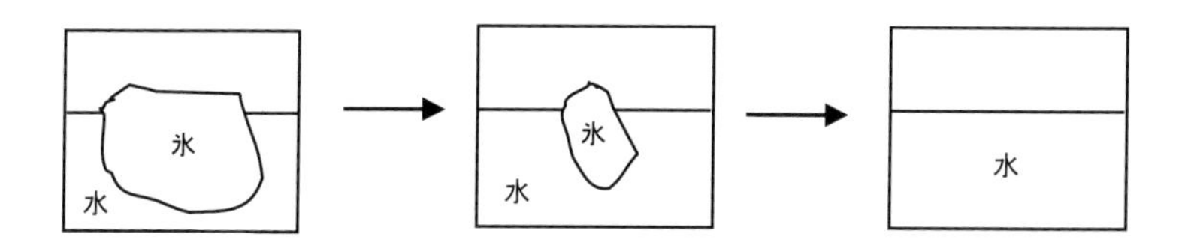


**図 2-9**　氷が解けて水へと変化する間は温度が上昇しない。このとき、加えた熱量は氷（秩序）から水（無秩序）への相変化に使われたと考える。このとき、増えるのがエントロピーである。

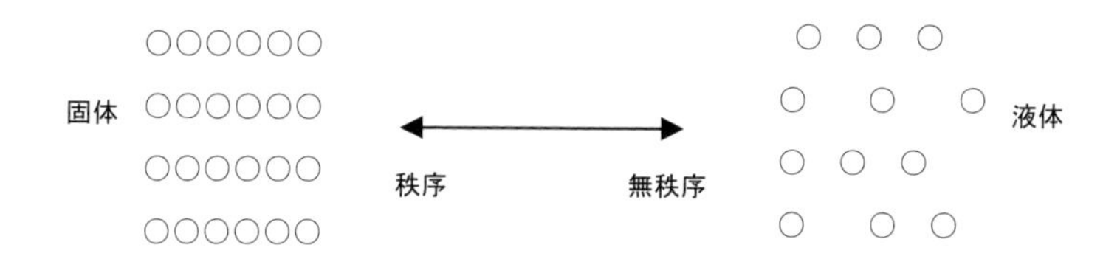


**図 2-10**　固体からの液体への相変化

別の視点で見ると、**秩序状態** (ordered state) の固体（氷）から、**無秩序状態** (disordered state) の液体（水）に変化するのに熱エネルギーが消費されたと考えることもできる。そして、秩序→無秩序への変態にともなって増加するのがエントロピーなのである。これもエントロピーのひとつの見方ではある。一般の啓蒙書では、エントロピーは「でたらめの尺度」と定義する場合があるが、これは、無秩序の指標の別表現である。

しかし、無秩序や「でたらめ」といっても、それを、どのように計るのであろうか。実は、ボルツマン (Boltzmann) によって、エントロピーの定義が、統計力学的視点にたった状態量というかたちで行われている。これは次章で紹介する。

## 2. 6.　ヘルムホルツ関数

熱力学では、自由エネルギー (free energy) が中心的な役割をはたすということを紹介した。「系は、その自由エネルギーが低いほど安定である」といえるからである。

実は、冒頭で紹介した自由エネルギーは、**ギブス** (Josiah Willard Gibbs, 1839-1903) が提唱したものであり、**ギブスの自由エネルギー**(Gibbs free energy) あるいは、ギブス関数 (Gibbs function) と呼ばれている。自由エネルギーの記号として、$G$ を採用するのは、このためである。

自由エネルギーには、もうひとつ、**ヘルムホルツ自由エネルギー**(Helmholtz free energy)がある。ヘルムホルツ関数 (Helmholtz function) とも呼ばれる。**ヘルムホルツ**(Hermann von Helmholtz, 1821-1894)によって提唱されたので、この名がついている。こちらは、記号として $F$ を採用するのが通例である。$A$ を採用することも多い。その定義は

$$F = U - TS$$

となる。つまり、ギブスの自由エネルギー $G = H - TS = U + PV - TS$ から $PV$ 項がなくなったものである。よって

$$G = F + PV$$

という関係にある。ここで、$F$ の定義式を

$$U = F + TS$$

と変形してみよう。すると、ギブス自由エネルギーで紹介したように、$TS$ 項は束縛エネルギーに相当する。よって、この式の意味するところは

**（内部エネルギー）＝（自由エネルギー）＋（束縛エネルギー）**

となり、$F$ は内部エネルギー$U$ から、外に取り出すことができる自由エネルギー成分と考えることができるのである。

そして、ギブス関数の場合と、考え方の基本は同じであり、$F$ が低いほど系が安定ということになる。したがって、温度一定のもとでは、エントロピー (entropy) $S$ が大きいほど $F$ が小さくなるので系はより安定ということになる。

ところで、容器に閉じ込められた気体においては、温度 $T$ が一定であれば、内部エネルギー$U$ も一定となる。とすると、ある温度における系の安定性（平衡

状態）を決定する因子は、エントロピー$S$ということになる。かくして、統計力学においては、熱力学関数のなかでエントロピー$S$が主役を演じることになるのである。

## 2.7.　化学ポテンシャル

熱力学においては、系の自由エネルギー$G$（あるいは定積下では$F$）が主役を演じることを冒頭で紹介した。

ここで、系を構成している粒子1個あたりの自由エネルギーを考える。つまり、系の粒子数が$N$の場合

$$G = N\mu$$

と置くと、$\mu$は、粒子1個あたりの自由エネルギーとなるが、これを**化学ポテンシャル** (chemical potential) と呼んでいる。化学という名を冠するのは、もともとは、**化学反応** (chemical reaction) などを熱力学で解析する場合に、重要なパラメーターであったからである。

また、物理では、粒子1個あたりの自由エネルギーのことを指すが、化学分野では、1 [mol] あたりの自由エネルギーを指すこともある。また、ポテンシャルという名前がついているのは、冒頭で紹介したように、化学反応がどちらに進むかという指標は自由エネルギーの大きさであり、ちょうど、自由エネルギーの差が反応の駆動力となって、ポテンシャルのような働きをすることに由来している。

この名称を統計力学でも準用しているが、本来の意味からすると化学とポテンシャルを使うことに違和感を覚えるひとも多いかもしれない。物理的意味は、粒子1個あたりの自由エネルギーということである。そして

$$\mu = \frac{\partial G}{\partial N}$$

という関係にある。

統計力学は、ミクロ粒子の挙動を解析することにより、マクロな熱力学を説明しようという学問である。したがって、その粒子数が変化する場合には、化学ポテンシャルが必要となるのである。

もちろん、$F$についても

$$F = N\mu \qquad \text{および} \qquad \mu = \frac{\partial F}{\partial N}$$

という関係にある。

## 2. 8.　示強変数と示量変数

熱力学関数は、**示強性** (intensive property) を示すものと**示量性** (extensive property) を示すものとに分類できる。示量性とは、系の量が 2 倍になれば、その値も 2 倍になることを指す。示強性とは、系の量を増やしても、値が変わらない性質を指す。

例えば、体積 $V$ やモル数 $n$ などは**示量変数** (extensive variable) であり、温度 $T$ や圧力 $P$ などは**示強変数** (intensive variable) である。

具体例で考えよう。体積が $V$ の気体に、同じ体積 $V$ の気体を加える。すると、体積は2倍になり、含まれている粒子数も2倍になるので、モル数も2倍になる。よって、これら諸量は示量変数である。

一方、体積を 2 倍に増やしても、温度や圧力の値は変わらない。50 [°C] のお湯に 50 [°C] のお湯を足しても 100 [°C] にはならず、50 [°C] のままである。同じ圧力の気体どうしを一緒にしたからといって、圧力が増えるわけではない。よって、これらは示強変数である。

ここで、状態方程式を見てみよう。

$$PV = nRT = Nk_BT$$

左辺は、示強変数 $P$ と示量変数 $V$ の積となっている。右辺は、気体定数 $R$ を除けば、モル数 $n$ と温度 $T$ の積であるが、こちらは、示強変数 $T$ と示量変数 $n$ の積となっている。ちなみに、粒子数 $N$ は示量変数である。まとめると

**（示強変数）×（示量変数）=（示量変数）×（定数）×（示強変数）**

となっている。このように、示量変数が 1 個ずつ、両辺に入っている。もし、示量変数の数が両辺で異なると、整合性が失われてしまう。

それでは、エネルギー $E$ はどうであろうか。実は、エネルギーは示量変数である。例えば、100 [°C] のお湯 1 [$\ell$] に比べて 2 [$\ell$] では、ものを温める能力は 2 倍になる。

ここで、$N$ 個の気体分子が持つエネルギーと温度の関係である $E=\frac{3}{2}Nk_BT$ を見てみよう。右辺の温度 $T$ は示強変数であり、$k_B$ はボルツマン定数、そして、$N$ は粒子数であり、こちらは示量変数である。系の量が増えれば、粒子数も増える。この式からも、エネルギーが示量変数であることがわかる。

それでは、エントロピー $S$ はどうであろうか。まず、式から考えてみよう。ヘルムホルツの自由エネルギー $F$ は $F=U-TS$ と与えられる。

$F$ も内部エネルギー $U$ も示量変数である。ここで、温度 $T$ は示強変数であるから、式の整合性をとるためには、エントロピー $S$ は示量変数ということになる。

さらに、熱容量 (heat capacity) は示量変数であるが、比熱 (specific heat) は示強変数である。比熱に限らず、比重など単位量あたりの物理量はすべて示強変数となる。英語では"specific"という接頭語がつく。

まとめとして、熱力学において登場する状態量を示量変数と示強変数に分類しておこう。

**○示強変数** (intensive variable)

温度: temperature ($T$)、圧力: pressure ($P$)、定積比熱: specific heat under constant volume ($C_V$)、定圧比熱: specific heat under constant pressure ($C_P$)、化学ポテンシャル: chemical potential ($\mu$)、密度: density ($\rho$)

**○示量変数** (extensive variable)

体積: volume ($V$)、エネルギー: energy ($E$)、ギブス自由エネルギー: Gibbs free energy ($G$)、ヘルムホルツ自由エネルギー: Helmholtz free energy ($F$)、エントロピー: entropy ($S$)、内部エネルギー: internal energy ($U$)、モル数: molar number ($n$)、粒子数: number of particles ($N$)、質量: mass ($m$)

示強変数と示量変数には、圧力($P$)と体積($V$)のように、互いにかけあわせるとエネルギーの次元をもった示量変数 $PV$ となるものがある。このような組み合わせを**共役変数** (a pair of conjugate variables)と呼んでいる。

$TS$ を構成する温度($T$)とエントロピー($S$)や、$N\mu$ を構成する化学ポテンシャル($\mu$)と粒子数($N$)なども互いに共役な状態量である。ここで、エネルギーの次元を持った状態量は $G, F, U, E$ に加えて、$PV, TS, N\mu$ となる。

## コラム　状態関数とエントロピー

統計力学において主役を演じるエントロピーは**状態関数** (state function) である。状態関数（状態量とも呼ぶ）とは、$P$, $V$, $T$ などの条件が決まれば、その値が自動的に決まる経路によらない関数 (path independent function) である。

一方で、エントロピーは、物理において、唯一、不可逆性 (irreversibility)を表現できる指標ともされている。**熱力学の第二法則** (The second law of thermodynamics) は、**エントロピー増大の法則** (principle of increase of entropy) とも呼ばれ、自然の変化においてはエントロピーが増大するというものである。

ところで、状態関数の定義は $\oint dS = 0$ であった。よって $\int_A^B dS + \int_B^A dS = 0$

となり、A→B→A の変化の過程で、エントロピーは増大しない。これは、熱力学の第二法則に反しているようにも見えるがどうであろうか。実は、これにはトリックがある。あくまでも、可逆過程においては

$$\Delta S = \int dS = \int \frac{d'Q_{rev}}{T} = 0$$

が成立すると言っているのである。$d'Q$ の添え字の rev は reversible すなわち可逆という意味である。つまり、不可逆過程のことは考えていない。

よって、エントロピーが状態関数とみなせるのは、可逆過程に対してのみである。つまり、熱を加えても外に仕事をせず、すべて内部エネルギーとして蓄えられるような場合には、エントロピーは状態関数として扱ってよいのである。

# 第3章　熱力学関数と微分形

**熱力学** (thermodynamics) には、数多くの関数が登場する。しかも、エンタルピー$H$やエントロピー$S$などのように、直接測定できない物理量が多いうえ、これら関数が複雑に絡み合い、物理的な意味が必ずしも明確ではない数学的処理によって関数間の関係がえられることもある。

しかし、**統計力学** (statistical mechanics) においては、熱力学においてえられた関数どうしの連関を利用して、ミクロからマクロへの橋渡しが行われる場合が多い。そこで、本章では、統計力学において必要となる**熱力学関数** (thermodynamic function) の間に成立する関係について整理する。

熱力学関数の関係を微分形で求めるためには、**偏微分** (partial differential)と**全微分** (total differential) の知識が必要となる。そこで、これら手法を簡単に復習したのち、熱力学関数の微分形を紹介する。

## 3. 1.　偏微分

熱力学に限らず、物理に登場する関数（物理量）は、ほとんどが、**多変数関数** (multi-variable function)である。もともと3次元空間 (three dimensional space) で位置を指定するには$x, y, z$の3個の変数が必要であり、さらに時間変化をみるには、時間$t$を変数に加えなければならない。

気体の圧力(pressure): $P$も、気体の体積(volume): $V$や温度(temperature): $T$やモル数(molar number): $n$によって変化するので、まさに、多変数関数である。ここで、$x, y$の2個の変数からなる関数

$$z = f(x, y)$$

を考えてみよう。この関数の微小変化を考える。このとき、変数を2個とも変化させるのではなく、どちらかの変数を固定し、片方のみが変化したらどうなるかを考えるのである。この手法を**偏微分** (partial differential) と呼んでいる。実は、

偏微分の「偏」の英語は partial である。つまり、「部分」である。要は、全体の変化の中で、ある部分にのみ着目するという意味である。

ここで、変数 $y$ を固定して、$x$ のみ変化させた場合にどうなるかをみてみよう。すると、変化の度合いは $\dfrac{f(x+\Delta x, y)-f(x, y)}{\Delta x}$ となる。そして、その極限を

$$\frac{\partial f(x, y)}{\partial x}=\lim_{\Delta x \to 0}\frac{f(x+\Delta x, y)-f(x, y)}{\Delta x}$$

のように表記し、変数 $x$ に関する**偏導関数** (partial derivative) とする。ここで、偏微分では $d$ ではなく∂という表記を用い、ラウンド (round) と読む。

変数 $y$ に関する偏導関数は

$$\frac{\partial f(x, y)}{\partial y}=\lim_{\Delta y \to 0}\frac{f(x, y+\Delta y)-f(x, y)}{\Delta y}$$

となる。以上が偏微分の定義式 (definitional equation) である。

実は、偏微分の手法は、われわれが普段、なんらかの実験をするときの基本である。ある物理現象あるいは、化学現象に及ぼす因子の影響を調べる場合、その因子のみを変化させて影響を調べる。複数の因子を同時に変化させたのでは、何の影響かがわからなくなるからである。

ところで、いまは 2 変数関数を紹介したが、実際の物理量は、数多くの変数からなっている。これを一般化して

$$z=f(x_1, x_2, ..., x_n)$$

というように $n$ 個の変数からなる多変数関数を考える。このときの偏微分は

$$\frac{\partial f(x_1, x_2, ..., x_n)}{\partial x_1}=\lim_{\Delta x_1 \to 0}\frac{f(x_1+\Delta x_1, x_2, ..., x_n)-f(x_1, x_2, ..., x_n)}{\Delta x_1}$$

となる。このように、偏微分では、すべての変数を列挙して、その中のどの変数に着目して微分しているかを示す必要がある。

しかし、変数すべてを書くのは大変である。そこで、偏微分の性質を利用した簡略化が行われる。例えば $\dfrac{\partial f}{\partial x}$ や $f_x$ と略記することがある。この意味は、関数 $f$ は、$x$ を含む多変数関数であるが、$x$ 以外の変数はすべて固定し、$x$ のみを変化させたときの導関数が $\partial f/\partial x$ であるとしているのである。この表記は便利である。まず、変数を指定せずに、とにかく、$x$ のみに関して偏微分するという意味

になるので汎用性が高いのである。しかし、一方で、あいまいさが残るという欠点もある。そこで、$f$が、$x, y, z$ という3変数関数の場合

$$\left(\frac{\partial f}{\partial x}\right)_{y,z} \qquad \left.\frac{\partial f}{\partial x}\right|_{y,z}$$

などとも表記する。いずれも、変数 $y, z$ は固定して、$x$ に関して偏微分するという意味である。こうすれば、$f$の変数が $x, y, z$ であることが明らかであろう。

**演習 3-1**　定義にしたがって、つぎの多変数関数の $x$ に関する偏導関数を求めよ。

(a)　$f(x, y) = xy^2$　　(b)　$f(x, y, z) = xyz$

**解**）

(a)　$$\frac{\partial f(x,y)}{\partial x} = \lim_{\Delta x \to 0}\frac{(x+\Delta x)y^2 - xy^2}{\Delta x} = \lim_{\Delta x \to 0}\frac{(\Delta x)y^2}{\Delta x} = y^2$$

(b)　$$\frac{\partial f(x,y,z)}{\partial x} = \lim_{\Delta x \to 0}\frac{(x+\Delta x)yz - xyz}{\Delta x} = \lim_{\Delta x \to 0}\frac{(\Delta x)yz}{\Delta x} = yz$$

---

以上のように、定義式にしたがって偏導関数を求めることが可能であるが、より実用的には、他の変数を定数とみなして、微分するほうが簡単である。例えば

$$f(x, y, z) = x^2 yz$$

という多変数関数の $x$ に関する偏導関数を求める際には、$yz$ を定数とみて、$x^2$ のみを微分する。すると $\dfrac{\partial f(x,y,z)}{\partial x} = 2xyz$ となる。

**演習 3-2**　つぎの関数の $y$ に関する偏導関数を求めよ。

(a)　$f(x, y) = xy^2$　　(b)　$f(x, y, z) = xyz + y^3 z^2$

**解**）　$y$ 以外の変数を定数とみなして微分すると

(a)　$\dfrac{\partial f(x,y)}{\partial y} = 2xy$　　(b)　$\dfrac{\partial f(x,y,z)}{\partial y} = xz + 3y^2 z^2$　　となる。

---

偏微分の復習は以上である。多変数関数において、ひとつの変数のみを変化させたときの導関数と考えれば、それほど難しい概念ではないであろう。計算そのものも、微分の知識があれば、他の変数を定数とみなすことで、比較的簡単に対処することが可能である。

## 3.2. 全微分

熱力学関数においては、偏微分と**全微分** (total differential) が重要な役割をはたす。多くの熱力学関数の微分形は、全微分の形式を利用して関数間の関係がえられるからである。

それでは、全微分とはなんであろうか。偏微分とは、多変数関数の微小変化を考える場合、一度にすべての変数を変化させるのではなくある変数のみを変化させる手法であることを説明した。つまり、部分的な微分である。

実は、全微分とは、部分微分を統合したものである。具体例で説明したほうが、わかりやすいと思うので、実際の関数を使って全微分の意味を紹介したい。$z = f(x, y) = xy$ という 2 変数関数を考える。

例えば、$x$ を長方形の横の長さ、$y$ をたての長さとすると、$z$ は長方形の面積に相当する。ここで、$x$ に関する偏微分は

$$\frac{\partial z}{\partial x} = \frac{\partial f(x, y)}{\partial x} = y$$

となるが、これは横の長さをわずかに $dx$ だけ増やすと、面積は $ydx$ だけ大きくなるということに対応する。一方、$y$ に関する偏微分は

$$\frac{\partial z}{\partial y} = \frac{\partial f(x, y)}{\partial y} = x$$

となるが、これはたての長さをわずかに $dy$ だけ増やすと、面積は $xdy$ だけ大きくなるということに対応する。この様子を図 3-1 に示す。

偏微分は、それぞれの変数のみを変化させたときの導関数を求めている。ここで、たてと横の長さを両方変化させたときの、全体の変化量はどうなるだろうか。それは、$x$ を $dx$ だけ変化させたときの増分と、$y$ を $dy$ だけ変化させた場合の増分を足せばよいと考えられる。よって $dz = ydx + xdy$ となる。これは

$$dz = \frac{\partial f(x,y)}{\partial x}dx + \frac{\partial f(x,y)}{\partial y}dy$$

という関係にある。ところで、図 3-1 をよく見ると、全微分の(d)では、(b)と(c)を単純に足した場合よりも、$dxdy$ だけ面積が広くなっている。実は、この項は

$$z + dz = (x + dx)(y + dy) = xy + ydx + xdy + dxdy$$

という計算をすると　$dz = ydx + xdy + dxdy$　となることからも導出できる。ただし、結論からいえば、この項は無視してよいのである。

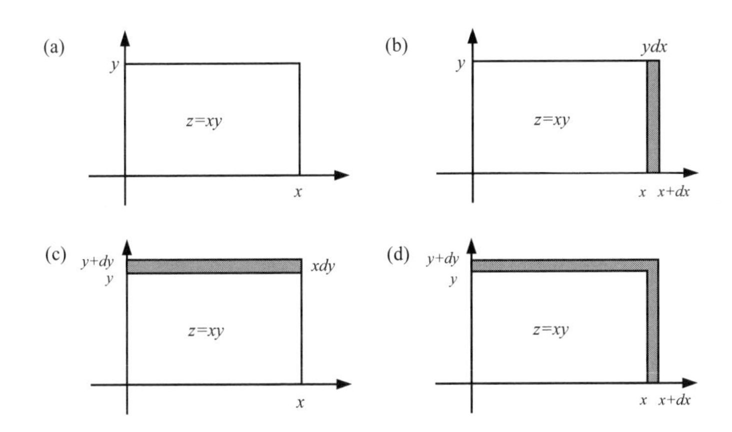


**図 3-1**　偏微分と全微分の関係。(a) 長方形の面積, (b) 横の長さを $dx$ だけ増やしたときの面積 $z=xy$ の増分が $ydx$ であり、$y$ は $x$ に関する偏微分に相当する。(c) たての長さを $dy$ だけ増やしたときの面積 $z=xy$ の増分が $xdy$ であり、$x$ は $y$ に関する偏微分に相当する。(d) 横とたての長さを $dx$ と $dy$ だけ増分したときの面積の増分は $ydx+xdy$ であり、全微分に相当する。

われわれがいま想定している $dx, dy$ は**無限小** (infinitesimal) である。本来、無限小を、有限の量で評価することはできないが、例えば、$dx, dy$ が $10^{-10}$ のオーダーとすると、$dxdy$ は $10^{-20}$ となり、$10^{10}$ だけ小さくなる。$dx, dy$ が $10^{-100}$ では、$dxdy$ は $10^{100}$ だけ小さくなる。そして、無限小では、このオーダーの違いは無限大となるので、高次の項は無視できるのである。

以下同様にして、3 変数関数 $w = f(x,y,z)$ の全微分は

$$dw = \frac{\partial f(x,y,z)}{\partial x}dx + \frac{\partial f(x,y,z)}{\partial y}dy + \frac{\partial f(x,y,z)}{\partial z}dz$$

となる。4 変数関数 $u = f(x, y, z, w)$ の全微分は

$$du = \frac{\partial f(x, y, z, w)}{\partial x}dx + \frac{\partial f(x, y, z, w)}{\partial y}dy + \frac{\partial f(x, y, z, w)}{\partial z}dz + \frac{\partial f(x, y, z, w)}{\partial w}dw$$

となる。

**演習** 3-3　横の長さを $x$、たての長さを $y$、高さを $z$ とする直方体の体積の全微分を求めよ。

**解）**　体積を $w = f(x, y, z) = xyz$　とすると、全微分は

$$dw = \frac{\partial f(x, y, z)}{\partial x}dx + \frac{\partial f(x, y, z)}{\partial y}dy + \frac{\partial f(x, y, z)}{\partial z}dz \ = yzdx + xzdy + xydz$$

となる。

---

このように、全微分は、偏微分（部分的微分）を統合したものである。一般化のために、$n$ 変数関数　$z = f(x_1, x_2, ..., x_n)$ を考える。この全微分は

$$dz = \frac{\partial f(x_1, x_2, ..., x_n)}{\partial x_1}dx_1 + \frac{\partial f(x_1, x_2, ..., x_n)}{\partial x_2}dx_2 + ... + \frac{\partial f(x_1, x_2, ..., x_n)}{\partial x_n}dx_n$$

となる。

## 3. 3.　ボイル・シャルルの法則と偏微分

**ボイル・シャルルの法則** (combined gas law) を思い出してみよう。気体の圧力 $P$ と、体積 $V$ と温度 $T$ の間には、$A$ を定数として　$\dfrac{PV}{T} = A$ という関係がある。

この式を変形して $P = \dfrac{AT}{V}$　としよう。ここで、圧力 $P$ を、独立変数 $T, V$ の関数とみなすと　$P = P(T, V)$　のように表記できる。ここで、関数 $P$ を温度 $T$ に関して偏微分すると

$$\frac{\partial P}{\partial T} = \frac{\partial P(T, V)}{\partial T} = \frac{A}{V}$$

となる。つぎに、体積 $V$ に関して偏微分すると

$$\frac{\partial P}{\partial V}=\frac{\partial P(T,V)}{\partial V}=-\frac{AT}{V^2}$$

となる。したがって、圧力 $P$ の全微分は

$$dP=\frac{\partial P(T,V)}{\partial T}dT+\frac{\partial P(T,V)}{\partial V}dV=\frac{A}{V}dT-\frac{AT}{V^2}dV$$

と与えられる。つまり

$$dP=\frac{A}{V}dT-\frac{AT}{V^2}dV$$

となる。この表式が便利なのは、例えば、体積 $V$ が一定ならば、$dV=0$ として

$$dP=\frac{A}{V}dT \qquad \text{から} \qquad \frac{dP}{dT}=\frac{A}{V}$$

となることがすぐにわかるからである。ただし、$V$ 一定とした偏微分であるので

$$\frac{\partial P}{\partial T}=\left(\frac{\partial P}{\partial T}\right)_V=\frac{A}{V}$$

と表記する。一方、温度 $T$ が一定の場合には

$$\frac{\partial P}{\partial V}=\left(\frac{\partial P}{\partial V}\right)_T=-\frac{AT}{V^2}$$

となる。あるいは

$$dP=\frac{\partial P}{\partial T}dT+\frac{\partial P}{\partial V}dV \qquad dP=\left(\frac{\partial P}{\partial T}\right)_V dT+\left(\frac{\partial P}{\partial V}\right)_T dV$$

と表記できる。

**演習 3-4**　ボイル・シャルルの法則において、$T$ を独立変数 $P$, $V$ の関数とみなして、その全微分形を求めよ。

**解)**　ボイル・シャルルの法則　$\dfrac{PV}{T}=A$ から $T(P,V)=\dfrac{PV}{A}$ となる。よって

$$\frac{\partial T(P,V)}{\partial P}=\left(\frac{\partial T}{\partial P}\right)_V=\frac{\partial T}{\partial P}=\frac{V}{A} \qquad \frac{\partial T(P,V)}{\partial V}=\left(\frac{\partial T}{\partial V}\right)_P=\frac{\partial T}{\partial V}=\frac{P}{A}$$

ここで $dT = dT(P,V) = \left(\frac{\partial T}{\partial P}\right)_V dP + \left(\frac{\partial T}{\partial V}\right)_P dV$ であるから全微分は

$$dT = \frac{V}{A}dP + \frac{P}{A}dV \quad \text{となる。}$$

---

最後に、体積に関しては $V(P,T) = \frac{AT}{P}$ となるので

$$\frac{\partial V(P,T)}{\partial P} = \left(\frac{\partial V}{\partial P}\right)_T = \frac{\partial V}{\partial P} = -\frac{AT}{P^2} \qquad \frac{\partial V(P,T)}{\partial T} = \left(\frac{\partial V}{\partial T}\right)_P = \frac{\partial V}{\partial T} = \frac{A}{P}$$

よって、全微分は

$$dV = dV(P,T) = \left(\frac{\partial V}{\partial P}\right)_T dP + \left(\frac{\partial V}{\partial T}\right)_P dT \quad \text{から} \quad dV = -\frac{AT}{P^2}dP + \frac{A}{P}dT$$

となる。ここで、ボイル・シャルルの法則から導出される全微分形は

$$dP = \left(\frac{\partial P}{\partial T}\right)_V dT + \left(\frac{\partial P}{\partial V}\right)_T dV \qquad dV = \left(\frac{\partial V}{\partial P}\right)_T dP + \left(\frac{\partial V}{\partial T}\right)_P dT$$

$$dT = \left(\frac{\partial T}{\partial P}\right)_V dP + \left(\frac{\partial T}{\partial V}\right)_P dV \qquad \text{となる。}$$

**演習 3-5**　ボイル・シャルルの法則において、熱力学変数 $P, V, T$ に関して、つぎの関係が成立することを確かめよ。

$$\left(\frac{\partial P}{\partial V}\right)_T \left(\frac{\partial V}{\partial T}\right)_P \left(\frac{\partial T}{\partial P}\right)_V = -1$$

**解）**　すでに求めたように

$$\left(\frac{\partial P}{\partial V}\right)_T = -\frac{AT}{V^2} \qquad \left(\frac{\partial V}{\partial T}\right)_P = \frac{A}{P} \qquad \left(\frac{\partial T}{\partial P}\right)_V = \frac{V}{A}$$

であった。したがって

$$\left(\frac{\partial P}{\partial V}\right)_T \left(\frac{\partial V}{\partial T}\right)_P \left(\frac{\partial T}{\partial P}\right)_V = -\frac{AT}{V^2}\cdot\frac{A}{P}\cdot\frac{V}{A} = -\frac{AT}{PV} = -\frac{A}{A} = -1$$

となって、上記の関係が成立することが確かめられる。

---

ところで $\dfrac{PV}{T}=A$ という関係にあるので

$$\left(\frac{\partial P}{\partial V}\right)_T=-\frac{AT}{V^2}=-\frac{PVT}{TV^2}=-\frac{P}{V} \qquad \left(\frac{\partial V}{\partial T}\right)_P=\frac{A}{P}=\frac{PV}{TP}=\frac{V}{T}$$

$$\left(\frac{\partial T}{\partial P}\right)_V=\frac{V}{A}=\frac{VT}{PV}=\frac{T}{P}$$

とすることもできる。もちろん、この場合も

$$\left(\frac{\partial P}{\partial V}\right)_T\left(\frac{\partial V}{\partial T}\right)_P\left(\frac{\partial T}{\partial P}\right)_V=-\frac{P}{V}\cdot\frac{V}{T}\cdot\frac{T}{P}=-1$$

となる。このように熱力学においては、すべての物理量が、その場その場で従属変数と独立変数の両方の機能を担うことになり、自由度がそれだけ高い分、多くの関係式がえられることになる。

さらに、熱力学に登場する物理量 (physical quantity)は、仕事 (work): $W$ と熱 (heat): $Q$ を除くと、すべて**状態関数** (state function) （**状態量**: state quantity とも呼ぶ）であり、**全微分可能** (totally differentiable) である。実は、熱 $Q$ も仕事が発生しない条件下、すなわち膨張などの体積変化を併なわない条件下では、状態量とみなしてよいのである。このような条件下では、エントロピー$S$ も状態量となる。そして、統計力学では、エントロピー$S$ が状態量であることを前提に論を展開していくのである。

ところで、内部エネルギーは、$\Delta U=\Delta Q-\Delta W$ のように、経路関数の熱と仕事の引き算となっているが、状態関数になるのはどうしてなのであろうか。これは、定性的には、次のように考えればよい。つまり、熱の成分には、状態だけで決まる成分と、経路に依存する成分がある。ここで、$\Delta W$を引くことは、経路に依存する成分を取り除くという操作に対応する。この結果、状態関数だけが残るのである。

したがって、以下の取り扱いでは、多くの物理量が状態量であり、よって、全微分が可能であるということを前提として論を進めていきたい。つまり、独立変数が与えられれば、必ず

$$dz=\frac{\partial f(x_1,x_2,...,x_n)}{\partial x_1}dx_1+\frac{\partial f(x_1,x_2,...,x_n)}{\partial x_2}dx_2+...+\frac{\partial f(x_1,x_2,...,x_n)}{\partial x_n}dx_n$$

と展開することができるという前提である。

## 3.4. 状態方程式と偏微分

それでは、理想気体の状態方程式 $PV = Nk_BT$ について見てみよう。この式から、圧力 $P$ は体積 $V$, 粒子数 $N$, 温度 $T$ の 3 変数関数とみなすことができ $P(V,N,T) = k_B \dfrac{NT}{V}$ と置ける。この式をもとに、偏微分を求めていこう。

$$\frac{\partial P(V,N,T)}{\partial V} = -k_B \frac{NT}{V^2},\quad \frac{\partial P(V,N,T)}{\partial N} = k_B \frac{T}{V},\quad \frac{\partial P(V,N,T)}{\partial T} = k_B \frac{N}{V}$$

となる。ここで、全微分は

$$dP = \frac{\partial P(V,N,T)}{\partial V}dV + \frac{\partial P(V,N,T)}{\partial N}dN + \frac{\partial P(V,N,T)}{\partial T}dT$$

であるが

$$dP = \left(\frac{\partial P}{\partial V}\right)_{N,T} dV + \left(\frac{\partial P}{\partial N}\right)_{V,T} dN + \left(\frac{\partial P}{\partial T}\right)_{V,N} dT$$

とも表記する。つまり $\dfrac{\partial P(V,N,T)}{\partial V} = \left(\dfrac{\partial P}{\partial V}\right)_{N,T}$ となる。この式の意味は、$P$ は、$V, N, T$ を変数とする関数であるが、ここでは、$N$ と $T$ を一定として、$P$ の $V$ に関する変化率を求めたということになる。先ほど求めた偏微分を代入すると

$$dP = -k_B \frac{NT}{V^2}dV + k_B \frac{T}{V}dN + k_B \frac{N}{V}dT$$

となる。ここで $k_B = \dfrac{PV}{NT}$ であるから $dP = -\dfrac{P}{V}dV + \dfrac{P}{N}dN + \dfrac{P}{T}dT$

という関係もえられる。

---

**演習 3-6** 理想気体の状態方程式において成立する $P, V, N, T$ 間の関係を利用して、温度 $T$ の全微分を求めよ。

---

**解）** $T(V,P,N) = \dfrac{PV}{k_BN}$ となるので、この式をもとに偏微分を求めていくと

$$\frac{\partial T(V,P,N)}{\partial V} = \frac{P}{k_BN},\quad \frac{\partial T(V,P,N)}{\partial P} = \frac{V}{k_BN},\quad \frac{\partial T(V,P,N)}{\partial N} = -\frac{PV}{k_BN^2}$$

となる。よって

$$dT = \frac{\partial T(V,P,N)}{\partial V}dV + \frac{\partial T(V,P,N)}{\partial P}dP + \frac{\partial T(V,P,N)}{\partial N}dN$$

から、温度 $T$ の全微分は

$$dT = \frac{P}{k_B N}dV + \frac{V}{k_B N}dP - \frac{PV}{k_B N^2}dN$$

と与えられる。

---

ちなみに $k_B = \frac{PV}{NT}$ を代入すると $dT = \frac{T}{V}dV + \frac{T}{P}dP - \frac{T}{N}dN$ となる。粒子数 $N$ についても同様の取り扱いが可能となる。その場合は $N(P,V,T) = \frac{PV}{k_B T}$ として、偏微分を求めていく。

$$\frac{\partial N(P,V,T)}{\partial P} = \frac{V}{k_B T},\quad \frac{\partial N(P,V,T)}{\partial V} = \frac{P}{k_B T},\quad \frac{\partial N(P,V,T)}{\partial T} = -\frac{PV}{k_B T^2}$$

となる。よって

$$dN = \frac{\partial N(P,V,T)}{\partial P}dP + \frac{\partial N(P,V,T)}{\partial V}dV + \frac{\partial N(P,V,T)}{\partial T}dT$$

から $dN = \frac{V}{k_B T}dP + \frac{P}{k_B T}dV - \frac{PV}{k_B T^2}dT$ となる。さらに $k_B = \frac{PV}{NT}$ を代入すると

$$dN = \frac{N}{P}dP + \frac{N}{V}dV - \frac{N}{T}dT$$

となる。

## 3. 5.　熱力学関数と微分形

それでは、以上を踏まえて、いよいよ熱力学関数の微分形について導出していこう。ここで、基本となるのが、熱力学関数が状態関数 (state function) であり、全微分可能 (total differential) という性質を有していることである。これを利用して、数学的な展開を進めていく。

まず、熱力学の第一法則 $d'Q = dU + PdV$ と、エントロピーの定義

$$dS = \frac{d'Q}{T} \quad \text{つまり} \quad d'Q = TdS \quad \text{を使うと} \quad TdS = dU + PdV$$

という関係がえられる。熱は経路関数であったので、$d'Q$ と表現しているが、これ以降は全微分可能な関数として議論を展開していく。いまの関係を変形すると

$$dU = TdS - PdV$$

となる。この全微分形から、内部エネルギー $U$ は $S$ と $V$ の関数 $U(S, V)$ であることがわかる。あるいは、内部エネルギー $U$ の自然な変数は $S, V$ であるといえる。実は、熱力学関数の微分形を求める際には、この式がすべての基本となる。

この式を眺めると、左辺はエネルギーであるから、右辺は互いに共役な熱力学変数 $T$ と $S$ および $P$ と $V$ の積（つまりエネルギーの次元を有する示量変数）となっている。ここで、内部エネルギー $U(S, V)$ の全微分は

$$dU = dU(S,V) = \frac{\partial U(S,V)}{\partial S} dS + \frac{\partial U(S,V)}{\partial V} dV$$

あるいは

$$dU = \left(\frac{\partial U}{\partial S}\right)_V dS + \left(\frac{\partial U}{\partial V}\right)_S dV$$

となる。ここで、$dU = TdS - PdV$ との対応関係をみれば

$$\left(\frac{\partial U}{\partial S}\right)_V = T \qquad \left(\frac{\partial U}{\partial V}\right)_S = -P$$

となることがわかる。この最初の式を、熱力学的温度の定義とする場合もある。

**演習 3-7** エンタルピー $H = U + PV$ をエントロピー $S$ と圧力 $P$ の関数とみなして、その全微分形を求めよ。

**解）** $dH$ が、$dS$ と $dP$ の関数として表現できればよい。まず

$$dH = dU + PdV + VdP$$

であるが、このままでは、$S$ の関数とはなっていない。そこで

$$TdS = dU + PdV$$

という関係を使い、代入すると

$$dH = TdS + VdP$$

となる。

---

ここで、$H(S, P)$ として全微分を考えると

$$dH = dH(S,P) = \left(\frac{\partial H}{\partial S}\right)_P dS + \left(\frac{\partial H}{\partial P}\right)_S dP$$

となるので $\left(\frac{\partial H}{\partial S}\right)_P = T$，$\left(\frac{\partial H}{\partial P}\right)_S = V$ という関係がえられる。この関係式は、圧力 $P$ 一定のもとでは、エンタルピー $H$ のエントロピー $S$ 変化が温度となることを、また、エントロピー $S$ 一定下では、エンタルピー $H$ の圧力 $P$ 変化が体積 $V$ となることを示している。

**演習 3-8**　ヘルムホルツの自由エネルギー $F= U-TS$ を、温度 $T$ および体積 $V$ の関数とみなして、その全微分形を求めよ。

**解）** $dF$ が、$dT$ と $dV$ の関数として表現できればよい。まず

$$dF = dU - TdS - SdT$$

である。この式に $TdS = dU + PdV$ を代入すると

$$dF = -SdT - PdV$$

となる。

---

ここで、$F(T, V)$ として全微分を考えると

$$dF = dF(T,V) = \left(\frac{\partial F}{\partial T}\right)_V dT + \left(\frac{\partial F}{\partial V}\right)_T dV$$

となるので $\left(\frac{\partial F}{\partial T}\right)_V = -S$ および $\left(\frac{\partial F}{\partial V}\right)_T = -P$ という関係がえられる。

**演習 3-9**　ギブスの自由エネルギー $G=H-TS=U+PV-TS$ について、温度 $T$ と圧力 $P$ の関数 $G(P, T)$としての全微分形を求めよ。

**解）** $dG$ が、$dT$ と $dP$ の関数として表現できればよい。まず

$$dG = dU + PdV + VdP - TdS - SdT$$

である。ここで $TdS = dU + PdV$ を代入すると

$$dG = dU + PdV + VdP - (dU + PdV) - SdT$$

となり、結局

$$dG = VdP - SdT$$

という全微分形がえられる。

---

ここで、$G$ の独立変数を $P, T$ とみなすと

$$dG = dG(P,T) = \left(\frac{\partial G}{\partial P}\right)_T dP + \left(\frac{\partial G}{\partial T}\right)_P dT$$

となる。したがって $\left(\frac{\partial G}{\partial P}\right)_T = V$ および $\left(\frac{\partial G}{\partial T}\right)_P = -S$ という関係がえられる。

ここで、エントロピー$S$ と 2 種類の自由エネルギーの関係をまとめると

$$S = -\left(\frac{\partial F}{\partial T}\right)_V \qquad S = -\left(\frac{\partial G}{\partial T}\right)_P$$

となり、体積 $V$ が一定の場合、ヘルムホルツの自由エネルギー$F$ の温度 $T$ 変化に負の符号をつけたものがエントロピー$S$ となる。

一方、圧力 $P$ が一定の場合、ギブスの自由エネルギー$G$ の温度 $T$ 変化に負の符号をつけたものがエントロピー$S$ となる。

普段の実験は、大気圧下（すなわち圧力一定下）で行われるので、ギブス自由エネルギー$G$ が主役となるが、体積変化を考えなくともよい環境下では、ヘルムホルツ自由エネルギー$F$ の方が活躍することになる。

最後に熱力学関数の微分形をまとめておこう。

$$dU = TdS - PdV \qquad dH = TdS + VdP$$

$$dF = -SdT - PdV \qquad dG = VdP - SdT$$

後ほど示すように、これらの関係は、$U$ のルジャンドル変換によってすべて導出することができる。

これらの関係が重要であるのは、エントロピー$S$ や内部エネルギー$U$ といった直接観測にはかからない熱力学関数が、温度 $T$ と圧力 $P$ という測定可能な物理量によって与えられている点にある。

**演習** 3-10　内部エネルギー$U$ とヘルムホルツの自由エネルギー$F$ の関係を示す式を導出せよ。

**解）**　$F = U - TS$ であるから $U = F + TS$ となる。ここで

$$S = -\left(\frac{\partial F}{\partial T}\right)_V \quad \text{という関係にあるので} \quad U = F - T\left(\frac{\partial F}{\partial T}\right)_V$$

となる。

---

ここで、$F/T$ を $T$ に関して微分してみよう。すると $\dfrac{d}{dT}\left(\dfrac{F}{T}\right) = \dfrac{1}{T}\dfrac{dF}{dT} - F\dfrac{1}{T^2}$

となる。したがって $T^2 \dfrac{d}{dT}\left(\dfrac{F}{T}\right) = T\dfrac{dF}{dT} - F$　となる。よって

$$U = F - T\left(\frac{\partial F}{\partial T}\right)_V = -T^2\left[\frac{\partial}{\partial T}\left(\frac{F}{T}\right)\right]_V$$

という関係がえられる。この式を**ギブス・ヘルムホルツの式** (Gibbs Helmholtz relation) と呼んでいる。この関係も統計力学で利用する。

最後に、エントロピーの全微分形を見ておこう。

$$TdS = dU + PdV \quad \text{を変形すると} \quad dS = \frac{1}{T}dU + \frac{P}{T}dV$$

となる。よって、エントロピー$S$ は内部エネルギー$U$ と体積 $V$ を自然な変数とする関数 $S(U, V)$であることがわかる。ここで、$S(U, V)$の全微分を考えれば

$$dS = dS(U,V) = \frac{\partial S(U,V)}{\partial U}dU + \frac{\partial S(U,V)}{\partial V}dV$$

となるはずである。あるいは

$$dS = \left(\frac{\partial S}{\partial U}\right)_V dU + \left(\frac{\partial S}{\partial V}\right)_U dV$$

と略記する。これを先ほど求めた $dS$ の式と項を比較すれば

$$\left(\frac{\partial S}{\partial U}\right)_V = \frac{1}{T} \qquad \left(\frac{\partial S}{\partial V}\right)_U = \frac{P}{T}$$

という関係がえられる。

## 3.6. 粒子数が変化する場合への対応

いままでの取り扱いは、暗に、粒子数 $N$ は変化しないという仮定のもとで、熱力学関数の微分形を導出してきた。

では、粒子数が変化する場合には、どのような修正が必要になるのであろうか。第2章で紹介したように、1粒子あたりの自由エネルギーである**化学ポテンシャル** (chemical potential): $\mu$ を考えると、この修正が可能である。まず、ギブスの自由エネルギー$G$ を考えると

$$dG(P,T) = VdP - SdT$$

であった。ここで、$P, T$ を一定に保ったときに、粒子1個増やしたときの自由エネルギー変化が $\mu = \left(\dfrac{\partial G}{\partial N}\right)_{P,T}$ と考える。今までは、粒子数 $N$ が変化しない仮定のもとで計算してきたので $\left(\dfrac{\partial G}{\partial P}\right)_{T,N} = V$ , $\left(\dfrac{\partial G}{\partial T}\right)_{P,N} = -S$ と書くことができる。

よって粒子数が変化することを配慮した修正においては

$$dG(P,T,N) = \left(\frac{\partial G}{\partial P}\right)_{T,N} dp + \left(\frac{\partial G}{\partial T}\right)_{P,N} dT + \left(\frac{\partial G}{\partial N}\right)_{P,T} dN = Vdp - SdT + \mu dN$$

となる。この右辺は、すべて共役な熱力学関数の積（つまりエネルギーと同じ単位）となっていることに注意されたい。$F$ や $U$ の場合にも同様である。

同様にして、ヘルムホルツの自由エネルギー$F$ は

$$dF(T,V) = -SdT - PdV$$

であったが、$T, V$ を一定にして、粒子数1個増やしたときの $F$ の変化が化学ポテンシャルとすると $\mu = \left(\dfrac{\partial F}{\partial N}\right)_{T,V}$ であるので

$$dF(T,V,N) = -SdT - PdV + \mu dN$$

と修正されることになる。

**演習 3-11**　内部エネルギー$U$ と化学ポテンシャル$\mu$ の関係を求めよ。

**解）**　ヘルムホルツの自由エネルギーは $F = U - TS$ から

$$dF = dU - TdS - SdT$$

となる。一方　$dF = -SdT - PdV + \mu dN$　であったので　$dU = TdS - PdV + \mu dN$

となる。よって　$\mu = \left(\dfrac{\partial U}{\partial N}\right)_{S,V}$　という関係がえられる。

---

つまり、化学ポテンシャルは、$S, V$ が一定という条件のもとでは、1 個の粒子が持つ内部エネルギーとみなすことができるのである。

それでは、最後に、エントロピー $S$ と化学ポテンシャル $\mu$ の関係を導いてみよう。いま求めた $dU = TdS - PdV + \mu dN$ を変形すると

$$dS = \frac{dU}{T} + \frac{P}{T}dV - \frac{\mu}{T}dN$$

という関係がえられる。したがって　$\mu = -T\left(\dfrac{\partial S}{\partial N}\right)_{U,V}$　となる。この式は、統計力学において、グランドカノニカル分布（後述）を導出する際に利用する式であるので、覚えておいてほしい。

ここで、もうひとつ重要な式を導出しておこう。

$G = N\mu$ であったので、その全微分は　$dG = \mu dN + Nd\mu$　となる。この式と、先ほど求めた $dG = VdP - SdT + \mu dN$　という式を比較すると

$$VdP - SdT - Nd\mu = 0$$

という関係がえられる。この式を**ギブス・デューヘムの式** (Gibbs Duhem equation) と呼んでいる。この式のすべての項は、共役変数の積となっている。

## 3. 7.　マックスウェル関係式

それでは、全微分の性質を利用することでえられる熱力学関数間の関係を導出してみよう。

$$A(x, y)dx + B(x, y)dy$$

という関数が与えられたとしよう。この式が、ある関数 $z = f(x,y)$ の全微分となるための条件を考えてみるのである。全微分となるためには

$$dz = \frac{\partial f(x, y)}{\partial x}dx + \frac{\partial f(x, y)}{\partial y}dy$$

でなければならないので $A(x,y)=\dfrac{\partial f(x,y)}{\partial x}$, $B(x,y)=\dfrac{\partial f(x,y)}{\partial y}$ という関係にある。したがって $\dfrac{\partial A(x,y)}{\partial y}=\dfrac{\partial^2 f(x,y)}{\partial x\partial y}$, $\dfrac{\partial B(x,y)}{\partial x}=\dfrac{\partial^2 f(x,y)}{\partial y\partial x}$ となり、$\dfrac{\partial^2 f(x,y)}{\partial x\partial y}=\dfrac{\partial^2 f(x,y)}{\partial y\partial x}$ であるので $\dfrac{\partial A(x,y)}{\partial y}=\dfrac{\partial B(x,y)}{\partial x}$ となる。いまの場合、必要条件を示したが、実際には、これが必要十分条件となる。これを熱力学関数に適用してみよう。すでに紹介したように、状態量である熱力学関数は全微分可能である。そこで、まず内部エネルギーからみてみよう。その微分形は

$$dU = TdS - PdV$$

であった。$dU(S,V)=TdS-PdV$ として、いま求めた全微分となる条件を適用すれば $\left(\dfrac{\partial T}{\partial V}\right)_S=-\left(\dfrac{\partial P}{\partial S}\right)_V$ という関係がえられる。

**演習 3-12** つぎのエンタルピーの微分形を利用して、全微分可能という条件から、熱力学関数間の関係を求めよ。

$$dH = TdS + VdP$$

**解)** $dH(S,P)=TdS+VdP$ として、全微分となるための条件を適用すると

$$\left(\frac{\partial T}{\partial P}\right)_S=\left(\frac{\partial V}{\partial S}\right)_P$$

という関係がえられる。

---

以下同様にして、自由エネルギーについても、新たな関係をえることができる。ギブス自由エネルギーでは $dG=VdP-SdT$ から、$G$ を $P$, $T$ の関数として $dG(P,T)=VdP-SdT$ とし、全微分可能となる条件を課すと

$$\left(\frac{\partial V}{\partial T}\right)_P=-\left(\frac{\partial S}{\partial P}\right)_T$$

となる。つぎに、ヘルムホルツ自由エネルギーでは $dF=-SdT-PdV$ から、$T$, $V$ の関数として $dF(T,V)=-SdT-PdV$ とし、全微分可能となる条件を課すと

$$\left(\frac{\partial S}{\partial V}\right)_T = \left(\frac{\partial P}{\partial T}\right)_V$$

となる。これらを**マックスウェル関係式** (Maxwell relations) と呼んでいる。

## 3. 8.　ルジャンドル変換

変数変換の一種に**ルジャンドル変換** (Legendre transformation) と呼ばれるものがある。フランスの数学者ルジャンドル (Andrien-Marie Legendre, 1752-1833) が解析力学におけるラグランジアン ($L$)をハミルトニアン($H$)に変換する際に用いたとされている。その後、ルジャンドル変換は、熱力学関数において重要な役割をはたすことになる。

それでは、ルジャンドル変換とは、どのような手法なのであろうか。その基本から復習してみる。図 3-2 に示すような $y = f(x)$ という下に凸の関数のグラフを考える。この曲線 $y = f(x)$ 上の点$(x, y)$を考え、この点での接戦の傾きを $p$ とする。この接線と $y$ 軸の交点、すなわち $y$ 切片を $g(p)$とすると、接線を表す式は $y = px + g(p)$ となる。このとき、曲線上の点$(x, y)$ に$(p, g(p))$ が 1 対 1 で対応する。そして、この曲線上の点はすべて、新しい変数 $p$ で表現することができる。つまり $(x, f(x)) \to (p, g(p))$ のような変数変換が可能となる。これをルジャンドル変換と呼ぶのである。

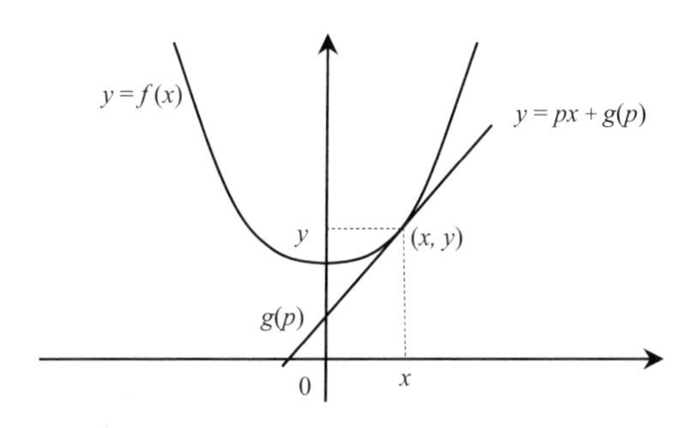


**図 3-2**　ルジャンドル変換における変数変換

ただし、グラフのかたちによっては、このような変換ができない場合がある。その好例が $y=ax+b$ である。基本的には、下に凸（あるいは上に凸）のかたちをした関数が対象となる。

それでは $g(p)$ を求めてみよう。 $y=f(x)=px+g(p)$ であるから $g(p)=f(x)-px$ となる。ただし、$p$ は接線の傾きであるから $p=f'(x)=y'$ という関係にある。

**演習 3-13** 関数 $y=x^2$ にルジャンドル変換を施した結果えられる関数 $g(p)$を求めよ。

**解）** $g(p)=f(x)-px=x^2-px$ と置くと $p=f'(x)=y'=2x$ から $x=\dfrac{p}{2}$ となる。したがって $g(p)=\left(\dfrac{p}{2}\right)^2-p\cdot\dfrac{p}{2}=-\dfrac{p^2}{4}$ となる。

---

いまの例は、1 変数関数の場合であるが、ルジャンドル変換は多変数関数に容易に拡張でき、微係数を変数として新たな関数を作りたい場合に威力を発揮する。

ところで、微係数を新たな変数とする必要性などあるのであろうか。実は、熱力学においては、多くの熱力学関数および変数が、微分のかたちでえられる。このため、ルジャンドル変換が大活躍することになるのである。

それでは、多変数関数におけるルジャンドル変換を考えていこう。まず、2 変数関数 $f(x,y)$ を考える。この全微分は

$$df(x,y)=\frac{\partial f(x,y)}{\partial x}dx+\frac{\partial f(x,y)}{\partial y}dy$$

となる。略記号を使うと $df=f_x dx+f_y dy$ となる。ここで、独立変数 $x$ のかわりに、微係数 $f_x$ を変数とする関数をつくりたいものとしよう。そして、新たな関数 $g(f_x,y)$ を

$$g(f_x,y)=f(x,y)-f_x x$$

と置く。これが $x\to f_x$ のルジャンドル変換である。 $g(f_x,y)$ の全微分は

$$dg=df-f_x dx-x df_x$$

となる。先ほどの $df$ を代入すると

$$dg=-x df_x+f_y dy$$

となる。もとの $df=f_x dx+f_y dy$ と比べると、$x$ の項だけ変数が入れ替わっていることがわかるであろう。これは、3 変数、4 変数と変数の数が増えても同様で

ある。例えば、3変数関数 $f(x,y,z)$ を考える。この全微分は

$$df(x,y,z) = \frac{\partial f(x,y,z)}{\partial x}dx + \frac{\partial f(x,y,z)}{\partial y}dy + \frac{\partial f(x,y,z)}{\partial z}dz$$

となる。略記号を使うと

$$df = f_x dx + f_y dy + f_z dz$$

となる。ここで $y$ のかわりに、微係数 $f_y$ を変数とする関数をつくりたいものとしよう。そして、新たな関数 $g(x, f_y, z)$ を

$$g(x, f_y, z) = f(x,y,z) - f_y y$$

と置こう。これが、$y \to f_y$ のルジャンドル変換である。ところで、$g(x, f_y, z)$ の全微分は $dg = df - f_y dy - y df_y$ となる。したがって

$$dg = f_x dx - y df_y + f_z dz$$

となり、確かに、変数 $y$ が $f_y$ にかわっていることがわかる。

さて、いまの3変数関数において、変数を2個変えたい場合はどうしたらよいであろうか。例えば、$x, z$ のかわりに $f_x, f_z$ を変数とする関数をつくりたいものとしよう。この場合は、新たな関数を $g(f_x, y, f_z) = f(x,y,z) - f_x x - f_z z$ と置けばよいのである。すると

$$dg = -x df_x + f_y dy - z df_z$$

となり、2個の変数を変換できる。

## 3. 9.　熱力学関数への応用

熱力学の基本は熱力学の第一法則から導出される $dU = TdS - PdV$ であった。これを全微分形とみなせば、内部エネルギー $U$ は $U = U(V,S)$ のように、体積 $V$ とエントロピー $S$ の関数であるとみなすことができるのである。「$U$ の自然な変数は $V$ と $S$ である」ということもできる。すでに、紹介したように、熱力学関数は状態量であり、全微分可能である。

ここで、$U(V, S)$ の全微分形は $dU = \dfrac{\partial U(V,S)}{\partial S}dS + \dfrac{\partial U(V,S)}{\partial V}dV = U_S dS + U_V dV$

となるが、これを $dU = \left(\dfrac{\partial U}{\partial S}\right)_V dS + \left(\dfrac{\partial U}{\partial V}\right)_S dV$ とも表記する。熱力学の第一法則

の表式と比較すると $U_S = \left(\frac{\partial U}{\partial S}\right)_V = T$ , $U_V = \left(\frac{\partial U}{\partial V}\right)_S = -P$ という関係にあることもわかる。

このように、熱力学においては、多くの**偏微分係数** (partial differential coefficient) がある**物理量** (physical quantity) に対応する。いまの場合は、$U$ の $S$ に関する偏微分係数が温度 $T$ に対応し、$U$ の $V$ に関する偏微分係数が圧力に負の符号を付した $-P$ に対応している。この結果、熱力学では、ルジャンドル変換が大活躍するのである。

それでは、実際に $U$ にルジャンドル変換を施してみよう。ここでは、$S \rightarrow U_S$ の変数変換を行う。すると、新たな関数 $F$ は $F = U(V,S) - U_S S$ となる。この全微分形は

$$dF = dU - U_S dS - S dU_S = U_S dS + U_V dV - U_S dS - S dU_S = U_V dV - S dU_S$$

と与えられる。ここで、内部エネルギーの偏微分係数は、それぞれ $U_V = -P$ , $U_S = T$ という対応関係にあったから $dF = -PdV - SdT$ という関係が新たにえられる。すなわち、新しい関数 $F$ の自然な変数は、体積 $V$ と温度 $T$ ということになり $F = F(V,T)$ となるのである。実は、このルジャンドル変換によって、内部エネルギー $U$ からえられる新たな関数 $F$ が、ヘルムホルツの自由エネルギーなのである。

**演習 3-14**　内部エネルギー $U = U(V,S)$ において、$V$ に替って偏微分係数 $U_V$ を変数とするルジャンドル変換を施せ。

**解**）　新たな関数を $H = U(V,S) - U_V V$ と置く。すると

$$dH = dU - U_V dV - V dU_V = U_S dS + U_V dV - U_V dV - V dU_V$$
$$= U_S dS - V dU_V$$

となる。ここで、内部エネルギー $U$ の偏微分係数は、それぞれ $U_V = -P$ , $U_S = T$ であったから $dH = TdS + VdP$ という関係がえられる。

---

ここで、新しい関数 $H$ の自然な変数は、エントロピー $S$ と圧力 $P$ ということになり $H = H(S,P)$ となる。実は、このルジャンドル変換によって、内部 $U$ からえられる関数 $H$ が、**エンタルピー** (enthalpy) なのである。

それでは、いっきに2個の独立変数をルジャンドル変換したらどうなるであろう。このときの新しい関数は $G = U(V, S) - U_S S - U_v V$ となる。ここで

$$dG = dU - (U_S dS + SdU_S) - (U_v dV + VdU_V) = -SdU_S - VdU_V$$

となり

$$U_V = -P\ ,\ U_S = T \quad から \quad dG = -SdT + VdP$$

という関係がえられる。よって、新しい関数 $G$ の自然な変数は、温度 $T$ と圧力 $P$ ということになり $G = G(T, P)$ となる。

このルジャンドル変換によって、内部エネルギー $U$ からえられる関数 $G$ が、**ギブスの自由エネルギー** (Gibbs free energy) なのである。

$G\ (T,\ P)$ が重用されるのは、この関数の自然な変数が実測できる物理量である温度 $T$ と圧力 $P$ となっているからである。

以上のように、ルジャンドル変換を使えば、内部エネルギー $U$ から、主要な熱力学関数である $F, H, G$ がすべて導出できるのである。これは、驚くべきことであるが、ギブスは、このような数学的処理を通して、熱力学の土台を完成していったのである。さらに、ルジャンドル変換と幾何学的な考察をもとに、熱力学の重要な関数としてギブスの自由エネルギーに到達したと考えられる。

あらためて、$F,\ H,\ G$ という熱力学関数を、ルジャンドル変換という観点に立って整理してみよう。これらの関数は、内部エネルギー $U$ に以下の変換を施したものとみなせる。

$$F = U - TS = U - \left(\frac{\partial U}{\partial S}\right)_V S$$

ここでは、$S \to U_S = T$ という変数変換をしている。

$$H = U + PV = U - \left(\frac{\partial U}{\partial V}\right)_S V$$

ここでは、$V \to U_V = -P$ という変数変換をしている。

$$G = U - TS + PV = U - \left(\frac{\partial U}{\partial S}\right)_V S - \left(\frac{\partial U}{\partial V}\right)_S V$$

この場合は、$S \to U_S = T$ と $V \to U_V = -P$ という2変数の変数変換をしている。

ただし、熱力学においては、ルジャンドル変換ということは明示せずに

$$F = U - TS\ ,\quad H = U + PV\ ,\quad G = U - TS + PV$$

という関係のみが提示される場合もある。そして、$H = U + PV$ を使えば

$$G = H - TS$$

という関係がえられ、さらに $G = U - TS + PV$ を使えば

$$F = G - PV$$

がえられる。それでは、最後に、ギブスが提唱した熱力学関数とルジャンドル変換の幾何学的な関係について示しておこう。

$U = U(V, S)$ という関数を $U$-$V$-$S$ 空間に図示することを考える。ルジャンドル変換は、もとの座標を接線の傾き($p$)と切片の座標 $g(p)$で表したものである。これが 2 変数関数の場合には、接線は、接平面となるはずである。

ここで、$U(V, S)$ のグラフが図 3-3 のように与えられるとする。(実は、ギブスは、いろいろな解析から、$U$ が下に凸な曲面となることに気づいたのである。)

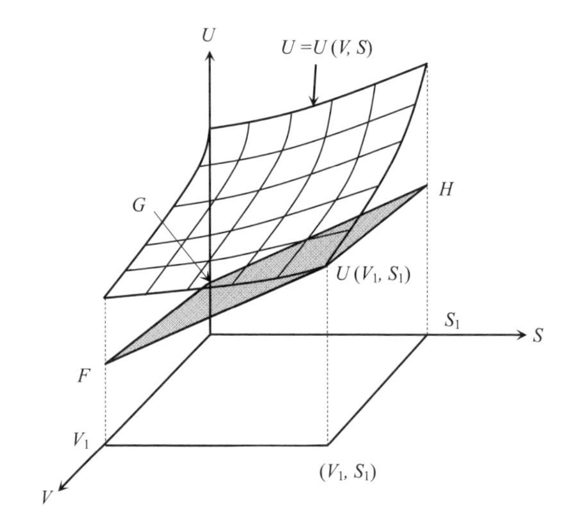


**図 3-3** $U = U(V, S)$ の接平面とルジャンドル変換による $F, H, G$ との関係

この面上の点である $U(V_1, S_1)$における接平面を使うと、ルジャンドル変換の様子がわかる。すなわち、この接平面と、$U$-$V$ 平面との $V$=$V_1$ における交点がヘルムホルツの自由エネルギー$F$ であり、$U$-$S$ 平面と $S$=$S_1$ における交点がエンタルピー$H$ となる。さらに、この接平面と $U$ 軸との交点がギブスの自由エネルギー$G$ を与える。

ここで、これら熱力学関数の関係をより見やすくするために、図 3-4 に接平面のみを描いた。

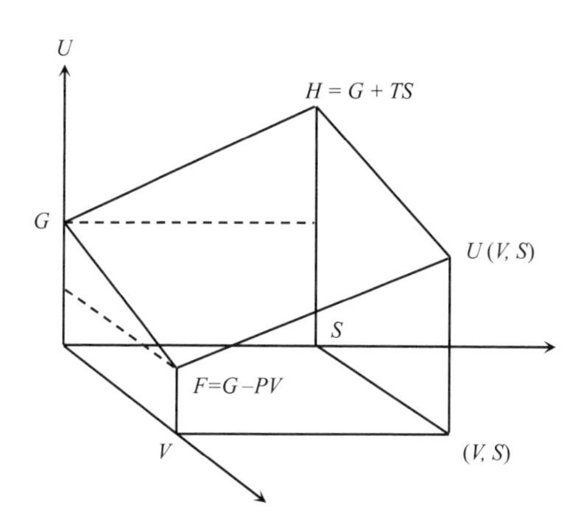


**図 3-4**　$U = U(V, S)$ の接平面

この接平面に、$U, H, F, G$ という熱力学関数がすべて位置している。一方、エントロピーは $S$ 軸を担っている。この事実から、$S$ は熱力学関数ではなく、熱力学変数と称すべきという意見もある。

ここでは、接平面と $U$ 軸との交点である $G$ を中心に考えてみよう。すると、$H$ は $G$ に $TS$ を加えた $H = G + TS$ となる。ただし、$T$ は $S$ 軸方向の傾きとなる。そして、$F$ は $G$ から $PV$ を引いた

$$F = G - PV = G + (-P)V$$

となる。このとき、$-P$ が $V$ 軸方向の傾きとなる。

ギブスは、このような幾何学的考察から、$G$ を導出し、その後、平衡状態の解析などに応用し、熱力学を完成させたといわれている。

# 第4章　エントロピーと状態数

統計力学において、ミクロからマクロへの橋渡し役をするのが、エントロピー (entropy) : $S$ である。

それでは、エントロピー $S$ とは、どんな物理量なのであろうか。もともとは、熱 $Q$ を温度 $T$ で除したものであるが、熱力学の章で説明したように、秩序と無秩序の指標ともなっている。実は、これが状態数という考えにつながり、それが、ミクロの物性とマクロな諸特性をつなげる役を担うのである。本章では、統計力学におけるエントロピーの定義と、それが熱力学のマクロな状態量とどのような関係にあるのかについて紹介する。

## 4. 1.　エントロピーと状態数

熱力学の第一法則 (The first law of thermodynamics) によると、ある系に熱 ($\Delta Q$) を加えると、一部は仕事 ($\Delta W$) に変換され、残りは内部にエネルギー ($\Delta U$) として蓄えられる。これを式で表現すると

$$\Delta Q = \Delta U + \Delta W$$

となる。ここで、理想気体 (ideal gas) を考える。気体の場合の仕事は、気体の圧力を $P$、体積を $V$ とすると $\Delta W = P\Delta V$ と与えられる。よって $\Delta Q = \Delta U + P\Delta V$ となる。ここで、$n$ モルの理想気体の場合 $PV = nRT$ という**状態方程式** (equation of state) の関係にある。ただし、$R$ は**気体定数** (gas constant)である。よって熱の変化は

$$\Delta Q = \Delta U + \left(\frac{nRT}{V}\right)\Delta V$$

と与えられる。このときのエントロピー変化は

$$\Delta S=\frac{\Delta Q}{T}=\frac{\Delta U}{T}+\left(\frac{nR}{V}\right)\Delta V$$

と与えられる。よって

$$dS=\frac{dU}{T}+\left(\frac{nR}{V}\right)dV=\frac{dU}{T}+nR\,d(\ln V)$$

となる。つまり、体積が変化すればエントロピーが変化することになる。

図 4-1 のように中央を仕切りでふさがれた体積 $2V$ の容器があり、左の部屋には 1 [mol] の気体が入っていて右の部屋は空としよう。仕切りをとった時のエントロピー変化はどうなるであろうか。

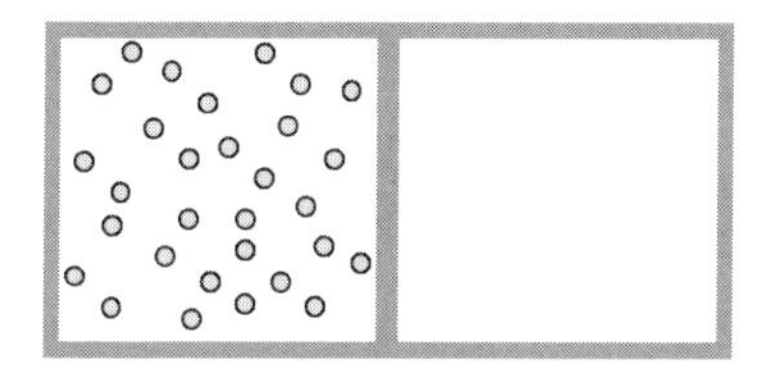

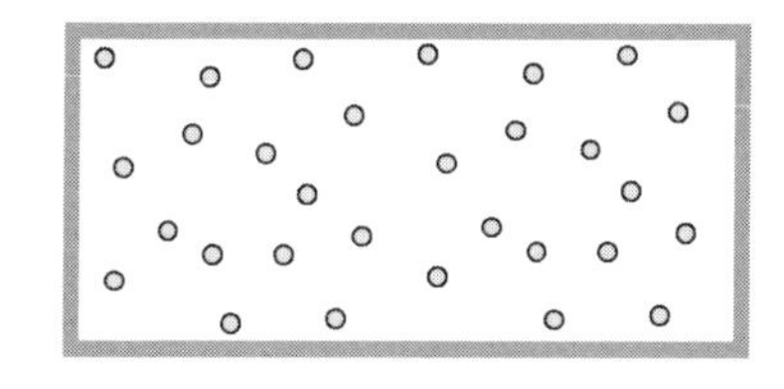

**図 4-1**　体積が $2V$ の容器の半分にあたる体積 $V$ のところに仕切りがあり、気体が入っている。このとき、仕切りを取り除いて、気体が容器全体に拡散したとき、エントロピー $S$ は、どのように変化するであろうか。

このとき、内部エネルギー $U$ の変化はなく、気体の占める体積が $V$ から $V+V=2V$ に変わるので $\Delta S=R\ln(2V)-R\ln V=R\ln\frac{2V}{V}=R\ln 2$ となる。ここで、**ボルツマン定数** (Boltzmann constant) を $k_B$、気体分子の数を $N$ とすると、1[mol]では、$N$ はちょうどアボガドロ数 (Avogadro's number) となるので $R=k_BN$ の関係にある。よって

$$\Delta S = R\ln 2 = k_B N \ln 2 = k_B \ln 2^N$$

となる。それでは、この $2^N$ とはいったい何なのであろうか。体積の変化が、この項に反映されていることは確かである。

ここで、少し発想の転換をしよう。この項は、体積が 2 倍になったことで新たに加わった項であるが、実は、ミクロな視点でみると、気体分子が占めることのできる**状態の数** (number of state) に相当するのである。

その説明をしよう。仕切りを開けるまえは、気体分子は左の部屋しか占有する場所がなかった。ところが仕切りを開けたとたん、気体分子は左あるいは右の部屋を選択することができるようになる。

つまり、ある分子の占有場所が 2 通りに増えたことになる。つぎの 2 個めの分子の占有場所も 2 通りあるので、これら 2 個の分子では 2×2＝4 通りの選択ができる。同様にして 3 個では 2×2×2＝$2^3$ 通りとなり、結局 $N$ 個の分子では、全部で $2^N$ 通りの状態ができることになる。

実は、ミクロ粒子が占めることのできる**状態数** (number of states) を $W$ とすると、エントロピーは $S = k_B \ln W$ と与えられる。この $S$ が、**統計力学におけるエントロピーの定義式**である。これから

$$W = \exp\left(\frac{S}{k_B}\right) = e^{\frac{S}{k_B}}$$

となるので、系のエントロピー $S$ がわかれば、ミクロ粒子の状態数 $W$ がえられることになる。

この定義は、ボルツマン (Boltzmann) によって提案されたものであるが、ミクロとマクロを結ぶ重要な関係式となっている。つまり、ミクロ粒子の状態の数 $W$ からエントロピー $S$ を求めることができるのである。そして、いったん $S$ がえられれば、それを足がかりにして、他のマクロな熱力学関数も導出できる。これが統計力学 (statistical mechanics) の手法である。

とはいえ、熱力学において素性のよくわからなかったエントロピー $S$ が、実は、状態数 $W$ と 1 対 1 の関係にあるということは驚きである。ただし、この考えが発展して、情報のエントロピーという新たな分野の発展に寄与したという事実も面白い。一方で、いまだに、エントロピー $S$ の正体については議論があるのも事実である。

次節では、エントロピー$S$ と状態数 $W$ との関係に関して、その理解を助けるために、混合のエントロピーを例にとって、状態数を求めてみよう。

## 4. 2.　混合のエントロピー

食卓の上のごま塩を思い起こしてみよう。いま、初期状態としてごまと塩が完全に分離した状態を考える。これをビンの中に入れて、右に 20 回転してみよう。するとどうなるだろうか。ごまと塩はよく混ざるはずである。

それでは、いま行った過程とまったく逆に、つまり左に 20 回逆回転させてみよう。もとのごまと塩が分離した状態に戻るであろうか。もちろん、そんなことは起きずに、ごまと塩はさらに混じりあうだけである。それでは、なぜ可逆ではないのであろうか。それを説明するのがエントロピー増大則なのである。

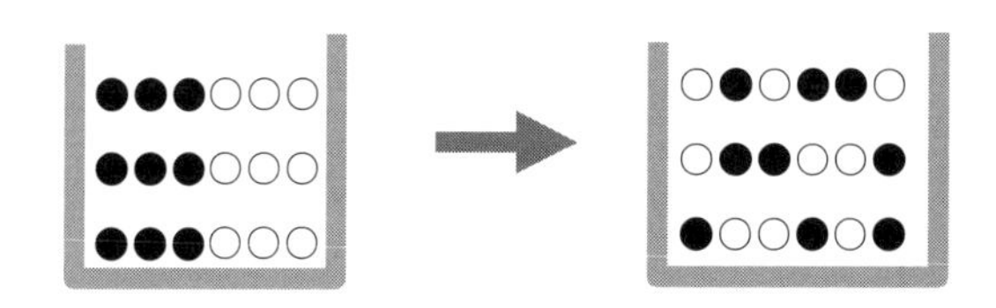

**図 4-2**　ごまと塩を混ぜると、もとの分離した状態には戻らない。これは、ごまと塩が混ざった状態のエントロピーが大きく、より安定だからである。

これは、いわば、秩序状態から無秩序状態への変化であり、ひとりでに、もとの秩序状態に戻ることはない。まったく逆のプロセスを踏みながら、もとの状態に戻らないのは、ふたつの成分がある場合、これら成分を混合すればするほどエントロピー$S$ が増大するからである。

### 4. 2. 1.　場合の数

エントロピーにおける状態数 $W$ は、2 種類の粒子を混合したときの並べ方の総数になると考えられる。これを計算するために、**場合の数** (the number of events) について復習しよう。

はじめに、①②③④という 4 個の数字を並べる総数を考えてみる。まず、先頭

の数字

●○○○

を選ぶ方法は、①から④までの 4 通りある。2 番目の数字は、すでに 1 個を選んでいるので、残り 3 個から選ぶので

●◎○○

3 通りとなる。そのつぎは 2 通り、最後は 1 通りとなるので、並べ方の総数は $4\times3\times2\times1=24$ となって、24 通りとなる。同様にして 5 個の異なる数字を並べる方法は $5\times4\times3\times2\times1=120$ のように 120 通りとなり、一般式として $N$ 個の異なる数字を並べる方法は

$$N\times(N-1)\times\ldots5\times4\times3\times2\times1=N!$$

となる。これを $N$ の**階乗** (factorial) と呼んでいる。

それでは、4 個の異なる数字ではなく ①①②③ のように、同じものが 2 個入った 4 つの数字を並べる場合の数は何通りとなるであろうか。この場合は次のように考える。まず、同じ数字が 2 個あることは、とりあえず無視して、4 個の数字を並べる方法を計算する。すると 4! 通りとなる。

ところが、これは同じ数字が 2 個あることを無視しており、2 回ダブって計算していることになる。よって、その並べ方の総数は $4!/2=12$ 通りとなる。それでは ①①①② のように、同じものが 3 個入っていたらどうであろうか。この場合も、同じ数字が 3 個あることを無視して計算すると $4!=24$ 通りであるが、実際には 3 個の数字が同じである。ならば、どれくらいの数をダブルカウントしているかというと、それは、3 個の数字を並べる場合の数である。つまり 3 ! 回ダブルカウントしている。よって、その並べ方の総数は $4!/3!=4$ 通りとなる。

それでは、ごま塩に対応させて、同じ数字が 3 個ずつ 6 個ある場合に、これを並べる場合の数を考えてみよう。

①①①②②②

この場合は、同様の考えで、まず 6 個の並べ方の総数は 6!となる。しかし、このままでは①をダブルカウントしている。その回数は 3!である。②もダブルカウントしている。これも 3!である。よって、その並べ方の総数は $\dfrac{6!}{3!3!}$ となる。

これが、異なる粒子を 3 個ずつ並べたときに、取りうる状態の総数ということに

なる。これが、エントロピーの $W$ に相当するのである。

**演習 4-1**　ごまの粒が 4 個、塩の粒が 4 個ある場合に、その並べ方の場合の数を求めよ。

**解）** $\dfrac{8!}{4!4!}=\dfrac{8\times7\times6\times5}{4\times3\times2}=70$ 　から 70 通りとなる。

---

それでは、これを一般化して 2 種類の粒子がそれぞれ $M$ 個と $N$ 個あった場合、これを配置する並べ方の総数を計算してみよう。まず、原子の総数は $M+N$ 個である。同じものがあることを無視して、その並べ方の総数を計算すると、その数は $(M+N)!$ となる。しかし、それぞれ $M$ 個と $N$ 個同じものをダブルカウントしているので、それぞれ $M!$ 回および $N!$ 回だけ余計にカウントしていることになる。したがって、その総数は

$$\frac{(M+N)!}{M!N!}$$

となる。これが $M$ 個の粒子と $N$ 個の粒子からなる系の状態数 $W$ を与える。

ところで、この計算は粒を横一列に並べる場合の数である。例えば、これを縦横に並べる場合はどうなのであろうか。結論からいうと、同じ結果となる。図 4-3 を使って説明しよう。

①②③④⑤⑥⑦⑧⑨

①②③

④⑤⑥

⑦⑧⑨

**図 4-3**　9 個の異なる粒子を配列する方法。横一列に並べても、3 列に並べても、結局、場合の数は同じになる。

図に示すように①から⑨までの数字を横 1 列に配置する場合と、3 個ずつ 3 列に配置する場合では、それぞれの位置に 1 から 9 までの番号をふることができる

ので、結局、両者の場合の数は同じになるのである。

それでは、いま求めた結果を、ゴマ塩の例にあてはめてみよう。まず、最初のごまと塩が完全に分離した状態であるが、この場合の数は、右側にごまが集まるか、左側に集まるかの 2 通りしかないので、エントロピーは $S = k_B \ln 2$ となる。一方、ごま粒子が $M$ 個と、塩粒子 $N$ 個が完全に混じりあった状態のエントロピーは $S = k_B \ln \dfrac{(M+N)!}{M!N!}$ となり、こちらのほうがはるかに大きい値を持つことになる。よって、ごま塩は混じりあったほうが安定となるのである。

ここで、注意すべき点がある。ここで、求めたエントロピーは混合のエントロピーと呼ばれるものであり、2 種類の物質を混合した場合に、付加されるエントロピー項である。したがって、これは、絶対値ではなく、混合すると、これだけエントロピーが増えるということを示している。したがって

$$\Delta S^{mix} = k_B \ln \frac{(M+N)!}{M!N!}$$

のように、変化量という意味でΔを付ける必要がある。さらに、*mix* は混合という意味を明確にするために付している。

**演習 4-2**　ごまの粒子が 5 個、塩の粒子が 3 個からなる系を混合した場合のエントロピー変化を計算せよ。

**解）** $\Delta S^{mix} = k_B \ln \dfrac{(M+N)!}{M!N!} = k_B \ln \dfrac{(5+3)!}{5!3!} = k_B \ln \dfrac{8 \times 7 \times 6}{3 \times 2} = k_B \ln 56$　となる。

---

明らかに $k_B \ln 56 > k_B \ln 2$ であるから、ごまと塩が混合したほうが、系の自由エネルギー $F$ が低下し、より安定ということがわかる。

### 4. 2. 2.　近似計算

実際の系には莫大な数の粒子が存在するが、実は、大きな数の階乗計算には多大な時間と手間を要する。例えば、10 の階乗は $10! = 10 \times 9 \times \cdots \times 2 \times 1 = 3628800$ となるが、それが 15 へと 5 増えただけで

$$15! = 15 \times 14 \times \cdots \times 2 \times 1 = 1307674368000$$

となり、その値は急激に大きくなる。100!となると、桁数はなんと158にもなり、数字を並べるだけで、紙面が足りなくなるほど巨大な数となる。実は、階乗は驚くほど大きな数になるということで、その記号として、びっくりマーク (exclamation mark) の「!」が採用されたという説がある。

1molの気体の分子数はアボガドロ数 ($6\times10^{23}$) という超巨大な数である。(といっても 100!よりは、はるかに小さい) このように大きな数字の階乗を直接計算することは、ほぼ不可能に近い。そこで、次に示す**スターリング近似** (Stirling's approximation)

$$\ln N! = N \ln N - N$$

を利用するのが通例となっている。今後も、この近似計算を使うので、それをまず説明しよう。階乗 $N! = N \times (N-1) \times ... \times 3 \times 2 \times 1$ の対数をとると

$$\ln N! = \ln N + \ln(N-1) + \ln(N-2) + ... + \ln 3 + \ln 2 + \ln 1$$

となる。これは、区分求積法の考えに立てば、図4-4に示すように、区間の幅が1で高さが $\ln k$ の総面積を与えることになる。

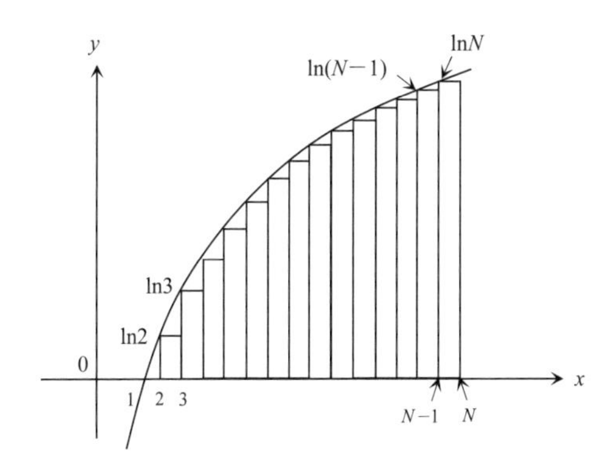


**図4-4**　$y = \ln x$ のグラフと区分求積法との対応。グラフの下側の幅1の矩形の面積の総和が $\ln N!$ に対応する。

もちろん、微積分という立場からは、区間の幅が1では大き過ぎるということになるが、ここでは $N$ の大きさがかなり大きい場合を想定しているから、近似

という観点に立てば、区間の幅が$1/N$となったとみなすことができる。よって、積分を使って

$$\ln 1+\ln 2+\ln 3+\ldots+\ln(N-2)+\ln(N-1)+\ln N \cong \int_1^N \ln x\,dx$$

のように近似することが可能となる。ここで部分積分を利用すると

$$\int_1^N \ln x\,dx=\left[x\ln x\right]_1^N-\int_1^N 1dx=N\ln N-\left[x\right]_1^N=N\ln N-N+1$$

$N$の数が大きいことを想定しているので、最後の 1 は無視できて、結局

$$\ln N!=N\ln N-N$$

と近似できることになる。

**演習 4-3**　スターリング近似を利用して、ln 10! および ln 1000!の値を求め実際の値と比較せよ。

**解）**　スターリング近似を使って計算すると、10!および 1000!の自然対数は、$\ln 10!=10\ln 10-10\cong 23-10=13$，$\ln 1000!=1000\ln 1000-1000\cong 5910$ となる。

つぎに、実際に数値を入れて計算すると $10!=10\times 9\times\cdots\times 2\times 1=3628800$ より

$\ln 10! = 15.1$ また $1000! = 4.02\times 10^{2567}$

であるので

$$\ln 1000! = \ln 4.02 +2567 \ln 10 \cong 5910$$

となる。

---

よって、数が小さいと、誤差があるが、数が巨大化すると、よい近似となるのである。それでは、この近似を利用して、混合のエントロピーを計算してみよう。

$\Delta S^{mix}=k_B\ln\dfrac{(M+N)!}{M!N!}=k[\ln(M+N)!-\ln M!-\ln N!]$ と変形したうえで、スターリング近似を使うと

$$\Delta S^{mix}=-k_B\left(M\ln\frac{M}{M+N}+N\ln\frac{N}{M+N}\right)$$

と変形できる。

ここで、いま原子Aと原子Bあわせて1molとする。すると$M+N$が**アボガドロ数** (Avogadro's number) ということになる。また、それぞれのモル数を$x_A$, $x_B$とすると $x_A+x_B=1$ という関係にある。

そのうえで、混合のエンタルピーをさらに変形してみる。すると

$$\Delta S^{mix}=-k_B(M+N)\left(\frac{M}{M+N}\ln\frac{M}{M+N}+\frac{N}{M+N}\ln\frac{N}{M+N}\right)$$

となるが、まず$k_B(M+N)$はボルツマン定数にアボガドロ数をかけたものなので気体定数$R$となる。また$\dfrac{M}{M+N}=x_A$，$\dfrac{N}{M+N}=x_B$という関係にあるから、結局$\Delta S^{mix}=-R(x_A\ln x_A+x_B\ln x_B)$という式がえられることになる。この場合、$x_A$と$x_B$はAおよびB原子のモル分率あるいは、組成比と考えてもよい。

ここで、重要な点は、2種類の原子（あるいは分子）を混ぜたとき、その種類に関係なく、混合のエントロピーは常に、その組成比だけで決定されるという事実である。

**演習4-4**　元素Aと元素Bの組成比が0.1: 0.9および0.5: 0.5である時の1 [mol] あたりの混合のエントロピーを求めよ。ただし、$R=8.3$ [J/K/mol]である。

**解**）混合のエントロピーは$\Delta S^{mix}=-R(x_A\ln x_A+x_B\ln x_B)$と与えられるので、$x_A=0.1$, $x_B=0.9$の場合$\Delta S^{mix}=-8.3\{0.1\ln(0.1)+0.9\ln(0.9)\}=-8.3(-0.23-0.09)=2.7$であり、2.7 [J/K]となる。$x_A=0.5$, $x_B=0.5$の場合

$$\Delta S^{mix}=-8.3\{0.5\ln(0.5)+0.5\ln(0.5)\}=-8.3(-0.7)=5.8$$

となって、5.8 [J/K]となる。

---

ここで、温度の違いによる混合のエントロピーへの効果を簡単に見積もってみよう。組成比が$x_A=0.5$, $x_B=0.5$の場合、混合によるエントロピーの増加は1[mol]あたり5.8[J/K]である。よって、20°Cと100°Cの温度における自由エネルギーへの寄与は、$\Delta Q=T\Delta S$より

$$(273+20)\ [\mathrm{K}]\times 5.8\ [\mathrm{J/K}]=1700\ [\mathrm{J}]$$

$$(273+100)\ [\mathrm{K}]\times 5.8\ [\mathrm{J/K}]=2163\ [\mathrm{J}]$$

となって、100°C の方が 463 [J/mol] だけ大きい。つまり、高温ほどエントロピーの効果が大きくなるのである。

**演習 4-5**　2 種類の物質を混ぜた場合の混合のエントロピーが最大となる組成比を求めよ。

**解）**　混合のエントロピーは、片方の組成比を $x$ とすると

$$\Delta S^{mix} = -R\left(x\ln x + (1-x)\ln(1-x)\right)$$

と与えられる。よって $\dfrac{d[\Delta S^{mix}]}{dx} = -R\left(\ln x + 1 - \ln(1-x) - 1\right) = -R\ln\dfrac{x}{1-x}$ となる。最大値では、この値が 0 となるので $\dfrac{x}{1-x} = 1$ から、$x = 0.5$ であり、このとき、混合のエントロピーは最大となる。

---

2 種類の物質を混ぜたときの、混合のエントロピーは、片方の成分の組成比 $x$ を変数とすると $\Delta S^{mix}(x) = -R\left(x\ln x + (1-x)\ln(1-x)\right)$ $(0 \le x \le 1)$ と与えられる。これをグラフにプロットすると、図 4-5 のようになる。

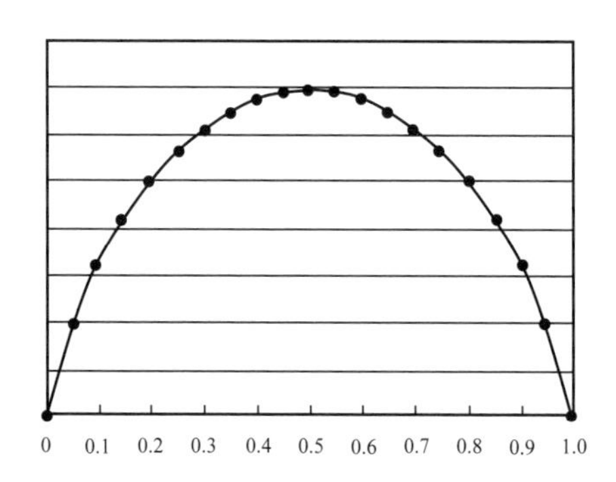


**図 4-5**　混合のエントロピーの組成依存性。常に、組成比が 0.5: 0.5 の場合に、混合のエントロピーは最大値をとる。

当たり前であるが、左右対称であり、$x$ = 0.5 で最も混合エントロピーは大きくなる。この関係は、混ぜる材料の種類によらず、常に一定である。つまり、混

合のエントロピーは、組成比のみに依存する量である。

**演習 4-6**　混合する成分の種類が3個と増えた場合の、混合のエントロピーを求めよ。

**解**）3種類の成分をA, B, Cとし、それぞれの原子数を $l, m, n$ とする。あわせて1[mol]とする。これら原子を並べる数の総数は

$$\frac{(l+m+n)!}{l!m!n!}$$

となる。これが状態数 $W$ に対応する。よって混合のエントロピーは

$$\Delta S^{mix} = k_B \ln W = k_B \ln \frac{(l+m+n)!}{l!m!n!}$$

となる。これは

$$\Delta S^{mix} = k_B \{\ln(l+m+n)! - \ln l! - \ln m! - \ln n!\}$$

ここで、想定している原子の数はアボガドロ数程度と莫大であるので、スターリング近似 $\ln N! = N\ln N - N$ を使うと

$$\Delta S^{mix} = k_B \{(l+m+n)\ln(l+m+n) - l\ln l - m\ln m - n\ln n\}$$

となる。さらにまとめると

$$\Delta S^{mix} = k_B (l+m+n)\{\ln(l+m+n) - \frac{l}{l+m+n}\ln l - \frac{m}{l+m+n}\ln m - \frac{n}{l+m+n}\ln n\}$$

まず、$k_B(l+m+n)$ は気体定数 $R$ となる。つぎに、$\ln(l+m+n)$は

$$\ln(l+m+n) = \frac{l}{l+m+n}\ln(l+m+n) + \frac{m}{l+m+n}\ln(l+m+n) + \frac{n}{l+m+n}\ln(l+m+n)$$

と分解できるので

$$\Delta S^{mix} = R\{-\frac{l}{l+m+n}\ln\frac{l}{l+m+n} - \frac{m}{l+m+n}\ln\frac{m}{l+m+n} - \frac{n}{l+m+n}\ln\frac{n}{l+m+n}\}$$

となる。よって元素A, B, Cのモル分率を $x_A, x_B, x_C$ と置くと

$$\Delta S^{mix} = -R(x_A \ln x_A + x_B \ln x_B + x_C \ln x_C)$$

となる。

この関係は、成分数が一般的な $n$ 個の場合にも、簡単に拡張が可能であり、各成分のモル分率を $x_1, x_2, \ldots, x_n$ とすると

$$\Delta S = -R(x_1 \ln x_1 + x_2 \ln x_2 + \cdots + x_n \ln x_n)$$

となる。

## 4. 3. 確率とエントロピー

ある事象の生じる確率を $p_i$ とし、事象の種類が $N$ 個ある場合、そのエントロピーは $S = -k_B N \sum_{i=1}^{N} p_i \ln p_i$ と与えられる。

まず、確率というのは、すべての事象の生じる総数を $N$ として、$i$ 番目の事象が生じる数を $N_i$ とすれば $p_i = \frac{N_i}{N}$ によって与えられる。ただし

$$\sum_{i=1}^{n} p_i = p_1 + p_2 + \ldots + p_n = \frac{N_1}{N} + \frac{N_2}{N} + \ldots + \frac{N_n}{N} = 1$$

であり $N = \sum_{i=1}^{n} N_i = N_1 + N_2 + \ldots + N_n$ となる。これを状態数 $W$ という観点でみれば $W = \frac{N!}{N_1! N_2! \ldots N_n!}$ となり

$$S = k_B \ln W = k_B \ln \frac{N!}{N_1! N_2! \ldots N_n!}$$

となる。ここで、スターリング近似を用いて整理すると $N = N_1 + N_2 + \ldots + N_n$ より

$$\ln W = N \ln N - (N_1 \ln N_1 + N_2 \ln N_2 + \ldots + N_n \ln N_n)$$

となる。また

$$\ln W = (N_1 + N_2 + \ldots + N_n) \ln N - (N_1 \ln N_1 + N_2 \ln N_2 + \ldots + N_n \ln N_n)$$

であることから $\ln W = -(N_1 \ln \frac{N_1}{N} + N_2 \ln \frac{N_2}{N} + \ldots + N_n \ln \frac{N_n}{N})$ よって

$$\ln W = -(N_1 \ln p_1 + N_2 \ln p_2 + \ldots + N_n \ln p_n)$$

となり。結局

$$\ln W = -N(p_1 \ln p_1 + p_2 \ln p_2 + \ldots + p_n \ln p_n)$$

となる。したがって、エントロピーは

$$S = k_B \ln W = -k_B N(p_1 \ln p_1 + p_2 \ln p_2 + \ldots + p_n \ln p_n) = -k_B N \sum_{i=1}^{n} p_i \ln p_i$$

と与えられる。

**演習 4-7**　いま事象の回数が $N = 100$ とし、事象としては A, B の 2 種類しかないとする。A の生じる確率が $p_{\mathrm{A}}=0.6$、B の生じる確率が $p_{\mathrm{B}} = 0.4$ の場合のエントロピーを求めよ。

**解）**　定義から、エントロピーは $S = -k_B N(p_{\mathrm{A}} \ln p_{\mathrm{A}} + p_{\mathrm{B}} \ln p_{\mathrm{B}})$ となるので

$$S = -100 k_B (0.6 \ln 0.6 + 0.4 \ln 0.4) \cong 67.3 k_B$$

となる。

---

いまの問題を、場合の数に直すと $W = \dfrac{100!}{60!40!}$ となるから、スターリング近似を使うと $\ln W \cong 100 \ln 100 - 60 \ln 60 - 40 \ln 40 = 461 - 246 - 148 = 67$ となり、同じ数値がえられる。以上のように、確率を使ったエントロピー

$$S = -k_B N(p_{\mathrm{A}} \ln p_{\mathrm{A}} + p_{\mathrm{B}} \ln p_{\mathrm{B}})$$

は、状態数 $W$ から求めたエントロピー　$S = k_B \ln W$　と、よい一致を示すのである。

## 4. 4.　平衡状態とエントロピー

熱力学の第二法則では、自然な変化においてはエントロピー$S$が増大するとされている。2 節で紹介したごま塩を思い出してほしい。ごまと塩が完全に分離した状態がエントロピー最小の状態であるが、容器を回転するたびに、ごまと塩は混じりあい、もとに戻ることはない。これをエントロピー増大則として説明した。

ところで、ごま塩は、完全に混じりあうと、それ以降は、エントロピーは増大

しない。つまり、その系のエントロピー$S$最大のところで定常状態になるのである。これは、場合の数$W$が最も高くなる状態に対応する。

このように、エントロピーが最大になった状態を**平衡状態** (equilibrium state) と呼んでおり、これが安定な状態となる。よって、エントロピーが、ある物理量の変数となっている場合、平衡状態は、$S$が極値をとる条件である $dS = 0$ によって与えられることになる。$S = k_B \ln W$ という関係にあるから、場合の数$W$では、$d(\ln W) = 0$ が平衡状態の条件となる。

# 第5章　ミクロカノニカル集団

統計力学は、熱力学(thermodynamics)で登場する**マクロな物理**(macroscopic physical quantity) を、（莫大な数からなる）ミクロ粒子の運動の統計的処理によって説明しようとするものである。

それでは、もっとも簡単な例として、つぎのような場合を想定してみよう。外界から熱的に遮断された体積 $V$ の容器のなかに、気体が閉じ込められている。その総分子数 $N$ は一定とし、エネルギーの総和（内部エネルギー:$U$）も一定としよう。このような粒子の系を**ミクロカノニカル集団** (micro-canonical ensemble) と呼んでいる。

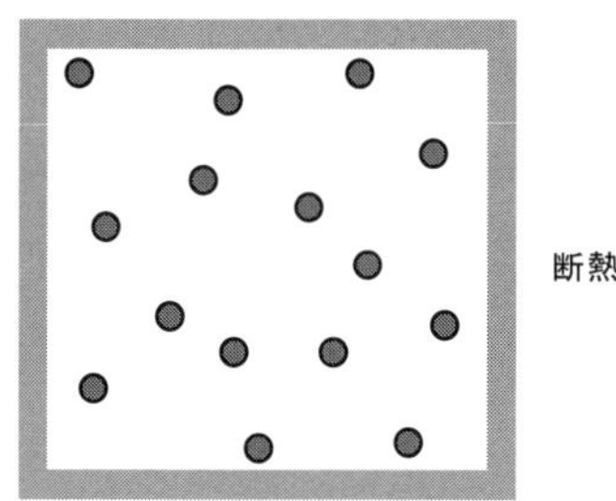


**図 5-1**　外界とは、熱や粒子のやりとりのない孤立した系を考え、総粒子数 $N$ を一定とし、総エネルギー $U$ も変化しないものとする。このような粒子の集団を、ミクロカノニカル集団と呼んでいる。

このような**孤立した系** (isolated system) において、マクロな物理特性と、ミクロな粒子の運動は、どのような関係にあるのだろうか。まず、マクロには $PV = Nk_BT$ という状態方程式 (equation of state) が成立する。

よって、系の状態を指定する変数としては、$P, T, V, N$ が考えられるが、状態方程式 (equation of state) によって、4 変数間の束縛条件があるため、独立

変数 (independent variables) はあくまでも3個となる。そして、ミクロカノニカル集団では、$T, V, N$ を独立変数とする。($P$ は自動的に求まる。)

さらに、温度 $T$ と内部エネルギー $U$ の間には

$$U = \frac{3}{2} N k_B T$$

という関係があるので、温度 $T$ の替わりに、エネルギー $E$ を採用して、$E, V, N$ を変数とするのが通例である。$U$ ではなく、$E$ を変数とするのは、ミクロ粒子のエネルギーの総和である $U$ が一定であっても、ミクロ粒子は、いろいろなエネルギー準位をとりうるからである。

それでは、どうやってマクロとミクロをつなげるか、その橋渡し役が、エントロピー $S$ となるのである。ここで $S = k_B \ln W$ という関係にあるが、ミクロカノニカル集団では

$$S(E,V,N) = k_B \ln W(E,V,N)$$

として、ミクロ世界の**微視的状態** (microscopic state) の数 $W$ が、$E, V, N$ によってどう変化するかを考え、それから、平衡状態 (equilibrium state) における $S$ を導出し、さらに、マクロな物理量を求めていくことになる。このとき、平衡状態では、エントロピー $S$ が最大となることを利用する。

ところで、第3章で示したように、エントロピー $S$ の自然な変数は $U, V, N$ であった。この $U$ をミクロとの対応のために、$E$ としているが、基本的な整合性は、熱力学と統計力学でとれていることになる。

さらに、ミクロカノニカル集団では、容器に閉じ込められた系を考えているので、体積 $V$ が変化するのは、容器の大きさを変えた場合である。したがって、$V$ は本質的ではないので、$V$ は一定として、粒子数 $N$ とエネルギー $E$ と状態数 $W$ との関係を調べていくことにする。

## 5. 1. 等重率の原理

解析するための前提として、まず、統計力学で導入される**等重率の原理** (principle of equal a priori probabilities)、あるいは、等確率の原理と呼ばれるものを紹介しよう。

等重率の原理とは、ミクロ粒子がとることのできる微視的状態ひとつひと

つの出現確率は、すべて等しくなるというものである。ミクロ粒子として気体分子を考えよう。もし、ある「微視的状態」が優先的に出現するならば、その状態にミクロ粒子が偏在することを意味する。とすると、気体の等方性が失われ、いびつな状態になってしまうであろう。もちろん、遷移状態ではこのような状態は出現するかもしれないが、定常状態（平衡状態）では、偏った状態はありえないということになる。

そして、実際に定常状態にある気体では、そのような現象がみられないので、すべての状態の出現確率は等しいと仮定することが妥当である。これが、等重率の原理である。

そして、微視的状態の総数 (number of microscopic state) を $W$ とすると、ひとつひとつの微視的状態の出現確率 (probability): $p$ は

$$p=\frac{1}{W}$$

となるということを意味する。

ここで、議論を簡単化するために、粒子の数を $N = 3$ 個とし、エネルギー準位を $\varepsilon_1 = u$ と $\varepsilon_2 = 2u$ の 2 準位としよう。このときの微視的状態はどうなるであろうか。3 個の粒子を A, B, C と区別したうえで考える。まず、エネルギーの総和（系のエネルギー状態）が $E = 6u$ となるのは、3 個とも $2u$ のエネルギー準位を占める場合で、図 5-2(a)に示すように、対応する微視的状態は 1 個しかない。

一方、エネルギーの総和が $E = 3u$ となるのは、3 個ともが $\varepsilon_1 = u$ のエネルギー準位を占める場合であり、図 5-2(b)に示すように、この状態の数も 1 個しかない。

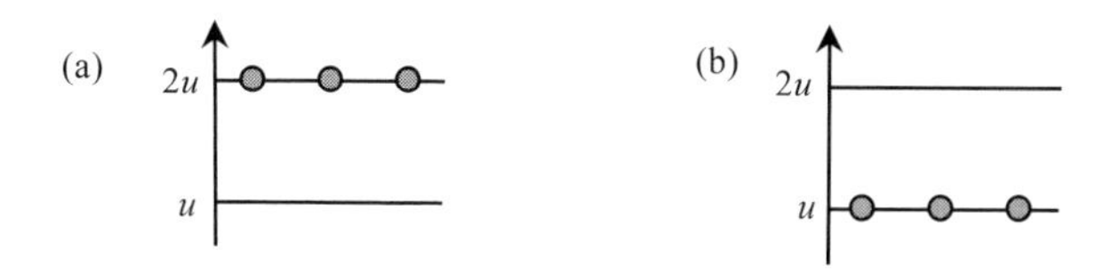


**図 5-2**　エネルギーの和が $6u$ と $3u$ となる場合の微視的状態

つぎに、エネルギーの総和が $E=5u$ および $E=4u$ なる状態の数は、それぞれ 3 個考えられる。その様子を図 5-3 および図 5-4 に示す。

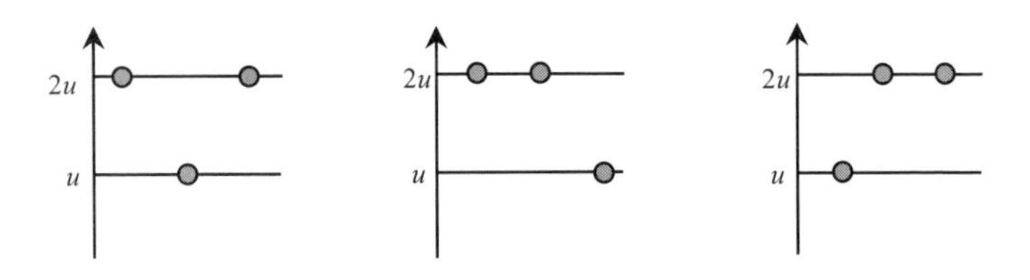


**図 5-3** エネルギーの総和が 5*u* となる場合の微視的状態。粒子は左から A, B, C とする。すなわち、個々の粒子は区別できるとして微視的状態を考えている。

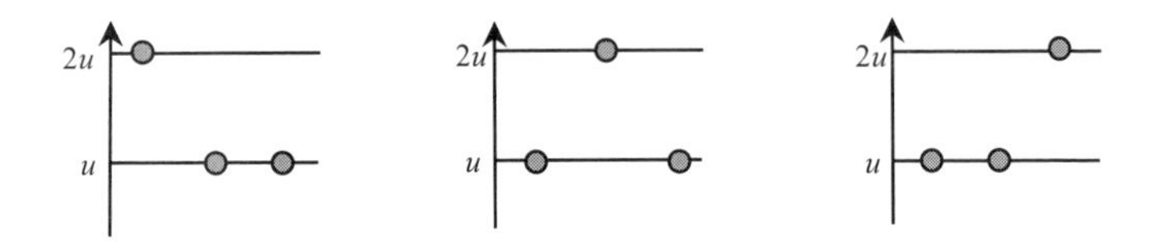


**図 5-4** エネルギーの総和が 4*u* となる場合の微視的状態

結局、エネルギー準位が 2 種類ある 3 個の粒子からなる系では、合計 8 個の微視的状態 ($W = 8$) が存在することになる。ミクロカノニカル集団では、それぞれの微視的状態の出現確率 $p$ はすべて等しく

$$p=\frac{1}{W}=\frac{1}{8}$$

となる。これが等重率の原理である。

ところで、エネルギー 6*u* に対応した微視的状態は 1 個、エネルギー 5*u* の状態が 3 個、エネルギー 4*u* の状態が 3 個、エネルギー3*u* の状態が 1 個となるので、等重率の原理を基礎におくと、エネルギー和（系のエネルギー状態）に対応した出現確率は

$$p(E=6u)=\frac{1}{8},\quad p(E=5u)=\frac{3}{8},\quad p(E=4u)=\frac{3}{8},\quad p(E=3u)=\frac{1}{8}$$

となり、エネルギーの大きさに依存する。もちろん

$$p(E=6u)+p(E=5u)+p(E=4u)+p(E=3u)=1$$

となって、確率の和は1となる。

このように、等重率の原理といっても、それは微視的状態ひとつひとつの出現確率が同じということであって、エネルギーによって、微視的状態の数が異なるので、当然、その出現確率は異なるのである。

**演習 5-1**　ミクロ粒子のエネルギー準位が$\varepsilon_1 = u$, $\varepsilon_2 = 2u$, $\varepsilon_3 = 3u$ の3準位の場合に、3個の粒子のエネルギーの総和（系のエネルギー状態）は、どのように変化するかを求めよ。

**解）** 系のネルギー状態がもっとも高いのは、すべての粒子のエネルギー準位が最高の$\varepsilon_3 = 3u$ の場合で $E = 9u$ となる。一方、もっとも低いエネルギー状態は、すべての粒子のエネルギー準位が最低準位の$\varepsilon_1 = u$ にある場合で $E = 3u$ となる。よって、とりうるエネルギー状態は $E = 3u, 4u, 5u, 6u, 7u, 8u, 9u$ の7種類となる。

**演習 5-2**　粒子のエネルギー準位が$\varepsilon_1 = u$, $\varepsilon_2 = 2u$, $\varepsilon_3 = 3u$ の場合に、3個の粒子のエネルギーの総和が $4u$ および $5u$ となる場合の状態を示せ。

**解）** $4u$ となるのは、1個の粒子が$\varepsilon_2 = 2u$ の準位にあり、残り2個が$\varepsilon_1 = u$ の準位にある場合であり、図5-5に示すように3種類の微視的状態が考えられる。

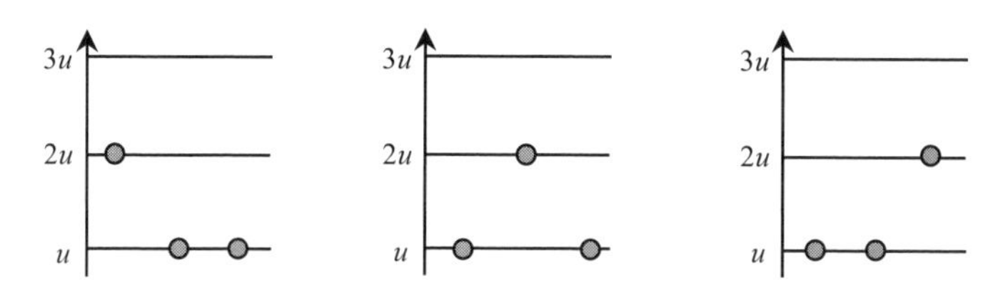


**図5-5**　エネルギーが $4u$ となる3個の微視的状態

この場合は、最も高いエネルギー準位の$\varepsilon_3 = 3u$ は空席となっている。

つぎに、エネルギーの和が $E = 5u$ となるのは、図 5-6 に示すように、1 個の粒子が $\varepsilon_3 = 3u$ の準位にあり、残り 2 個が $\varepsilon_1 = u$ の準位にある場合と 2 個の粒子が $\varepsilon_2 = 2u$ の準位にあり、残り 1 個が $\varepsilon_1 = u$ の準位にある場合の 6 通りの微視的状態が考えられる。

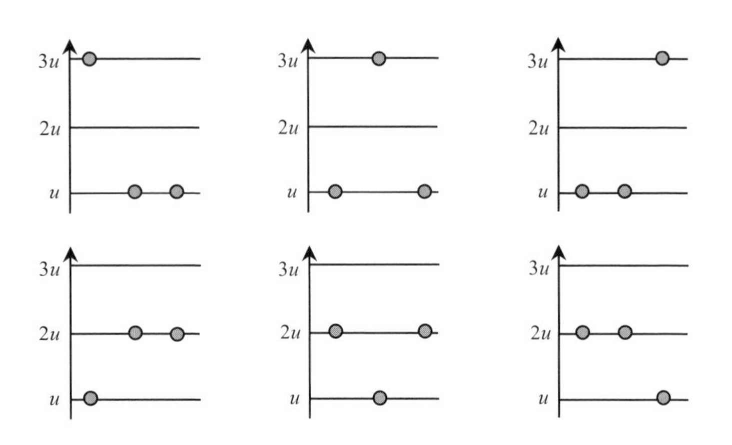


**図 5-6**　エネルギーが 5u となる 6 個の微視的状態

ここで、エネルギーが $\varepsilon_1 = u, \varepsilon_2 = 2u, \varepsilon_3 = 3u$ の 3 準位からなる 3 個の粒子からなる系について少し考えよう。3 個の粒子を A, B, C とすると、粒子 A がとりうる準位は 3 個である。これら 3 個の準位ひとつひとつに対して、粒子 B がとりうる準位も 3 個であるから、A と B の 2 個では、微視的状態の数は $3 \times 3$ の 9 個となる。つぎに、粒子 C が加わると、この粒子がとりうる準位も 3 個であるから $3 \times 3 \times 3 = 27$ となり、27 通りとなる。つまり、この系の微視的状態の総数 $W$ は 27 となるので、いま、考えた微視的状態のひとつが出現する確率は $p = \dfrac{1}{3^3} = \dfrac{1}{27}$ となる。

ただし、エネルギー和（系のエネルギー状態）によって、微視的状態の数が異なるので、エネルギー和に着目すると、出現確率は異なる。

例えば、エネルギー和が $9u$ に対応する微視的状態は、すべての粒子がもっとも高いエネルギー準位を占める場合で、1 個しかない。エネルギー和が $3u$ も同様に 1 個である。これは、すべての粒子がもっとも低いエネルギー準位を占める場合である。ここで、系のエネルギー状態と微視的状態数の対応関係を、図5-7に示す。

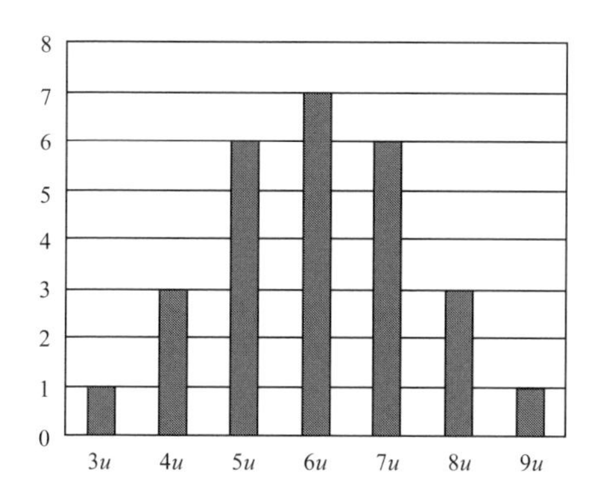


**図5-7**　エネルギー準位が3個、粒子が3個からなる系において、横軸を系のエネルギーの和（系のエネルギー状態）、たて軸を微視的状態数としてプロットしたグラフ

この図を参照しながら、系のエネルギー状態で出現確率を整理すると

$$p(E=3u)=\frac{1}{27},\quad p(E=4u)=\frac{3}{27}=\frac{1}{9},\quad p(E=5u)=\frac{6}{27}=\frac{2}{9},\quad p(E=6u)=\frac{7}{27}$$

$$p(E=7u)=\frac{6}{27}=\frac{2}{9},\quad p(E=8u)=\frac{3}{27}=\frac{1}{9},\quad p(E=9u)=\frac{1}{27}$$

となる。

当然のことながら、すべての確率の和は

$$\begin{aligned}p(E=3u)+p(E=4u)+p(E=5u)+p(E=6u)\\+p(E=7u)+p(E=8u)+p(E=9u)=1\end{aligned}$$

となる。

ここで、少し微視的状態数について一般化をしておこう。いまは、エネルギー準位が3個ある系で、粒子の数が3個の場合の微視的状態の数が$3^3$個ということを示した。よって、エネルギー準位が3個で、粒子数が$N$個の場合の、微視的状態の数は $W=3^N$ となる。したがって、この場合の微視的状態のひとつが出現する確率は

$$p = \frac{1}{3^N}$$

となる。そして、エネルギー準位が $M$ 個であれば、状態数は $W = M^N$ となり、ひとつの微視的状態の出現確率は

$$p = \frac{1}{M^N}$$

となる。以上が、等重率の原理をもとに考えたミクロカノニカル集団のエネルギー分布の概要となる。

これ以降は、より一般的な系の解析を行うための準備を進めていこう。このとき、平衡状態ではエントロピーが最大となること、すなわち $dS = 0$ となることを利用する。

## 5. 2. ミクロカノニカル集団の分布

### 5. 2. 1. 3 準位系

$N$ 個の気体分子からなる系において、ミクロ粒子のとりうるエネルギー準位として $\varepsilon_1, \varepsilon_2, \varepsilon_3$ の 3 個がある場合を考えてみよう。

エネルギー準位 $\varepsilon_1$ を占める分子数を $N_1$、$\varepsilon_2$ を占める分子数を $N_2$、$\varepsilon_3$ を占める分子数を $N_3$ とし、系のエネルギーの総和を $U$ とする。この場合、$U$ は内部エネルギーとなる。すると、つぎの関係が成立する。

$$N = N_1 + N_2 + N_3 \qquad U = N_1\varepsilon_1 + N_2\varepsilon_2 + N_3\varepsilon_3$$

いま、われわれが求めるのは、これら**制約条件** (constraints) のもとで、系のエントロピー $S$ が最大となる条件 ($dS = 0$) を満足する 3 変数 ($N_1$, $N_2$, $N_3$) を求めることにある。これが、系のもっとも安定な状態、すなわち、平衡状態を与えることになる。

**演習 5-3** エントロピー $S$ は $S = k_B \ln W$ と与えられる。$W = \dfrac{N!}{N_1!N_2!N_3!}$ として、エントロピー $S$ が極値を与える条件を求めよ。

**解)** 状態数 $W$ の自然対数は $\ln W = \ln N! - \ln N_1! - \ln N_2! - \ln N_3!$ となる。スタ

ーリングの公式を使うと

$$\ln W = N\ln N - N_1 \ln N_1 - N_2 \ln N_2 - N_3 \ln N_3$$

と変形できる。よって、エントロピーは

$$S(N_1, N_2, N_3) = k_B\{N\ln N - N_1 \ln N_1 - N_2 \ln N_2 - N_3 \ln N_3\}$$

のように、$N_1, N_2, N_3$ の 3 変数関数となる。

ここで、エントロピーが極値を与える必要条件は $dS = 0$ となるので、結局、 $d(\ln W) = 0$ となる。よって

$$d(\ln W) = -dN_1 \ln N_1 - N_1 \frac{dN_1}{N_1} - N_2 \ln N_2 - N_2 \frac{dN_2}{N_2} - N_3 \ln N_3 - N_3 \frac{dN_3}{N_3} = 0$$

整理して

$$-dN_1 \ln N_1 - dN_1 - dN_2 \ln N_2 - dN_2 - N_3 \ln N_3 - dN_3 = 0$$

となり、まとめると

$$dN_1 \ln N_1 + dN_2 \ln N_2 + N_3 \ln N_3 + (dN_1 + dN_2 + dN_3) = 0$$

となる。

---

したがって、平衡状態におけるミクロ粒子のエネルギー分布を求めるには、先ほどの制約条件のもとで、この式を満足する $N_1, N_2, N_3$ を求めることになる。このような条件付極値 (extreme value with constraints)を求める際には、以下に述べる**ラグランジュ未定乗数法** (Lagrange multiplier method) が便利である。

ここで、制約条件 2 式の微分をとると、$N$ と $U$ は定数であるので

$$dN_1 + dN_2 + dN_3 = 0 \quad \text{および} \quad \varepsilon_1 dN_1 + \varepsilon_2 dN_2 + \varepsilon_3 dN_3 = 0$$

となる。また、いま求めた極値を与える条件は

$$dN_1 \ln N_1 + dN_2 \ln N_2 + N_3 \ln N_3 + (dN_1 + dN_2 + dN_3) = 0 \quad \text{から}$$

$$dN_1 \ln N_1 + dN_2 \ln N_2 + dN_3 \ln N_3 = 0$$

となる。ラングランジュ未定乗数法では、未定乗数としての$\alpha$を最初の制約条件に乗じ、つぎの制約条件に未定乗数 $\beta$を乗じて、全部の式を足す。すると

$$(\alpha + \beta\varepsilon_1 + \ln N_1)dN_1 + (\alpha + \beta\varepsilon_2 + \ln N_2)dN_2 + (\alpha + \beta\varepsilon_3 + \ln N_3)dN_3 = 0$$

となる。3 変数関数が$(N_1, N_2, N_3)$ において極値をとるためには、すべての微分係数が 0 となる必要があり、結局

$$\alpha+\beta\varepsilon_1+\ln N_1=0\ ,\quad \alpha+\beta\varepsilon_2+\ln N_2=0\ ,\quad \alpha+\beta\varepsilon_3+\ln N_3=0$$

となる。よって

$$N_1=\exp(-\alpha)\exp(-\beta\varepsilon_1)\ ,\quad N_2=\exp(-\alpha)\exp(-\beta\varepsilon_2)\ ,\quad N_3=\exp(-\alpha)\exp(-\beta\varepsilon_3)$$

が解としてえられる。ただし、$\alpha$と$\beta$は現時点では未定であるので、制約条件などを利用して、これら定数を求める必要がある。これが未定乗数法である。

| **演習 5-4** $\exp(-\alpha)$ は定数であるから、これを定数 A と置きその値を求めよ。 |
|---|

**解）** 制約条件のひとつである $N=N_1+N_2+N_3$ に、いま求めた粒子数を代入すると $N=\mathrm{A}\{\exp(-\beta\varepsilon_1)+\exp(-\beta\varepsilon_2)+\exp(-\beta\varepsilon_3)\}$ したがって

$$\mathrm{A}=\frac{N}{\exp(-\beta\varepsilon_1)+\exp(-\beta\varepsilon_2)+\exp(-\beta\varepsilon_3)}=\frac{N}{\sum_{i=1}^{3}\exp(-\beta\varepsilon_i)}$$

となる。

---

ここで $Z=\exp(-\beta\varepsilon_1)+\exp(-\beta\varepsilon_2)+\exp(-\beta\varepsilon_3)\ =\sum_{i=1}^{3}\exp(-\beta\varepsilon_i)$ と置くと $\mathrm{A}=N/Z$ となる。A, $N$ は定数であるから、$Z$ も定数となる。後ほど、紹介するが、$Z$ は**分配関数** (partition function) と呼ばれ、統計力学において重要なパラメーターとなる。

つぎに、未定乗数$\beta$ の値を求めてみよう。そのために、エントロピーを利用する。まず

$$S=k_B\ln W=k_B\{N\ln N-N_1\ln N_1-N_2\ln N_2-N_3\ln N_3\}$$
$$=k_BN\ln N-k_B\{N_1\ln N_1+N_2\ln N_2+N_3\ln N_3\}$$

となるので $N_1=\dfrac{N}{Z}\exp(-\beta\varepsilon_1)\ ,\quad N_2=\dfrac{N}{Z}\exp(-\beta\varepsilon_2)\ ,\quad N_3=\dfrac{N}{Z}\exp(-\beta\varepsilon_3)$

対数をとると

$$\ln N_1=\ln N-\ln Z-\beta\varepsilon_1\ ,\qquad \ln N_2=\ln N-\ln Z-\beta\varepsilon_2\ ,$$
$$\ln N_3=\ln N-\ln Z-\beta\varepsilon_3$$

から

$$N_1\ln N_1=N_1(\ln N-\ln Z-\beta\varepsilon_1)\ ,\qquad N_2\ln N_2=N_2(\ln N-\ln Z-\beta\varepsilon_2)$$

$$N_3 \ln N_3 = N_3(\ln N - \ln Z - \beta\varepsilon_3)$$

となるので

$$N_1 \ln N_1 + N_2 \ln N_2 + N_3 \ln N_3 = (N_1 + N_2 + N_3)\ln N$$
$$-(N_1 + N_2 + N_3)\ln Z \ -\beta(N_1\varepsilon_1 + N_2\varepsilon_2 + N_3\varepsilon_3)$$
$$= N\ln N - N\ln Z \ -\beta(N_1\varepsilon_1 + N_2\varepsilon_2 + N_3\varepsilon_3)$$

となる。ここで　$U = N_1\varepsilon_1 + N_2\varepsilon_2 + N_3\varepsilon_3$　から　$S = k_B N \ln Z + k_B \beta U$ となる。

**演習** 5-5　体積 $V$ が一定の場合、温度 $T$ はエントロピー $S$ および内部エネルギー $U$ と　$\dfrac{dS}{dU} = \dfrac{1}{T}$　という関係にある（第 3 章参照）。この関係を利用して、未定乗数 $\beta$ の値を求めよ。

**解**）　$S = k_B N \ln Z + k_B \beta U$ において第 1 項は定数となるので

$$\frac{dS}{dU} = k_B \beta = \frac{1}{T} \quad から \quad \beta = \frac{1}{k_B T}$$

と与えられる。

---

結局、粒子数が $N$ 個、エネルギー準位が $\varepsilon_1, \varepsilon_2, \varepsilon_3$ の 3 個の系の平衡状態におけるそれぞれのエネルギー準位の粒子数は

$$N_1 = \frac{N}{Z}\exp\left(-\frac{\varepsilon_1}{k_B T}\right),\quad N_2 = \frac{N}{Z}\exp\left(-\frac{\varepsilon_2}{k_B T}\right),\quad N_3 = \frac{N}{Z}\exp\left(-\frac{\varepsilon_3}{k_B T}\right)$$

と与えられることになる。

また、いま求めた $\beta$ は、温度 $T$ の逆数となっていることから**逆温度** (inverse temperature) と呼ばれる。統計力学では $\exp(-\beta\varepsilon)$ のように、$k_B T$ ではなく、逆温度 $\beta$ を使って表記することも多い。

これを、確率分布という観点から、それぞれのエネルギー準位に、ミクロ粒子が分布する確率 (probability) を示すと

$$p_1 = \frac{N_1}{N} = \frac{1}{Z}\exp\left(-\frac{\varepsilon_1}{k_B T}\right),\quad p_2 = \frac{N_2}{N} = \frac{1}{Z}\exp\left(-\frac{\varepsilon_2}{k_B T}\right),\quad p_3 = \frac{N_3}{N} = \frac{1}{Z}\exp\left(-\frac{\varepsilon_3}{k_B T}\right)$$

と与えられる。

これが、エネルギー3準位で、粒子数$N$からなるミクロカノニカル集団の平衡状態における粒子の確率分布となる。確率がわかると、例えば

$$p_1\varepsilon_1 + p_2\varepsilon_2 + p_3\varepsilon_3 = \frac{N_1}{N}\varepsilon_1 + \frac{N_2}{N}\varepsilon_2 + \frac{N_3}{N}\varepsilon_3 = \frac{N_1\varepsilon_1 + N_2\varepsilon_2 + N_3\varepsilon_3}{N} = \frac{U}{N}$$

のように、粒子1個あたりの内部エネルギー$U$などを求めることができる。

**演習 5-6**　エネルギー準位が$\varepsilon_1 = u$，$\varepsilon_2 = 2u$，$\varepsilon_3 = 3u$であり、粒子数$N$が10個からなる系を考える。この系の内部エネルギー$U$が$15u$のときの粒子分布を求めよ。

**解）**　内部エネルギー$U$が与えられれば、系の温度$T$は

$$U = 15u = \frac{3}{2}Nk_BT = \frac{30}{2}k_BT \quad から \quad T = \frac{u}{k_B}$$

となる。この温度におけるミクロ粒子の分布を求める。まず、分配関数は

$$Z = \exp\left(-\frac{\varepsilon_1}{k_BT}\right) + \exp\left(-\frac{\varepsilon_2}{k_BT}\right) + \exp\left(-\frac{\varepsilon_3}{k_BT}\right) = e^{-1} + e^{-2} + e^{-3} \cong 0.552$$

となる。したがって、$\varepsilon_1, \varepsilon_2, \varepsilon_3$準位にある粒子数は

$$N_1 = \frac{N}{Z}\exp\left(-\frac{\varepsilon_1}{k_BT}\right) = \frac{10}{0.552}\exp(-1) \cong 6.7$$

$$N_2 = \frac{N}{Z}\exp\left(-\frac{\varepsilon_2}{k_BT}\right) = \frac{10}{0.552}\exp(-2) \cong 2.5$$

$$N_3 = \frac{N}{Z}\exp\left(-\frac{\varepsilon_3}{k_BT}\right) = \frac{10}{0.552}\exp(-3) \cong 0.9$$

となる。

---

本来、$N_1, N_2, N_3$は個数であるので、6, 3, 1個というように、端数のない解となるはずであるが、演習結果では、そうなっていない。さらに、内部エネルギーも$U = 6.7u + 2.5(2u) + 0.9(3u) = 14.4u$となり、本来の$15u$よりも低くなっている。

これには理由がある。もともとミクロカノニカル集団の確率分布を求める計算では、$N$が莫大な数としてスターリング近似を用いているからである。

よって、10個程度の粒子数では大きな誤差を生じることになる。

ただし、この演習によって、おおよそのイメージはつかんでいただけたであろう。このように、エネルギー準位がわかっているミクロカノニカル集団では、粒子数 $N$ と、温度 $T$（すなわち内部エネルギー$U$）が与えられれば、どのようなエネルギー分布となるかがわかるのである。

ところで、最も簡単なエネルギーが2準位の場合は、どうなるのであろうか。実は、結果から示すと、分配関数は

$$Z = \exp\left(-\frac{\varepsilon_1}{k_B T}\right) + \exp\left(-\frac{\varepsilon_2}{k_B T}\right)$$

となり、粒子数は

$$N_1 = \frac{N}{Z}\exp\left(-\frac{\varepsilon_1}{k_B T}\right) \qquad N_2 = \frac{N}{Z}\exp\left(-\frac{\varepsilon_2}{k_B T}\right)$$

となり、3準位系と同様の結果となる。この場合も

$$N = N_1 + N_2 \qquad U = N_1\varepsilon_1 + N_2\varepsilon_2$$

という制約条件のもとで

$$S(N_1, N_2) = k_B \ln W(N_1, N_2) = k_B \ln \frac{N!}{N_1!N_2!}$$

が極値をとる点 $(N_1, N_2)$ を求めることで、これらの解がえられる。

**演習 5-7** 固体の格子にはスピンという磁場が存在する。スピンには、$+\sigma$と$-\sigma$の2種類の磁気モーメントがあり、外部磁場があるとき、そのエネルギーは、磁場に平行の場合$\varepsilon_1 = -\sigma H$、磁場に反平行の場合$\varepsilon_2 = \sigma H$となる。温度$T$における$N$格子点系のスピンの分布を求めよ。

**解）** まず、分配関数$Z$は $Z = \exp\left(\frac{\sigma H}{k_B T}\right) + \exp\left(-\frac{\sigma H}{k_B T}\right)$ となる。磁場が平行となる格子点の数を$N_1$, 反平行となる格子点の数を$N_2$とすると

$$N_1 = \frac{N}{Z}\exp\left(\frac{\sigma H}{k_B T}\right) \qquad N_2 = \frac{N}{Z}\exp\left(-\frac{\sigma H}{k_B T}\right)$$

となる。

ちなみに、平行と反平行となる格子点の確率分布

$$p_1 = \frac{1}{Z}\exp\left(\frac{\sigma H}{k_B T}\right) \qquad p_2 = \frac{1}{Z}\exp\left(-\frac{\sigma H}{k_B T}\right)$$

を磁場 $H$ の関数としてグラフ化すると、図 5-8 のようになる。外部磁場 $H$ が 0 の状態では、それぞれの確率は 0.5 であるが、磁場 $H$ の増加とともに、平行スピンの確率が増え、逆に反平行スピンの確率は減っていく。つまり、磁場が強くなると、材料は外部磁場と同じ方向に磁化されるのである。

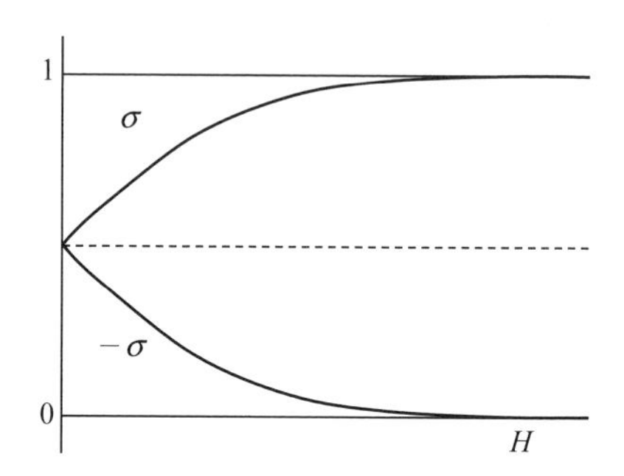


**図 5-8** 磁場に平行なスピンと反平行なスピンの確率分布の磁場依存性

### 5. 2. 2. 一般の $n$ 準位系への拡張

それでは、ミクロカノニカル集団を一般化してみよう。気体分子のとりうるエネルギー準位として $\varepsilon_1$ から $\varepsilon_n$ までの $n$ 個の準位がある場合を考える。

エネルギー準位 $\varepsilon_1$ を占める分子数を $N_1$、$\varepsilon_2$ を占める分子数を $N_2$、そして、$\varepsilon_n$ を占める分子数を $N_n$ とし、系のエネルギーの総和を $U$ とする。この場合、$U$ は内部エネルギーになる。すると、つぎの関係が成立する。

$$N = N_1 + N_2 + N_3 + ... + N_n$$

$$U = N_1\varepsilon_1 + N_2\varepsilon_2 + N_3\varepsilon_3 + ... + N_n\varepsilon_n$$

これら制約条件のもとで、エントロピー $S$ が最大となる $N_1, N_2, N_3 ... N_n$ を求める。エントロピー $S$ は $S = k_B \ln W$ であり、エントロピーが極値をとる条件は $dS = 0$ から $d(\ln W) = 0$ となる。ここで、この系の状態数 $W$ は

$$W = \frac{N!}{N_1!N_2!N_3!\cdots N_n!}$$

と与えられる。この自然対数をとると

$$\ln W = \ln N! - \ln N_1! - \ln N_2! - \ln N_3! - \cdots - \ln N_n!$$

となる。スターリングの公式を使うと

$$\ln W = N \ln N - N_1 \ln N_1 - N_2 \ln N_2 - N_3 \ln N_3 - \cdots - N_n \ln N_n$$

と変形できる。ここで、束縛条件の微分をとると $N$ と $U$ は定数であるので

$$dN_1 + dN_2 + dN_3 + \cdots + dN_n = 0$$

$$\varepsilon_1 dN_1 + \varepsilon_2 dN_2 + \varepsilon_3 dN_3 + \cdots + \varepsilon_n dN_n = 0$$

となる。状態数については、3 準位における $d(\ln W) = 0$ の導出を思い出せば

$$\ln N_1 dN_1 + \ln N_2 dN_2 + \ln N_3 dN_3 + \cdots + \ln N_n dN_n = 0$$

という関係がえられる。

**演習 5-8**　制約条件 $dN_1 + \cdots + dN_n = 0$, $\varepsilon_1 dN_1 + \cdots + \varepsilon_n dN_n = 0$ のもとで $d(\ln W) = 0$ を満足する解を、ラグランジュの未定乗数法を用いて求めよ。

**解）**　最初の制約条件に未定乗数 $\alpha$ を乗じ、つぎの条件に、未定乗数 $\beta$ を乗じて

$$\ln N_1 dN_1 + \ln N_2 dN_2 + \ln N_3 dN_3 + \cdots + \ln N_n dN_n = 0$$

と足し合わせると

$$(\alpha + \beta\varepsilon_1 + \ln N_1) dN_1 + (\alpha + \beta\varepsilon_2 + \ln N_2) dN_2 + \cdots + (\alpha + \beta\varepsilon_n + \ln N_n) dN_n = 0$$

となる。

左辺は $n$ 変数関数の全微分であり、点 $(N_1, N_2, N_3, \ldots, N_n)$ において極値をとるためには、すべての微分係数が 0 となる必要があり

$$\alpha + \beta\varepsilon_1 + \ln N_1 = 0, \quad \alpha + \beta\varepsilon_2 + \ln N_2 = 0, \quad \ldots.., \quad \alpha + \beta\varepsilon_n + \ln N_n = 0$$

となる。よって

$$N_1 = \exp(-\alpha)\exp(-\beta\varepsilon_1) = \mathrm{A}\exp(-\beta\varepsilon_1)$$

$$N_2 = \exp(-\alpha)\exp(-\beta\varepsilon_2) = \mathrm{A}\exp(-\beta\varepsilon_2)$$

$$\cdots$$

$$N_n = \exp(-\alpha)\exp(-\beta\varepsilon_n) = \mathrm{A}\exp(-\beta\varepsilon_n)$$

となる。ただし、定数 A $(=\exp(-\alpha))$ と置いている。

ただし、A と$\beta$ は未定のままである。ここで、A という定数を求めてみよう。これも 3 準位の場合と、同様に求める。

$$N = N_1 + N_2 + \cdots + N_n$$

であったから

$$N = \mathrm{A}\{\exp(-\beta\varepsilon_1) + \exp(-\beta\varepsilon_2) + \cdots + \exp(-\beta\varepsilon_3)\}$$

よって

$$\mathrm{A} = \frac{N}{\exp(-\beta\varepsilon_1) + \exp(-\beta\varepsilon_2) + \cdots + \exp(-\beta\varepsilon_n)} = \frac{N}{\sum_{i=1}^{n}\exp(-\beta\varepsilon_i)}$$

となる。分母の和を $Z$ と置くと

$$Z = \exp(-\beta\varepsilon_1) + \exp(-\beta\varepsilon_2) + \cdots + \exp(-\beta\varepsilon_n) = \sum_{i=1}^{n}\exp(-\beta\varepsilon_i)$$

となり $\mathrm{A} = \dfrac{N}{Z}$ となる。よって、$i$ 準位の分子数は $Z$ を使うと

$$N_i = \frac{N}{Z}\exp(-\beta\varepsilon_i)$$

と与えられる。

**演習 5-9** エントロピーを利用して、エネルギーが $n$ 準位で、$N$ 個の粒子からなる系の未定乗数$\beta$の値を求めよ。

**解)** 系のエントロピーは

$$S = k_B \ln W = k_B N \ln N - k_B \sum_{i=1}^{n} N_i \ln N_i$$

となるので $N_i = \dfrac{N}{Z}\exp(-\beta\varepsilon_i)$ を代入すると

$$S = k_B N \ln Z + \frac{k_B N\beta}{Z}\sum_{i=1}^{n}\varepsilon_i \exp(-\beta\varepsilon_i)$$

となる。ここで $U = \sum_{i=1}^{n} N_i\varepsilon_i = \dfrac{N}{Z}\sum_{i=1}^{n}\varepsilon_i \exp(-\beta\varepsilon_i)$ から $S = k_B N \ln Z + k_B \beta U$ とな

り　$\frac{dS}{dU}=k_B\beta=\frac{1}{T}$　から　$\beta=\frac{1}{k_BT}$　となる。

---

したがって、平衡状態における $i$ 準位の分子数は

$$N_i=\frac{N}{Z}\exp\left(-\frac{\varepsilon_i}{k_BT}\right)$$

と与えられる。同様に、確率は

$$p_i=\frac{1}{Z}\exp\left(-\frac{\varepsilon_i}{k_BT}\right)$$

となる。この式が、一般のミクロカノニカル分布を与えることになる。

### 5. 2. 3.　分配関数とボルツマン因子

未定乗数 $\alpha$ に対応した定数 A = exp (− $\alpha$) は

$$\mathrm{A}=\frac{N}{\exp(-\beta\varepsilon_1)+\exp(-\beta\varepsilon_2)+\cdots+\exp(-\beta\varepsilon_n)}=\frac{N}{\sum_{i=1}^{n}\exp(-\beta\varepsilon_i)}$$

と与えられることを示した。このときの分母の和は、**分配関数** (partition function) と呼ばれており、$Z$ と置くのが通例である。つまり、分配関数は

$$Z=\exp(-\beta\varepsilon_1)+\exp(-\beta\varepsilon_2)+\cdots+\exp(-\beta\varepsilon_n)=\sum_{i=1}^{n}\exp(-\beta\varepsilon_i)$$

となる。実は、分配関数は、統計力学において重要な役割をはたす。ここで、$i$ 番目のエネルギー準位にある粒子数は分配関数 $Z$ を使うと

$$N_i=\frac{N}{Z}\exp(-\beta\varepsilon_i)$$

となる。そして、粒子がエネルギー準位 $\varepsilon_i$ に存在する確率は

$$p_i=\frac{1}{Z}\exp(-\beta\varepsilon_i)$$

と与えられる。このように見ると、$Z$ は、あるエネルギー準位 ($\varepsilon_i$) に位置する粒子の存在確率 ($p_i$) を出すための規格化定数 (normalizing constant) となることがわかる。

エネルギー準位に応じた粒子の存在確率がわかれば、1 粒子あたりのエネルギーの平均値 $<\varepsilon>$ は

$$<\varepsilon>=\sum_{i=1}^{n} p_i\varepsilon_i = \sum_{i=1}^{n}\frac{N_i}{N}\varepsilon_i = \frac{1}{N}\sum_{i=1}^{n} N_i\varepsilon_i = \frac{U}{N}$$

と与えられる。よって、$U = N <\varepsilon>$ となる。

**演習** 5-10　エネルギー準位が、$\varepsilon_1 = u,\ \varepsilon_2 = 2u,\ \varepsilon_3 = 3u,\ \varepsilon_4 = 4u\ ,\ \varepsilon_5 = 5u$ の 5 準位からなる系において、粒子数 $N$ が 3, 内部エネルギーが $U=9u$ の場合の分配関数を求めよ。

**解）**　分配関数は

$$Z = \exp(-\beta\varepsilon_1) + \exp(-\beta\varepsilon_2) + \cdots + \exp(-\beta\varepsilon_5)$$
$$= \exp(-\beta u) + \exp(-2\beta u) + \cdots + \exp(-5\beta u)$$

となる。

また、$\beta = \dfrac{1}{k_B T}$ であり、$U = 9u = \dfrac{3}{2}Nk_B T = \dfrac{9}{2}k_B T$ から $\beta = \dfrac{1}{2u}$ となるので

$$Z = \exp\left(-\frac{1}{2}\right) + \exp\left(-\frac{2}{2}\right) + \cdots + \exp\left(-\frac{5}{2}\right)$$

となる。これは、初項が exp(–1/2)で公比が exp(–1/2)の等比数列の第 5 項までの和となるので、分配関数は

$$Z = \exp\left(-\frac{1}{2}\right)\frac{1-\exp(-5/2)}{1-\exp(-1/2)} \cong 1.412$$

という値をとる。

---

分配関数がえられれば、あるエネルギー準位の存在確率も計算できる。例えば、演習の例で $\varepsilon_3 = 3u$ のエネルギー準位にある粒子の存在確率は

$$p_3 = \frac{1}{Z}\exp(-\beta\varepsilon_3) = \frac{1}{1.412}\exp\left(-\frac{3}{2}\right) \cong 0.158$$

となる。ところで、以上の計算からもわかるように、分配関数は無次元数 (dimensionless number) となる。もともと規格化定数であるので次元はないのは当然である。

実は、理工学においては exp のべきは無次元でなければならない。これは、

級数展開によって説明できる。exp $x$ (= $e^x$) は

$$e^x = \exp x = 1 + x + \frac{1}{2!}x^2 + \frac{1}{3!}x^3 + \ldots + \frac{1}{n!}x^n + \ldots$$

という無限級数に展開できる。もし、$x$ が**無次元** (dimensionless) でないとすると、そのべき乗は、物理的意味を失うからである。例えば、$x$ が長さの[m]とすると、[m$^5$]という単位は意味をなさない。よって、$x$ は、必ず無次元でなければならないのである。

同様のことは、無限級数に展開できる log $x$, sin $x$, cos $x$ などの関数にも適用できる。例えば、 sin $x$ の $x$ はラジアン (radian) という単位を使っているが、これは（弧の長さ）/（半径）であり（長さ）/（長さ）から無次元単位となっているのである。

---

**演習 5-11**　エネルギー準位が、$\varepsilon_1 = u, \varepsilon_2 = 2u, \ldots, \varepsilon_n = nu, \ldots$ のようにエネルギー準位に上限がない系において、粒子数 $N$ = 1000、内部エネルギーが $U$ = $3000u$ の場合の分配関数を求めよ。

---

**解**）　分配関数は　$Z = \exp(-\beta\varepsilon_1) + \exp(-\beta\varepsilon_2) + \cdots + \exp(-\beta\varepsilon_n) + \ldots$

$$= \exp(-\beta u) + \exp(-2\beta u) + \cdots + \exp(-n\beta u) + \ldots = \sum_{n=1}^{\infty} \exp(-n\beta u)$$

となる。$\beta = \dfrac{1}{k_B T}$ であり $U = 3000u = \dfrac{3}{2}Nk_B T = \dfrac{3000}{2}k_B T$ から $\beta = \dfrac{1}{2u}$ となるので

$$Z = \sum_{n=1}^{\infty} \exp\left(-\frac{n}{2}\right)$$

となる。これは、初項が exp(−1/2)で公比が exp(−1/2)の無限等比級数となるので

$$Z = \exp\left(-\frac{1}{2}\right)\frac{1}{1-\exp(-1/2)} \cong 1.54$$

と与えられる。

---

このように、エネルギー準位に上限がない場合でも、それぞれのエネルギ

一準位の存在確率を求めることができる。例えば、$\varepsilon_1 = u$ のエネルギー準位にある粒子の存在確率は

$$p_1 = \frac{1}{Z}\exp(-\beta\varepsilon_1) = \frac{1}{1.54}\exp\left(-\frac{1}{2}\right) \cong 0.394$$

となる。

ところで、分配関数は $Z = \sum_{i=1}^{n} \exp\left(-\frac{\varepsilon_i}{k_B T}\right)$ となるが $\exp\left(-\frac{\varepsilon_i}{k_B T}\right)$ の項を**ボルツマン因子** (Boltzmann's factor) と呼ぶ。この因子は、統計力学のみならず、多くの物理化学において重要なパラメーターとなっている。

ここで、$\exp\left(-\frac{\varepsilon}{k_B T}\right)$ を $\varepsilon$ の関数としてグラフにプロットすると、図 5-9 に示すように、単調減少 (monotonic decrease) の関数となる。

つまり、エネルギー $\varepsilon$ が高いほど、粒子の存在確率が低くなるという様子を示す。温度が低いあいだは、エネルギーの低い状態に粒子は偏在しているが、温度が高くなると、よりエネルギーの高い状態を粒子が占めるようになるということに対応する。

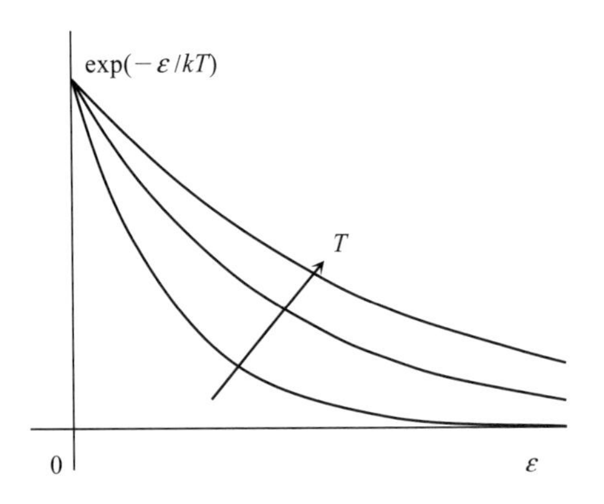


**図 5-9** ボルツマン因子 $\exp(-\varepsilon/k_B T)$ のエネルギーおよび温度依存性

ボルツマン因子に従うエネルギー分布を**ボルツマン分布** (Boltzmann's distribution) と呼んでいる。この分布の様子を模式的に描くと、図 5-9 に示したようになる。これは、文字通り、エネルギー準位 $\varepsilon$ が高くなるにしたがって、

粒子の確率分布が指数関数的に小さくなっていくという分布である。

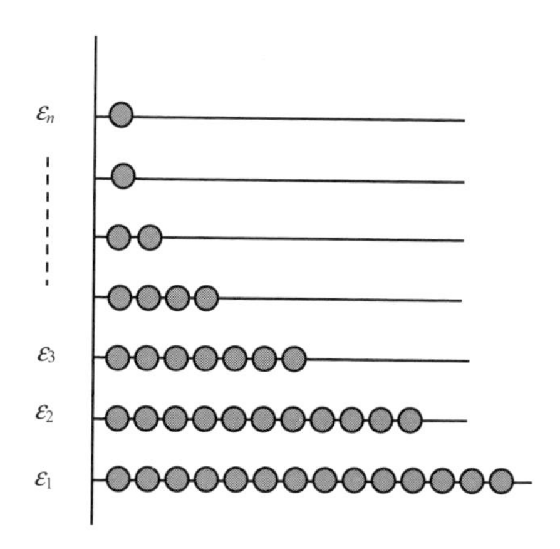


**図 5-10**　ボルツマン分布におけるエネルギーレベルとミクロ粒子の分布の様子

ここで、第 1 章で導入した、気体分子の速度分布を示すマックスウェル・ボルツマン分布を思い出してみよう。それは

$$f(v) = \sqrt{\frac{m}{2\pi k_B T}} \exp\left(-\frac{m}{2k_B T} v^2\right)$$

というかたちをしていた。ここで

$$\exp\left(-\frac{m}{2k_B T} v^2\right) = \exp\left(-\frac{(1/2)mv^2}{k_B T}\right)$$

と変形できるから、この項は、ボルツマン因子のエネルギー項 $E$ に、運動エネルギー $E = (1/2)mv^2$ を代入したものなのである。

身の回りにある容器に収納された気体においては、気体濃度は均一で、位置エネルギーが無視できる。しかし、高度差が 1000 [m]のように大きくなれば、運動エネルギーに対して、位置エネルギーを無視できなくなる。例えば、8000 [m] 級の高山に登るときは、空気が薄くなるので酸素ボンベが必要となる。このとき、気体分子の高さ方向の分布は $\exp(-mgh/k_B T)$ というボルツマン分布に従うことが知られている。これは、ボルツマン因子のエネルギー項 $E$ に位置エネルギー $mgh$ を代入したものである。

最後に、なぜ、分配関数 $Z$ が統計力学において重要かということを説明しておこう。$Z$ は、もともとは、確率分布の規格化定数として導入されたものであるが、実は、$Z$ には系の状態を示す有用な情報（すべてのエネルギー準位: $\varepsilon_1, \varepsilon_2, \ldots, \varepsilon_n$ と系の温度 $k_BT$）が含まれている。このため、分配関数を**状態和** (state sum) と呼ぶこともある。例えば、分配関数 $Z$ を $\beta$ で微分すると

$$\frac{dZ}{d\beta} = -\varepsilon_1 \exp(-\beta\varepsilon_1) - \varepsilon_2 \exp(-\beta\varepsilon_2) - \cdots - \varepsilon_n \exp(-\beta\varepsilon_n) = -\frac{Z}{N}U$$

となって、系の内部エネルギー $U$ を求めることができる。あるいは

$$\frac{dZ}{d\beta} = -\frac{Z}{N}U \quad \text{から} \quad U = -N\frac{1}{Z}\frac{dZ}{d\beta} = -N\frac{d(\ln Z)}{d\beta}$$

とすることもできる。この表記のほうが、内部エネルギーが分配関数からえられることがより明確であろう。

同様にして、分配関数に（偏）微分などの操作を行うことで、系に関するマクロな物理量を導出することができるのである。その有用性については、本書でも順次紹介していく。

# 第 6 章　ミクロカノニカル分布の応用

ミクロカノニカル集団の手法を、**単原子分子**(mono-atomic molecule) からなる**理想気体** (ideal gas) に応用してみよう。$N$ 個の気体分子が断熱された体積 $V$ の容器に閉じ込められている系を考える。

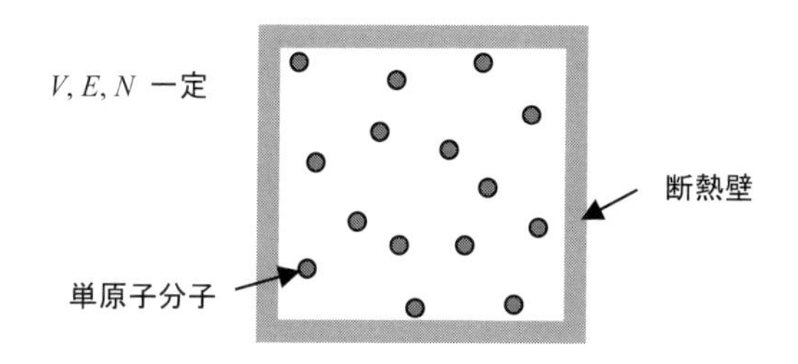


**図 6-1**　外界から断熱された体積 $V$ の容器に閉じ込められた単原子分子理想気体の平衡状態。総粒子数 $N$ が一定、温度 $T$ も一定、よって、総エネルギー $U$ も変化しない。

このとき、気体は平衡状態 (equilibrium state) 、つまり、マクロな物理量である $P$, $V$, $T$ は時間とともに変化しない。さらに、粒子数も $N$ と一定である。よって、内部エネルギー $U$ も決まっている。

それでは、われわれは何を求めればよいのであろうか。マクロな物理量は変化しなくとも、気体を構成するミクロ粒子(気体分子)はランダムに運動している。その運動の結果、$P$ や $T$ が決定されるのであった。これについては、第 1 章の気体分子運動論ですでに解析した。

しかし、第 1 章では、統計力学において重要な状態数 (number of state): $W$ やエントロピー (entropy): $S$ については考えなかった。本章では、気体分子の運動から、状態数 $W$ を求め

$$S(V,E,N) = k_B \ln W(V,E,N)$$

によって、エントロピー $S$ を求めるのが目的である。$S$ がわかれば、第 3 章で示

したように、自由エネルギー $F$ などの熱力学関数を求めることができる。

そのためには、$N$ 個の気体分子の状態数 $W$ を求めることが第一歩となる。それでは、状態数はどのように求めればよいのであろうか。

ミクロカノニカル集団では、等重率の原理により、すべての微視的状態は平等であり、その出現確率は $p=1/W$ となる。よって、過不足なく微視的状態の数 $W$ を求めることができれば、エントロピーを計算することが可能となる。

## 6. 1. 運動量空間

**単原子分子** (mono-atomic molecule) からなる理想気体のエネルギーを考えてみよう。まず、気体分子の位置エネルギー (potential energy) は無視できるので、運動エネルギー (kinetic energy) のみに注目する。

もし位置エネルギーが無視できないとすると、容器内の気体分子の濃度は上下で異なり、圧力差が生じるはずであるが、そのような現象は見られない。よって、位置エネルギーは無視できるのである[1]。また、単原子分子であるので、運動は**並進運動** (translational motion) のみとなる。

気体分子は、3 **次元空間** (three dimensional space) の $x\ y\ z$ 方向に自由に動いており、その運動エネルギーは

$$E_k = \frac{1}{2}mv^2 = \frac{1}{2}m({v_x}^2 + {v_y}^2 + {v_z}^2)$$

と与えられる。これを、**運動量** (momentum) : $p = mv$ を使って表現すると

$$E_k = \frac{p^2}{2m} = \frac{1}{2m}({p_x}^2 + {p_y}^2 + {p_z}^2)$$

となる。さらに、変形すると

$${p_x}^2 + {p_y}^2 + {p_z}^2 = 2mE_k$$

という式がえられる。

ここで、図 6-2 に示すような 3 軸がそれぞれ $p_x, p_y, p_z$ からなる空間を考えてみよう。このような空間を、**運動量空間** (momentum space) と呼んでいる。運動量

[1] 前章で紹介したように、標高差が大きく異なる場合には、無視できない。例えば、高山に行くと、空気が薄くなるのは位置エネルギーの影響による。

空間は、実在するわけではなく、あくまでも仮想空間 (virtual space) であるが、運動量（エネルギー）分布を考える場合には、便利である。ここで、上式は、運動量空間において、半径が $\sqrt{2mE_k}$ の球(sphere)に対応する。

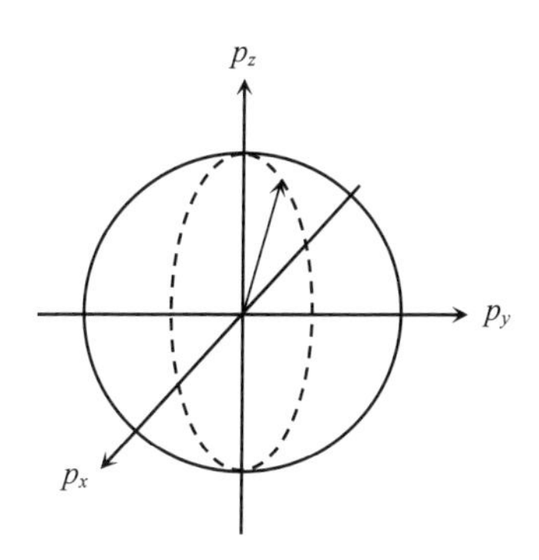


**図 6-2**　運動量空間とは、3 軸が $p_x$, $p_y$, $p_z$ からなる直交座標系である。気体分子の運動エネルギーの分布は 3 次元の拡がりを有する。この図において、同じエネルギー $E$ を有する気体分子は、すべて、同じ球面上に位置することになる。

つまり、運動量空間において、等エネルギーを有する気体分子は、中心から

$$p = \sqrt{2mE_k}$$

の球面上に位置することになる。このとき、長さ $\sqrt{2mE_k}$ の運動量ベクトル

$$(p_x, p_y, p_z)$$

が気体の運動状態を示すことになる。

## 6. 2.　運動量と状態数

われわれの目的は、$N$ 個の気体分子の微視的状態数 $W$ を求めることである。前節までの取り扱いでは、ミクロ粒子が占めることのできる離散的なエネルギー準位 (例えば、$\varepsilon_1 = u$, $\varepsilon_2 = 2u$, $\varepsilon_3 = 3u$) を考え、そのうえで、それぞれの準位に粒子を配する微視的状態と、その数を考えてきた。

しかし、気体分子の速度（あるいは運動量）は、連続的に変化するため、そも

そも、離散的 (discrete) な状態というものを考えることができない。この問題に、対処するために、いくつか手順を踏みながら、考察を進めていくことにする。

離散的な状態ではなく、エネルギーが連続型のとき、どうやってエネルギー準位に相当するものを求めるか。これが、最初の課題である。

運動量空間において、等エネルギー$E_k$ を有する気体分子は、同じ半径の球面上に位置するという説明をした。それでは、エネルギー$E_k$ を有する状態は、全体のどの程度になるのであろうか。

実は、球面だけを考えていたのでは、この質問に対する解はえられない。これは、補遺 1 に示したように、連続型の場合には、ある区間（幅）を考えないと、確率を求めることができないことと等価である。

例として、運動量空間に位置する ($p_x$, $p_y$, $p_z$) という点を考えてみよう。ある気体分子がこの状態にある確率は、どの程度であろうか。実は、答えはなく、あえて解答すれば 0 となる。なぜなら、その近傍には

$$(1.000001p_x,\ 0.99999p_y, 1.000001p_z)$$

のように、少しだけ値の異なる点が存在するが、このような点

$$(p_x \pm \Delta,\ p_y \pm \Delta,\ p_z \pm \Delta)$$

は、($p_x$, $p_y$, $p_z$)のまわりに無限に存在するからである。このため、1 点だけをピンポイントで捉えても、その状態を占める数という考えそのものが成立しないのである。

エネルギーにもまったく同様のことがいえ、連続的に変化するエネルギーの場合、ピンポイントである $E$ の値に対応した状態数 $W(E)$というものを考えることができない。これは、$E$ の近傍には $E \pm \Delta E$ というエネルギー準位が無数に存在するからである。

それでは、どうすればよいのであろうか。この対応としては、補遺 1 に示すように、ある幅を考えればよいのである。この取り扱いを再び、運動量に戻って考えてみよう。

つまり、3 次元の運動量空間の場合には、面ではなく、3 方向に、ある幅を持った体積を考える必要がある。

そこで、図 6-3 に示すように、面ではなく、この面から微小量$\Delta p$ だけの厚さの体積を考える。すると、この幅の中に気体分子が入る割合は求めることができるのである。この運動量空間における殻の体積は $4\pi p^2 \Delta p$ と与えられる。

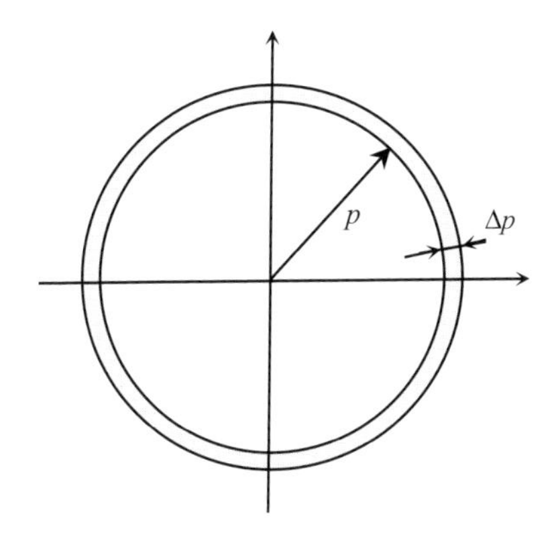


**図 6-3**　運動量空間において有限の体積をもった球殻：球面での状態数は求められないが、$\Delta p$ の厚さからなる球殻に入る状態数は考えることができる。

**演習 6-1**　$\Delta p$ が微小量であるとき、運動量空間において、半径が $p$ と $p+\Delta p$ に囲まれた殻の体積が $4\pi p^2\Delta p$ によって与えられることを確かめよ。

**解)**　この球殻の体積は

$$\frac{4}{3}\pi(p+\Delta p)^3 - \frac{4}{3}\pi p^3 = \frac{4}{3}\pi\{3p^2(\Delta p)+3p(\Delta p)^2+(\Delta p)^3\}$$

となる。ここで、$\Delta p$ は微小量を仮定しているので、全微分の項でも説明したように、高次の項である $(\Delta p)^2$ と $(\Delta p)^3$ は、無視できる。したがって

$$\frac{4}{3}\pi(p+\Delta p)^3 - \frac{4}{3}\pi p^3 = 4\pi p^2\Delta p$$

となる。

---

この体積の中に、どの程度の気体分子の運動量（エネルギー）状態が存在するかを求めればよいことになる。

ただし、問題はまだある。そもそも気体分子1個が占める運動量空間の単位体積（気体分子1個の入ることのできる部屋の大きさ）などというものを、考えられるのであろうか。

もし、運動量が連続とすれば、このような**単位胞** (unit cell) を考えることそのものができないはずである。ここで、われわれは**量子力学** (quantum mechanics) の考えを導入して、単位胞を想定することになる。

## 6. 3.　単位胞の大きさ

気体分子の速さは、途切れることなく連続的に任意の値をとることができるから、気体分子のエネルギー分布も連続となるはずである。とすると、気体分子が取り得る状態の数は無限大となってしまい、前章のミクロカノニカル集団において仮定した離散的なエネルギー準位 (discrete energy level) による微視的状態の数が求められないことになる。

実は、量子力学の考え、すなわちミクロ粒子が有する波動性を適用すると、気体分子 1 個が占めることのできる運動量空間の単位胞 (unit cell) の大きさが求められるのである。

ここで、一辺の長さが $L$ の立方体の中に閉じ込められたミクロ粒子の量子力学的状態を考えてみよう。

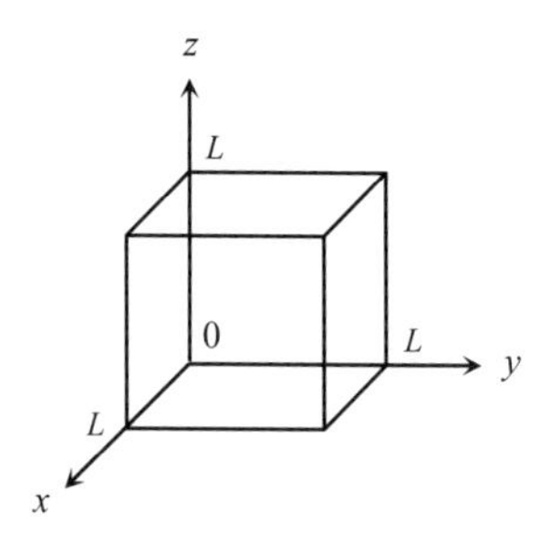


**図 6-4**　ミクロ粒子の閉じ込められている立方体

まず、ミクロ粒子は、3 次元空間を運動しているので、つぎの 3 次元のシュレディンガー方程式に従う。

$$-\frac{\hbar^2}{2m}\left(\frac{\partial^2}{\partial x^2}+\frac{\partial^2}{\partial y^2}+\frac{\partial^2}{\partial z^2}\right)\psi(x,y,z)+V(x,y,z)\psi(x,y,z)=E(x,y,z)\psi(x,y,z)$$

ただし、$\hbar$ は**プランク定数** (Planck constant) : $h$ を $2\pi$ で除したものである。また、

$V$はポテンシャルエネルギー、$E$は運動エネルギーに対応する。

ここで、$\psi(x, y, z)$がミクロ粒子の波動関数であり、この微分方程式を解くことによって、その運動状態を解析できる。

ミクロ粒子が動ける範囲は

$$0 \le x \le L, \quad 0 \le y \le L, \quad 0 \le z \le L$$

であり、この領域では、ミクロ粒子は自由に動くことができるので、ポテンシャルエネルギーは$V(x, y, z) = 0$である。

この箱の外に粒子は出ないので、この範囲外で、ポテンシャルエネルギー$V$は$\infty$と考えることができる。

また、相互作用のない3次元のミクロ粒子の**波動関数** (wave function) は

$$\psi(x, y, z) = \varphi(x)\varphi(y)\varphi(z)$$

のように、3個の波動関数に変数分離することができる。これは、$x$方向の運動は、$y$方向や$z$方向の影響を受けないからである。

そこで、$x$方向にのみ注目して、まず解を求めよう。すると

$$-\frac{\hbar^2}{2m}\frac{\partial^2 \varphi(x)}{\partial x^2} = E_x \varphi(x)$$

となる。ここで、$x$方向の運動エネルギーは運動量を$p_x$とすると$E_x = \dfrac{{p_x}^2}{2m}$である。

よって

$$\frac{\hbar^2}{2m}\frac{\partial^2 \varphi(x)}{\partial x^2} + \frac{{p_x}^2}{2m}\varphi(x) = 0 \qquad \text{から} \qquad \hbar^2 \frac{\partial^2 \varphi(x)}{\partial x^2} + {p_x}^2 \varphi(x) = 0$$

となる。

**演習 6-2**　つぎの2階線型微分方程式を$\varphi(0) = \varphi(L) = 0$という境界条件のもとに解法せよ。

$$\hbar^2 \frac{\partial^2 \varphi(x)}{\partial x^2} + {p_x}^2 \varphi(x) = 0$$

**解）** 2階線型微分方程式は$\varphi(x) = e^{\lambda x} = \exp(\lambda x)$という解を有することが知られている。表記の微分方程式に代入すると

$$\hbar^2\lambda^2 \exp(\lambda x) + p_x{}^2 \exp(\lambda x) = 0$$

から、特性方程式は

$$\hbar^2\lambda^2 + p_x{}^2 = 0 \qquad \text{となり} \qquad \lambda = \pm i\frac{p_x}{\hbar}$$

と与えられる。よって、一般解は、$A, B$ を定数として

$$\varphi(x) = A\exp\left(i\frac{p_x}{\hbar}x\right) + B\exp\left(-i\frac{p_x}{\hbar}x\right)$$

となる。ここで、境界条件 $\varphi(0) = 0$ から

$$\varphi(0) = A + B = 0 \quad \text{より} \quad B = -A$$

となり

$$\varphi(x) = A\exp\left(i\frac{p_x}{\hbar}x\right) - A\exp\left(-i\frac{p_x}{\hbar}x\right)$$

オイラーの公式 $\exp\left(\pm i\frac{p_x}{\hbar}x\right) = \cos\left(\frac{p_x}{\hbar}x\right) \pm i\sin\left(\frac{p_x}{\hbar}x\right)$ から

$$\varphi(x) = A\left\{\cos\left(\frac{p_x}{\hbar}x\right) + i\sin\left(\frac{p_x}{\hbar}x\right)\right\} - A\left\{\cos\left(\frac{p_x}{\hbar}x\right) - i\sin\left(\frac{p_x}{\hbar}x\right)\right\} = 2Ai\sin\left(\frac{p_x}{\hbar}x\right)$$

となる。

$i$ は虚数であるが、この実部である $2A\sin\left(\frac{p_x}{\hbar}x\right)$ が表記の微分方程式の解となることが確かめられる。つぎに、境界条件 $\varphi(L) = 0$ から

$$\sin\left(\frac{p_x}{\hbar}L\right) = 0 \qquad \text{より} \qquad \frac{p_x}{\hbar}L = n\pi \qquad n = 0, 1, 2, \ldots$$

となる。よって、$C$ を任意定数として

$$\varphi(x) = C\sin\left(\frac{n\pi}{L}x\right) \qquad n = 0, 1, 2, \ldots$$

が解となる。

---

したがって、波動関数は図 6-5 のような sin 波となる。

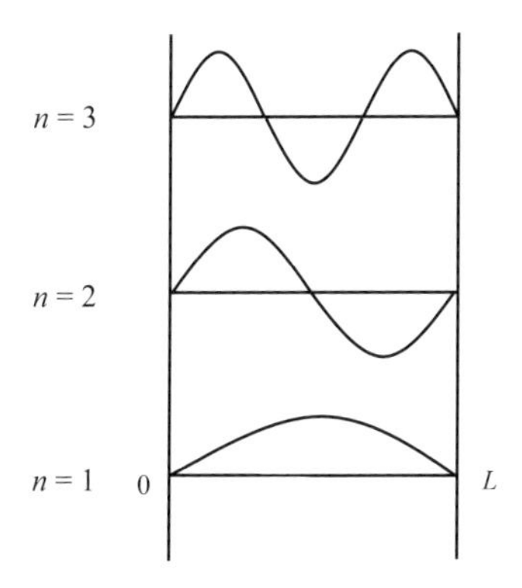


**図 6-5**　箱の中に閉じ込められたミクロ粒子の波動関数

さらに、定数 $C$ は、規格化条件

$$\int_{-\infty}^{+\infty} |\varphi(x)|^2 dx = 1$$

から求められる。これは、波動関数の絶対値の 2 乗が、ミクロ粒子の存在確率に対応しており、全空間で積分すれば 1 になるということを意味している。

> **演習 6-3**　規格化条件を利用して波動関数 $\varphi(x) = C\sin(n\pi x/L)$ の定数項 $C$ の値を求めよ。

**解）**　この波動関数の規格化条件は

$$\int_{-\infty}^{+\infty} |\varphi(x)|^2 dx = \int_0^L \left| C\sin\left(\frac{n\pi}{L}x\right)\right|^2 dx = 1$$

となる。ここで、被積分関数は、倍角の公式を使って

$$\left| C\sin\left(\frac{n\pi}{L}x\right)\right|^2 = C^2\sin^2\left(\frac{n\pi}{L}x\right) = C^2\left\{1-\cos^2\left(\frac{n\pi}{L}x\right)\right\} = \frac{C^2}{2}\left\{1-\cos\left(\frac{2n\pi}{L}x\right)\right\}$$

と変形できるので、規格化条件は

$$\int_0^L \left| C\sin\left(\frac{n\pi}{L}x\right)\right|^2 dx = \left[\frac{C^2}{2}\left\{x - \frac{L}{2n\pi}\sin\left(\frac{2n\pi}{L}x\right)\right\}\right]_0^L = \frac{LC^2}{2} = 1$$

よって、定数項 $C$ は $C=\pm\sqrt{\dfrac{2}{L}}$ となる。

---

結局、規格化された波動関数は $\varphi(x)=\pm\sqrt{\dfrac{2}{L}}\sin\left(\dfrac{n\pi}{L}x\right)$ と与えられる。

ここで、状態数を求めるうえで重要な情報は、一辺の長さが $L$ の立方体の箱に閉じ込められたミクロ粒子の運動量は

$$\frac{p_x}{\hbar}L=n\pi \qquad n=0,\pm1,\pm2,\ldots$$

から

$$p_x=\frac{n\hbar\pi}{L}=\frac{n(h/2\pi)\pi}{L}=\frac{nh}{2L} \qquad n=\pm1,\pm2,\ldots$$

のように量子化されるという事実である。0 を除外したのは、分子が静止した状態を想定していないからである。このとき、エネルギー $E$ も量子化されて

$$E_x=\frac{{p_x}^2}{2m}={n_x}^2\frac{h^2}{8mL^2} \qquad n_x=\pm1,\pm2,\ldots$$

となる。運動量が量子化されるという結果は、$y$ および $z$ 方向にも適用でき

$$p_x=\frac{n_xh}{2L} \qquad p_y=\frac{n_yh}{2L} \qquad p_z=\frac{n_zh}{2L}$$

となる。それぞれ、$n_x, n_y, n_z$ は 0 を含まない整数である。そして、3 次元空間を自由に運動するミクロ粒子のエネルギーは

$$E=\frac{{p_x}^2+{p_y}^2+{p_z}^2}{2m}=({n_x}^2+{n_y}^2+{n_z}^2)\frac{h^2}{8mL^2}$$

となる。このように、量子力学によると、運動量もエネルギーも離散的に飛び飛びの値をとる。そして、運動量に関しては、その間隔は、ひとつの方向では $a=\dfrac{h}{2L}$ となる。すると、運動量空間において、ミクロ粒子 1 個が占めることのできる最小の大きさは

$$a^3=\frac{h^3}{8L^3}$$

ということになる。

このとき、運動量の最も小さな単位胞は、原点を中心として

$$\begin{pmatrix}\Delta p_x\\ \Delta p_y\\ \Delta p_z\end{pmatrix}=\begin{pmatrix}a\\ a\\ a\end{pmatrix}\quad \begin{pmatrix}\Delta p_x\\ \Delta p_y\\ \Delta p_z\end{pmatrix}=\begin{pmatrix}-a\\ a\\ a\end{pmatrix}\quad \begin{pmatrix}\Delta p_x\\ \Delta p_y\\ \Delta p_z\end{pmatrix}=\begin{pmatrix}a\\ -a\\ a\end{pmatrix}\quad \begin{pmatrix}\Delta p_x\\ \Delta p_y\\ \Delta p_z\end{pmatrix}=\begin{pmatrix}a\\ a\\ -a\end{pmatrix}$$

$$\begin{pmatrix}\Delta p_x\\ \Delta p_y\\ \Delta p_z\end{pmatrix}=\begin{pmatrix}-a\\ -a\\ a\end{pmatrix}\quad \begin{pmatrix}\Delta p_x\\ \Delta p_y\\ \Delta p_z\end{pmatrix}=\begin{pmatrix}-a\\ a\\ -a\end{pmatrix}\quad \begin{pmatrix}\Delta p_x\\ \Delta p_y\\ \Delta p_z\end{pmatrix}=\begin{pmatrix}a\\ -a\\ -a\end{pmatrix}\quad \begin{pmatrix}\Delta p_x\\ \Delta p_y\\ \Delta p_z\end{pmatrix}=\begin{pmatrix}-a\\ -a\\ -a\end{pmatrix}$$

の 8 個となる（図 6-6 参照）。つまり 1 辺が $2a$ の立方体の中にある、$a^3$ の個数となり、$8a^3$ から 8 個と計算できる。

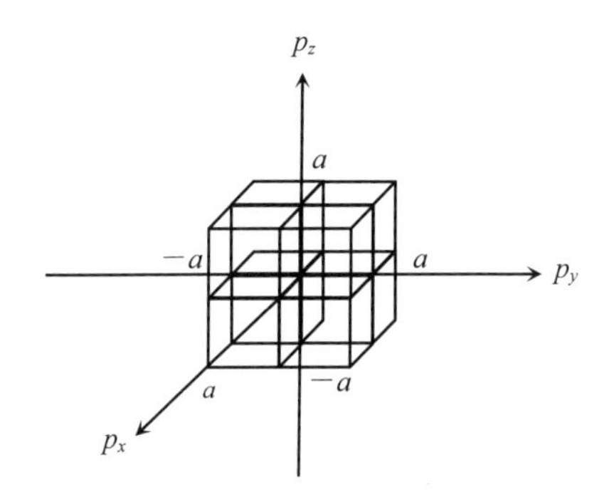


**図 6-6**　運動量空間における最小エネルギー準位の単位胞

つぎのエネルギー準位を単位胞が占める運動量空間の範囲は $a$ から $2a$ ということになる。これは図 6-6 の単位胞を取り囲むように存在する。つまり、1 辺が $4a$ の立方体の体積 $64a^3$ の中に含まれる 64 個の単位胞から、最小エネルギー準位の 8 個を引いた 56 個となる。

図 6-7 に 3 次元空間において、$xy$ 平面を切り出した 2 次元面における単位胞の分布を示す。このように、運動量増加とともに単位胞の数、すなわち、状態数はどんどん増えていき、すぐに莫大な数になることがわかるであろう。

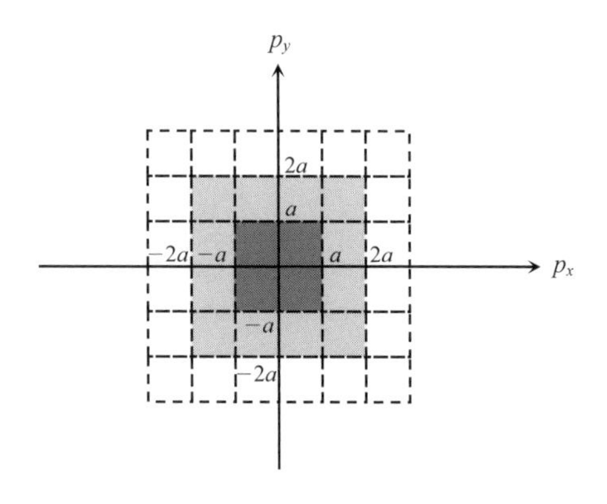


**図 6-7**　エネルギー準位の高い状態、すなわち運動量の大きい状態にある単位胞の数は、運動量が増えるとともに急減に増えていく。

**演習 6-4**　運動量空間において、大きさが $2a$ から $3a$ の範囲に入る単位胞の数を求めよ。

**解）** 1 辺が $6a$ の立方体の体積から、1 辺が $4a$ の立方体の体積を引いて、その中に含まれる、1 辺が $a$ の立方体の個数を求めればよい。

$$6^3a^3 - 4^3a^3 = 216\, a^3 - 64\, a^3 = 152\, a^3$$

となり、この範囲にある単位胞の個数は、152 個となる。

---

同様にして、つぎは $8^3 - 6^3 = 296$ 個、そのつぎは $10^3 - 8^3 = 512$ 個となる。

実は、前章で求めたボルツマン因子 $\exp\,(-E/k_BT)$ によると、エネルギー$E$ が高いほど、粒子の存在確率が低くなるという結果がえられるが、一方で、気体分子の場合には、エネルギーが高いと、ミクロ粒子が占有できる部屋（単位胞）の数そのものが急激に増えていく。このため、エネルギーの高い粒子の存在確率も高くなるのである。これについては、後ほど紹介する。

## 6. 4.　状態密度と状態数

ここで、運動量空間の**状態密度** (density of states) というものを考えてみよう。密度とは、単位体積中の状態の数であるから、運動量空間の単位体積のなかに単位胞が何個含まれているかに相当する。

**演習 6-5**　運動量空間における状態密度 $D_p$ を求めよ。

**解）**　単位体積 1 を運動量空間の単位胞の体積 $a^3$ で除すと、状態密度 $D_p$ がえられる。よって $D_p = \dfrac{1}{a^3} = \dfrac{8L^3}{h^3}$ と与えられる。

---

さらに、容器の体積を $V = L^3$ と置くと $D_p = \dfrac{8V}{h^3}$ となる。これが、運動量空間内の状態密度である。この密度は、運動量空間内では均一である。

ところで、この表式では、密度が容器の体積 $V$ に比例している。これには違和感があるかもしれないが、$V$ は運動量空間の体積ではなく、実空間の体積である。つまり、密度を求めるときの運動量空間の体積とは直接の関係がないのである。

さらに、この結果は、気体分子の入った容器の体積が増えると、状態の数が増えるということを示しており、エントロピーの示量性 (extensive property) とも関係しているのである。

**演習 6-6**　運動量が 0 から $p$ までの範囲（運動量空間の半径 $p$ の球内）にある状態数を求めよ。

**解）**　状態数は（状態密度）×（運動量空間の体積）によってえられる。運動量が 0 から $p$ までの範囲、すなわち運動量空間の半径 $p$ の球の体積は $(4/3)\pi p^3$ であるので、求める状態数は

$$W_0(p) = \frac{4}{3}\pi p^3 \cdot D_p = \frac{32}{3}\pi V \frac{p^3}{h^3}$$

となる。

---

ところで、いま求めた状態数は運動量 $p$ に関するものである。われわれが求めたいのは、エネルギー $E$ に対応した状態数である。ここで $E = p^2/2m$ という関

係にあるので、単純に $p$ を $E$ に変換すると、エネルギーが 0 から $E$ までの範囲にある状態数は

$$W_0(E)=\frac{32}{3}\pi V\left(\frac{2mE}{h^2}\right)^{\frac{3}{2}}$$

と与えられることになる。ただし、このままでは問題がある。いま一度、運動量とエネルギーの関係を考えてみよう。前節では、運動量空間のもっとも小さい単位胞で 8 種類の状態を示したが、実は、これら状態のエネルギーはすべて等しく、最低エネルギー状態にある。つまり、エネルギーに着目すれば、運動量空間で異なる 8 個の微視的状態は、すべて同じものとなるのである。これは、$p_x, p_y, p_z$ には正負の違いがあるため $2\times2\times2=8$ の 8 個の違う状態が、エネルギーの場合は

$$E=\frac{{p_x}^2+{p_y}^2+{p_z}^2}{2m}$$

のように、運動量の平方和となり、状態の違いとして反映されないためである。したがって、エネルギーの状態数は、運動量の状態数を 8 で除して

$$W_0(E)=\frac{4}{3}\pi V\left(\frac{2mE}{h^2}\right)^{\frac{3}{2}}$$

とする必要がある。これが、 0 から $E$ までの範囲にあるエネルギー状態数である。ちなみに、エネルギーの最小単位 $E_0$ は、量子化されたエネルギー

$$E=\frac{{p_x}^2+{p_y}^2+{p_z}^2}{2m}=({n_x}^2+{n_y}^2+{n_z}^2)\frac{h^2}{8mL^2}$$

において、$n_x=\pm1, n_y=\pm1, n_z=\pm1$ に対応した

$$E_0=\frac{3h^2}{8mL^2}$$

となる。

最低エネルギーを与える $(n_x,\ n_y,\ n_z)$ の組み合わせは(+1, +1, +1), (+1, −1, +1), ... (−1, −1, −1) のように 8 通りあるが、これは、同じエネルギーを与える運動量状態が 8 通りあることを反映している。

## 6. 5.　エネルギー状態密度

前節までの取り扱いで、エネルギーが0から$E$までの範囲にある状態数$W_0(E)$を求めることができた。ただし、われわれが求めたいのは、気体のエネルギーが$E$のときに、何個の状態があるかというものである。これを、仮に、$W(E)$と置こう。0から$E$までの積算の$W_0(E)$ではない。

例えば、絶対零度近傍の気体と、室温や、1000[°C]の気体では、エネルギー$E$が異なる。これは、内部エネルギー$U$に相当するが、ここでは、$E$という表記を使う。このエネルギーに応じた状態数（ミクロ粒子の部屋の数）がわかれば、それに配する粒子の場合の数$W$がわかり、その結果、エントロピー$S$が求められることになる。

ところが、すでに紹介したように、連続的に変化する$E$の場合に、ピンポイントで$E$の値を指定して、その状態の数$W(E)$を求めることはできない。そのために、$E$ではなく、$E$と$E+\Delta E$という幅を考えて、この範囲にある状態数$W(E, \Delta E)$を求める必要がある。

> **演習 6-7**　運動量空間において$p$から$p+\Delta p$の範囲にある領域に存在する状態の数を求めよ。

**解）** 運動量の状態密度$D_p$は$D_p = \left(\dfrac{2L}{h}\right)^3 = \dfrac{8V}{h^3}$であった。運動量空間において0から$p$までの範囲の状態数は、体積に状態密度をかけて

$$W_0(p) = \frac{4}{3}\pi p^3 \cdot D_p = \frac{32}{3}\pi V \cdot \frac{p^3}{h^3}$$

と与えられる。すると、$p$から$p+\Delta p$の範囲にある状態数は

$$W_0(p+\Delta p) - W_0(p) = \frac{4}{3}\pi(p+\Delta p)^3 \cdot \frac{1}{a^3} - \frac{4}{3}\pi p^3 \cdot \frac{1}{a^3} = \frac{4}{3}\pi \cdot \frac{1}{a^3}\left\{(p+\Delta p)^3 - p^3\right\}$$

となる。$\Delta p$が微小量のとき、高次の項の$(\Delta p)^2$や$(\Delta p)^3$は無視できるので

$$(p+\Delta p)^3 - p^3 = 3p^2(\Delta p) + 3p(\Delta p)^2 + (\Delta p)^3 = 3p^2(\Delta p)$$

よって

$$W_0(p+\Delta p)-W_0(p)=\frac{4}{3}\pi\cdot\frac{1}{a^3}\cdot 3p^2(\Delta p)=\frac{4\pi}{a^3}p^2(\Delta p)=\frac{32\pi V}{h^3}p^2\Delta p$$

となる。

---

さらに、これをエネルギーの関数に変換してみると

$$E=\frac{p^2}{2m} \text{ より } p^2=2mE,\quad \frac{dE}{dp}=\frac{\Delta E}{\Delta p}=\frac{p}{m},\quad \Delta p=\frac{m}{p}\Delta E$$

また $p=\sqrt{2mE}$ から

$$W_0(E+\Delta E)-W_0(E)=\frac{32\pi V}{h^3}\cdot 2mE\cdot\frac{\sqrt{m}}{\sqrt{2E}}\Delta E=\frac{16\pi V}{h^3}(2m)^{\frac{3}{2}}\sqrt{E}\Delta E$$

となるが、エネルギーの場合の状態数は、運動量の場合の 1/8 となることを考慮して整理すると

$$W(E,\Delta E)=W_0(E+\Delta E)-W_0(E)=\frac{2\pi V}{h^3}2m^{\frac{3}{2}}\sqrt{E}\Delta E$$

となる。微分の定義

$$\lim_{\Delta E\to 0}\frac{W_0(E+\Delta E)-W_0(E)}{\Delta E}=\frac{dW_0(E)}{dE}$$

をもとに、$\Delta E$ が十分小さいとすると

$$\frac{W_0(E+\Delta E)-W_0(E)}{\Delta E}\cong\frac{dW_0(E)}{dE}$$

と近似することができる。これを $D(E)$ と置く。$D(E)$ は、$W_0(E)$ の $E$ に関する変化率である。すると

$$W(E,\Delta E)=W_0(E+\Delta E)-W_0(E)=D(E)\Delta E$$

となる。よって

$$D(E)=\frac{2\pi V}{h^3}(2m)^{\frac{3}{2}}\sqrt{E}$$

と与えられる。この $D(E)$ をエネルギー $E$ に関する**状態密度** (density of state) と呼んでいる。この式からわかるように、気体分子の状態密度は $\sqrt{E}$ に比例する。つまり、単位体積あたりのエネルギー状態数（ミクロ粒子の入ることができる単位胞の数）はエネルギーとともに増えていく。そして、エネルギーが 2 倍になれば、

状態密度は$\sqrt{2} \cong 1.4$倍程度になるということを示している。

ところで、ここで、改めて確認しておきたい事実がある。われわれは、離散的ではなく連続型のエネルギーの場合、一点の$E$ではなく、幅$\Delta E$を考える必要があるという説明をしてきた。そして、$E$と$E + \Delta E$という範囲を考えて、この中にある状態数$W(E, \Delta E)$を求めた。しかし、$E$近傍の$\Delta E$の幅ということであれば、$E-(1/2)\Delta E$から$E+(1/2)\Delta E$という範囲を考えるべきではなかろうか。このとき

$$W(E, \Delta E) = W_0\left(E + \frac{1}{2}\Delta E\right) - W_0\left(E - \frac{1}{2}\Delta E\right)$$

となる。

**演習 6-8**　$E$近傍の$\Delta E$の幅として、$E-(1/2)\Delta E$から$E+(1/2)\Delta E$という範囲を考えたときの状態数$W(E, \Delta E)$を求めよ。

**解）**

$$W_0\left(E + \frac{1}{2}\Delta E\right) - W_0\left(E - \frac{1}{2}\Delta E\right) =$$

$$W_0\left(E + \frac{1}{2}\Delta E\right) - W_0(E) + W_0(E) - W_0\left(E - \frac{1}{2}\Delta E\right)$$

と変形する。すると

$$W_0\left(E + \frac{1}{2}\Delta E\right) - W_0(E) = \frac{dW_0(E)}{dE}\cdot\left(\frac{1}{2}\Delta E\right) = D(E)\cdot\left(\frac{1}{2}\Delta E\right)$$

$$W_0(E) - W_0\left(E - \frac{1}{2}\Delta E\right) = \frac{dW_0(E)}{dE}\cdot\left(\frac{1}{2}\Delta E\right) = D(E)\cdot\left(\frac{1}{2}\Delta E\right)$$

から

$$W(E, \Delta E) = W_0\left(E + \frac{1}{2}\Delta E\right) - W_0\left(E - \frac{1}{2}\Delta E\right) = D(E)\Delta E$$

となる。

---

このように、範囲を$E-(1/2)\Delta E$から$E+(1/2)\Delta E$としても、範囲を$E$から$E+\Delta E$として求めたものと、同じ結果がえられるのである。実は、考える範囲を$E-\Delta E$から$E$としても、まったく同じ結果となる。

ところで、状態密度の意味は、積分表示によって、より明確となる。つまり、0 から $E$ までの範囲にある状態数 $W_0(E)$ が $E$ の関数とみなすと

$$W_0(E) = \int_0^E D(E)\,dE$$

と与えられるからである。さらに

$$W(E, \Delta E) = W_0(E + \Delta E) - W_0(E) = \int_E^{E+\Delta E} D(E)\,dE$$

という関係にある。ここで、エネルギー $E$ と状態密度 $D(E)$のグラフは図 6-8 のようになる。この図で、$W_0(E)$ は 0 から $E$ まで $D(E)$を積分したもの、つまり、グラフ $D(E)$の 0 から $E$ までの面積となり、$E$ 以下の単位胞の総数に相当する。

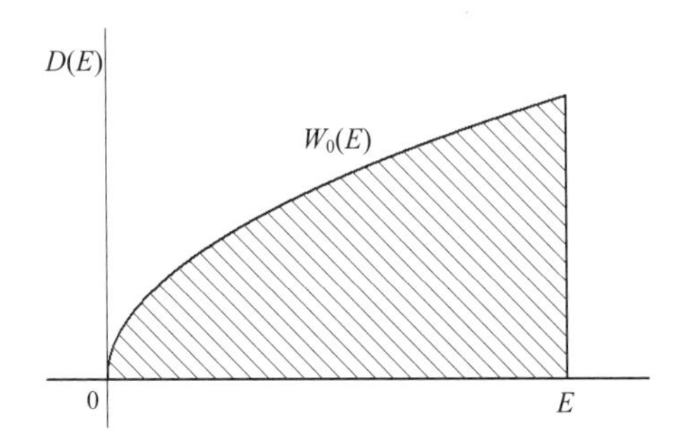


**図 6-8** エネルギー$E$ とエネルギー状態密度 $D(E)$の関係

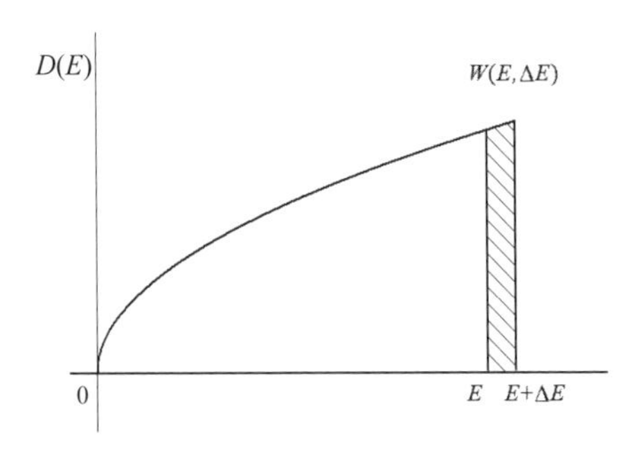


**図 6-9** エネルギー$E$ の近傍の $E$ から $E+\Delta E$ の範囲にある状態数 $W(E, \Delta E)$は図の射影部に対応し、$D(E)\Delta E$ によって与えられる。

一方、図 6-9 の射影を施した領域の面積 $D(E)\Delta E$ が、エネルギーが $E$ から $E+\Delta E$

の範囲にある状態数 $W(E, \Delta E)$となる。

ただし、これらは、ミクロ粒子が占有できる部屋の数であり、これだけある部屋に $N$ 個の粒子を配置していったときの状態数 $W$ が、われわれの求めるものとなる。

## 6. 6.　$N$ 個の粒子の状態数

以上の考察で、最大エネルギーが与えられたときのエネルギー状態の総数（粒子の入ることのできる部屋の数）$W_0(E)$ や、あるエネルギー $E$ の近傍にあるエネルギー状態数 $W(E, \Delta E)$ を求めることができるようになった。

ただし、われわれがエントロピーを計算するために求めたい状態数 $W$ は、実際には、$N$ 個の粒子を、総エネルギー $E$ が $U$ という条件下で、これらエネルギー状態（部屋）に配する場合の数である。

ここで、エネルギーが3準位と、粒子3個の系を思い出してみよう。この系ではミクロ粒子の占有できる部屋が3個の場合に相当し、状態数は $3^3$ 個であった。そして、粒子数が $N$ 個の場合には、$3^N$ 個の状態数がえられるのであった。つまり、部屋の数がわかれば、それを $N$ 乗すれば、求める状態数 $W$ がえられることになる。これは状態密度 $D$ にも同様のことが適用でき、そのエネルギー依存性を示すと、図 6-10 のようになる。

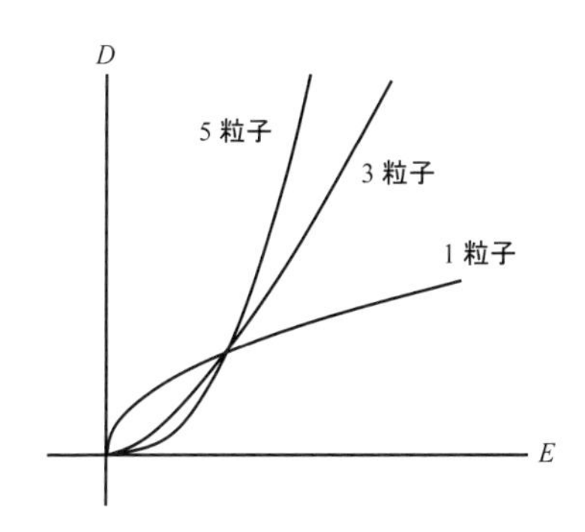


**図 6-10**　状態密度のエネルギー依存性。1粒子では $E^{1/2}$ であるが、粒子数が増えると、べきが 3/2, 5/2 と大きくなり、エネルギーの増加とともに状態数が急激に増加する。

以上を踏まえたうえで、考察を進めていこう。粒子が1個の場合には

$$p_x, p_y, p_z$$

の3変数で、運動状態を記述することができる。粒子が2個の場合には

$$p_{x1}, p_{y1}, p_{z1}, p_{x2}, p_{y2}, p_{z2}$$

のように6個の変数（運動量成分）が必要となる。これら運動量成分は、互いに相関はなく、すべて独立しているので、あえて、座標を描こうとすると、6次元座標が必要となる。

そして、粒子が$N$個の場合には、その運動を記述するためには

$$p_{x1}, p_{y1}, p_{z1}, p_{x2}, p_{y2}, p_{z2}, \cdots\cdots, p_{xN}, p_{yN}, p_{zN}$$

のように$3N$個の変数が必要となり、この場合も、すべての変数は独立しているので、座標としては、$3N$次元座標が必要となる。

もちろん、このような多次元座標を頭の中で描くのは、不可能である。よって、2次元や3次元座標を参考にしながら、多次元になったらどうなるかという視点で考察を進めていくしかない。さて、運動量空間の状態密度（単位体積あたりの単位胞の数）は

$$D_p = \frac{1}{a^3} = \frac{8L^3}{h^3} = \frac{8V}{h^3}$$

であった。ただし、これは、1個の粒子を配することのできる部屋の密度と考えられる。2個の粒子の場合には、1個の粒子の部屋を決めたうえで、2個めの粒子を配することのできる部屋の数は$D_p$通りある。結局、2個の粒子の状態数は、それぞれのかけ算となり$D_p{}^2$となる。とすれば、$N$個の粒子の場合の状態数は

$$D_p^N = \left(\frac{8V}{h^3}\right)^N$$

となるはずである。運動量空間の$N$粒子に対応したエネルギー状態密度は、運動量の1/8であることを思い出すと

$$D_E^N = \left(\frac{V}{h^3}\right)^N$$

と修正される。つぎに、運動量空間の球の体積を求めてみよう。最大エネルギーが$E$の運動量空間は

$$p_x{}^2 + p_y{}^2 + p_z{}^2 \leq 2mE$$

という3次元の球内にあり、この体積に状態密度を乗じたものが、状態数であっ

た。これが2個の粒子の場合には

$$p_{x1}^{\ 2} + p_{y1}^{\ 2} + p_{z1}^{\ 2} + p_{x2}^{\ 2} + p_{y2}^{\ 2} + p_{z2}^{\ 2} \leq 2mE$$

となり、あえていえば、6次元の球の体積となる。そして、$N$個の場合には

$$p_{x1}^{\ 2} + p_{y1}^{\ 2} + p_{z1}^{\ 2} + p_{x2}^{\ 2} + p_{y2}^{\ 2} + p_{z2}^{\ 2} + \cdots + p_{xN}^{\ 2} + p_{yN}^{\ 2} + p_{zN}^{\ 2} \leq 2mE$$

のように、$3N$次元の球の体積となる。ここで

$$\frac{p_{x1}^{\ 2} + p_{y1}^{\ 2} + p_{z1}^{\ 2}}{2m} + \frac{p_{x2}^{\ 2} + p_{y2}^{\ 2} + p_{z2}^{\ 2}}{2m} + \cdots + \frac{p_{xN}^{\ 2} + p_{yN}^{\ 2} + p_{zN}^{\ 2}}{2m} = E$$

という関係にあるので、$E$ は $N$ 個の粒子のエネルギーの総和に相当する。つまり、これが内部エネルギーとなり、$E=U$ となる。

ミクロカノニカルの手法では､内部エネルギー$U$が与えられたときのエントロピー$S$を求めることをひとつの目標としている。

実は、半径 $R$ の $n$ 次元球の体積は数学的に求められており、つぎのように与えられる（補遺5参照）。

$$S^{n} = \frac{2\pi^{\frac{n}{2}}}{n \cdot \Gamma\left(\frac{n}{2}\right)} R^{n}$$

ただし､分母は補遺3で紹介した**ガンマ関数**(Gamma function; Γ function) である。

したがって、$3N$次元球の体積は $n = 3N,\ \ R = \sqrt{2mE}$ であるから

$$S^{3N} = \frac{2\pi^{\frac{3N}{2}}}{3N \cdot \Gamma\left(\frac{3N}{2}\right)} (2mE)^{\frac{3N}{2}}$$

と与えられる。この表記は、すでに運動量ではなく、エネルギー$E$の関数となっている。

**演習6-9**　ミクロカノニカル集団とみなせる粒子数が$N$個の理想気体の系において、エネルギーが0から $E$ の範囲にある状態数を求めよ。

**解）** 状態数は、（状態密度）×（空間の体積）であるので、運動量の $3N$ 次元

球の体積 $S^{3N}$ に運動量空間の $N$ 粒子のエネルギー状態密度 $D_E^N$ を乗じて

$$W_0^{\ N}(E) = S^{3N} D_E^N = \frac{2\pi^{\frac{3N}{2}}}{3N \cdot \Gamma\left(\frac{3N}{2}\right)} (2mE)^{\frac{3N}{2}} \cdot \left(\frac{V}{h^3}\right)^N$$

整理すると

$$W_0^{\ N}(E) = \frac{2(2m\pi)^{\frac{3N}{2}} \cdot V^N}{3Nh^{3N} \cdot \Gamma\left(\frac{3N}{2}\right)} E^{\frac{3N}{2}}$$

と与えられる。

---

これが $N$ 粒子系において、エネルギーが 0 から $E$ までの範囲にある状態の総数である。

## 6. 7. エントロピー

ところで、今求めた $W_0^N(E)$は、エネルギーが 0 から $E$ のなかに含まれる $N$ 粒子の状態数である。エントロピー計算において必要なのは、内部エネルギーが $E$ 近傍、すなわち $E$ と $E+\Delta E$（あるいは $E-(1/2)\Delta E$ から $E+(1/2)\Delta E$）の範囲にある状態の数: $W^N(E,\Delta E)$ のほうである。これを求める必要がある。

まず、エネルギー$E$ に関する $N$ 粒子の状態密度は

$$D^N(E) = \frac{dW_0^{\ N}(E)}{dE} = \frac{2(2m\pi)^{\frac{3N}{2}} \cdot V^N}{3Nh^{3N} \cdot \Gamma\left(\frac{3N}{2}\right)} \cdot \frac{3N}{2} E^{\frac{3N}{2}-1} = \frac{(2m\pi)^{\frac{3N}{2}} \cdot V^N}{h^{3N} \cdot \Gamma\left(\frac{3N}{2}\right)} E^{\frac{3N}{2}-1}$$

となる。$D_E^N$ は運動量空間で均一であるが、$D^N(E)$ はエネルギー依存性を有することに注意されたい。すると

$$W^N(E,\Delta E) = W_0^{\ N}(E+\Delta E) - W_0^{\ N}(E) = D^N(E)\Delta E = \frac{(2m\pi)^{\frac{3N}{2}} \cdot V^N}{h^{3N} \cdot \Gamma\left(\frac{3N}{2}\right)} E^{\frac{3N}{2}-1} \cdot \Delta E$$

$$= \left(\frac{2m\pi}{h^2}\right)^{\frac{3N}{2}} \cdot V^N \cdot \frac{\Delta E}{\Gamma\left(\frac{3N}{2}\right)} E^{\frac{3N}{2}-1}$$

と与えられる。

> **演習 6-10**　状態数 $W^N(E,\Delta E)$ の自然対数を求めよ。ただし、ガンマ関数の定義として $\Gamma(n)=(n-1)!$ を利用せよ。

**解）**　ガンマ関数の定義から

$$W^N(E,\Delta E)=\left(\frac{2m\pi}{h^2}\right)^{\frac{3N}{2}}\cdot V^N\cdot\frac{\Delta E}{\left(\frac{3N}{2}-1\right)!}E^{\frac{3N}{2}-1}$$

したがって

$$\ln W^N(E,\Delta E)=\frac{3N}{2}\ln\left(\frac{2m\pi}{h^2}\right)+N\ln V+\ln\Delta E-\ln\left(\frac{3N}{2}-1\right)!+\left(\frac{3N}{2}-1\right)\ln E$$

となる。スターリング近似を使うと

$$\ln\left(\frac{3N}{2}-1\right)!\cong\left(\frac{3N}{2}-1\right)\ln\left(\frac{3N}{2}-1\right)-\left(\frac{3N}{2}-1\right)$$

となるが、$3N/2>>1$ であるから、1 は無視してよいとする。すると

$$\ln\left(\frac{3N}{2}-1\right)!\cong\frac{3N}{2}\ln\left(\frac{3N}{2}\right)-\frac{3N}{2}$$

となり

$$\ln W^N(E,\Delta E)\cong\frac{3N}{2}\ln\left(\frac{2m\pi}{h^2}\right)+N\ln V+\ln\Delta E-\frac{3N}{2}\ln\left(\frac{3N}{2}\right)+\frac{3N}{2}+\frac{3N}{2}\ln E$$

とできる。さらに $\ln\Delta E$ の項も無視できるので

$$\ln W^N(E,\Delta E)\cong\frac{3N}{2}\ln\left(\frac{4m\pi}{3h^2}\frac{E}{N}\right)+N\ln V+\frac{3N}{2}$$

と整理できる。

---

ところで、上記の計算では、$\Delta E$ を仮定しながら、結局、無視している。それならば $\Delta E=0$ としてもよいのではないだろうか。実は、それはできない。なぜなら $\Delta E=0$ のとき $\ln\Delta E$ が $-\infty$ となって、逆に、無視できなくなるからである。

それでは、内部エネルギー $E$（程度）の系のエントロピー $S(E)$ を求めてみよ

う。それは

$$S(E) = k_B \ln W^N(E, \Delta E) = k_B N \left\{ \frac{3}{2} \ln\left( \frac{4m\pi}{3h^2} \frac{E}{N} \right) + \ln V + \frac{3}{2} \right\}$$

と与えられる。ただし、実際には、$V, N$ も変数として含んでいるので、本来

$$S = S(E, V, N)$$

であるが、ここでは、体積 $V$ が一定、粒子数 $N$ も一定として、内部エネルギー $E$ の関数としてのエントロピーを考えている。

**演習 6-11**　体積が $V$ の容器に閉じ込められた粒子数が $N$ であり、内部エネルギーが $E$ のミクロカノニカル集団の理想気体の温度 $T$ を求めよ。

**解)**　エントロピーが $E$ の関数として求められれば

$$\frac{\partial S(E, V, N)}{\partial E} = \frac{1}{T}$$

によって、温度 $T$ は与えられる。いまは、$V, N$ は一定としているので、$S$ は $E$ のみの関数として

$$S(E) = k_B N \left\{ \frac{3}{2} \ln\left( \frac{4m\pi}{3h^2} \frac{1}{N} \right) + \frac{3}{2} \ln E + \ln V + \frac{3}{2} \right\}$$

のように変形できるので

$$\frac{dS(E)}{dE} = \frac{3}{2} k_B N \cdot \frac{1}{E} = \frac{1}{T} \quad \text{となり} \quad T = \frac{2E}{3Nk_B}$$

と与えられる。

---

ところで、いま求めた式を変形すると $E = \frac{3}{2} N k_B T$ という関係がえられる。

これは、熱力学でえられている結果であり、$N$ がアボガドロ数の場合 $E = \frac{3}{2} RT$ となるが、これは 1[mol]の理想気体の内部エネルギーに相当する。このように、統計力学では、ミクロな状態を統計的に処理することによって、マクロな熱力学関数でえられている結果を導出することが目的である。

## 6.8.　エントロピーの示量性

第2章で紹介したように、熱力学関数は、**示強性** (intensive property) を示すものと**示量性** (extensive property) を示すものに分類できる。示量性とは、系の量が2倍になれば、その値も2倍になることを指す。示強性とは、系の量を増やしても、値が変わらない性質を指す。

エントロピーは示量変数である。ここでは、エントロピーの定義式

$$S = k_B \ln W$$

から示量性を考察してみよう。いま、状態数が $W_1$ と $W_2$ の2個の系があるとする。すると、それぞれの系のエントロピーは

$$S_1 = k_B \ln W_1 \qquad\qquad S_2 = k_B \ln W_2$$

と与えられる。これら系を加えたとき、どうなるだろうか。系1の状態ひとつに対して、系2は $W_2$ 通りの状態をとることができる。したがって、新たな系の状態数 $W$ は $W = W_1 \times W_2$ と与えられることになり、結合系のエントロピー$S$ は

$$S = k_B \ln W = k_B \ln W_1 W_2 = k_B \ln W_1 + k_B \ln W_2 = S_1 + S_2$$

となる。そして、状態数が $W_1$ と同じ2個の系を一緒にした場合には

$$S = k_B \ln W = k_B \ln W_1^{\,2} = 2k_B \ln W_1 = 2S_1$$

となり、示量性を示すことがわかる。ここで、あらためて、内部エネルギーが $E$（程度）で $N$ 粒子系のエントロピーを見つめなおしてみよう。それは

$$S(E,V,N) = k_B N\left\{\frac{3}{2}\ln\left(\frac{4m\pi}{3h^2}\frac{E}{N}\right) + \ln V + \frac{3}{2}\right\}$$

となっている。ここで、右辺に $N$ があるので、これで示量性は担保されている。それではカッコの中を見てみよう。まず、最初の項に $E/N$ が入っているが、こちらは示量変数を示量変数で除しているので、いわば示量性に関する無次元のようなもので、全体の示量性には影響を与えない。

問題は、第2項の $\ln V$ である。$V$ は示量変数であり、右辺において、$N$ の項で示量性は、すでに含まれているので、$\ln V$ が余計な成分となって、全体の整合性を失わせているのである。

それでは、何が問題なのであろうか。いままでの考察では、$N$ 個の粒子は、すべて区別することが可能ということを前提に論を進めてきた。しかし、気体分子

を1個1個区別することができるのであろうか。

もともと、状態数を考える出発点として、量子力学の考えを導入した。そして、状態数が量子化されるのは、ミクロ粒子の波動性を反映したものであった。実は、量子力学では、この波動性のために、ミクロ粒子を1個1個区別することはできないとされているのである。これを不可弁別性と呼んでいる。

したがって、状態数を計算するときに、$N$個の粒子を並べる場合の数である$N!$だけ、余計にカウントしていることになる。

---

**演習 6-12** $N$個の粒子からなる系において、粒子が区別できない場合の状態数 $\ln W^N(E,\Delta E)$ を求めよ。

---

**解）** $N$個の粒子が区別できるものとしてえた解を、単に$N!$で除せばよい。

したがって $W^N(E,\Delta E) = \dfrac{1}{N!}\cdot\left(\dfrac{2m\pi}{h^2}\right)^{\frac{3N}{2}}\cdot V^N\cdot\dfrac{\Delta E}{\left(\dfrac{3N}{2}-1\right)!}E^{\frac{3N}{2}-1}$ となる。スターリング近似 $\ln N! = N\ln N - N$ を使えば

$$\ln W^N(E,\Delta E) \cong \frac{3N}{2}\ln\left(\frac{4m\pi}{3h^2}\frac{E}{N}\right) + N\ln V + \frac{3N}{2} - (N\ln N - N)$$

$$= \frac{3N}{2}\ln\left(\frac{4m\pi}{3h^2}\frac{E}{N}\right) + N\ln\left(\frac{V}{N}\right) + \frac{5N}{2}$$

となるので、粒子の区別ができない$N$個の粒子からなる系のエントロピーは

$$S(E,V,N) = k_B N\left\{\frac{3}{2}\ln\left(\frac{4m\pi}{3h^2}\frac{E}{N}\right) + \ln\left(\frac{V}{N}\right) + \frac{5}{2}\right\}$$

となる。

---

この式を見ると、問題となった$\ln V$の項が$\ln(V/N)$へと修正されている。この結果、示量変数である$V$が示量変数である$N$で除され、無次元となるので、示量性という観点からも、式の整合性がとれることになる。

したがって、統計力学では、この表式をエントロピーとして採用している。このような修正を加えても

$$\frac{\partial S(E,V,N)}{\partial E} = \frac{3}{2}k_B N \cdot \frac{1}{E} = \frac{1}{T} \quad から \qquad E = \frac{3}{2}Nk_B T$$

となって、先ほどとまったく同じ関係がえられる。この関係を利用して、$E$から$T$の関数へと変換すると、エントロピーは

$$S(T,V,N) = k_B N\left\{\frac{3}{2}\ln\left(\frac{2m\pi k_B}{h^2}T\right) + \ln\left(\frac{V}{N}\right) + \frac{5}{2}\right\}$$

となる。

**演習 6-13**　いま求めたエントロピー$S$の表式$S(T, V, N)$を利用して、ヘルムホルツの自由エネルギーを求めよ。

**解）**　ヘルムホルツの自由エネルギー$F$は

$$F = E - TS = \frac{3}{2}k_B NT - Tk_B N\left\{\frac{3}{2}\ln\left(\frac{2m\pi k_B}{h^2}T\right) + \ln\left(\frac{V}{N}\right) + \frac{5}{2}\right\}$$

となり、整理すると　$F = -Nk_B T\left\{\frac{3}{2}\ln\left(\frac{2m\pi k_B}{h^2}T\right) + \ln\left(\frac{V}{N}\right) + 1\right\}$ となる。あるいは

$$F = -Nk_B T\left\{\ln\left(\frac{2m\pi k_B}{h^2}T\right)^{\frac{3}{2}} + \ln\left(\frac{V}{N}\right) + \ln e\right\} \quad から$$

$$F = -Nk_B T \cdot \ln\left\{\frac{eV}{N}\left(\frac{2m\pi k_B}{h^2}T\right)^{\frac{3}{2}}\right\} = -Nk_B T \cdot \ln\left\{\frac{eV}{Nh^3}(2\pi mk_B T)^{\frac{3}{2}}\right\}$$

とまとめることもできる。

---

　このように、エントロピーを足がかりにして、他のマクロな熱力学関数を導出することができる。

# 第 7 章　カノニカル集団

前章で紹介したミクロカノニカル集団は、外界から熱的に遮断された容器のなかに閉じ込められた粒子の集団を取り扱うものであった。しかし、実際の系は、外界と接触しており、エネルギーのやりとりをしている。もちろん、より一般には、系の粒子の移動も生じるが、ここでは、粒子の移動はなく、エネルギー（熱）のみが移動できる系を考えてみよう。

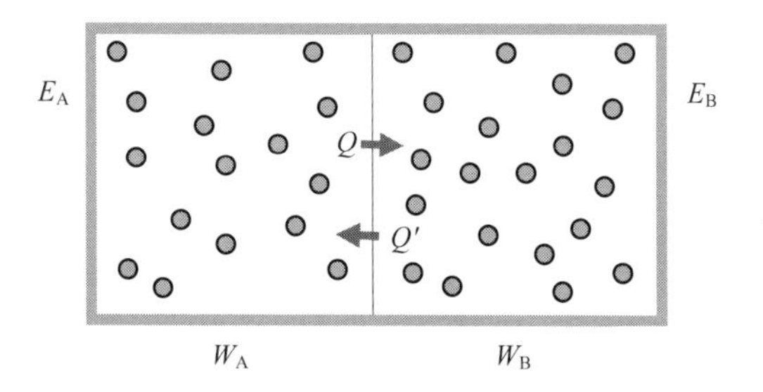


**図 7-1**　2 個の系 A と B があり、粒子のやりとりはないがエネルギー（熱）の移動は可能とする。また、結合系 A+B は、外界から孤立している。よって、結合系 A+B は、ミクロカノニカル集団となる。

## 7. 1.　結合のエントロピー

エネルギー（熱）が移動するケースを考えるために、図 7-1 のように、エネルギーが $E_A$ で、状態数が $W_A$ からなる系と、エネルギーが $E_B$ で、状態数 $W_B$ からなる系を接触させた場合を考えてみる。この接触面では、熱が移動できるものとする。まず、接触前の、それぞれの系のエントロピーは

$$S_A = k_B \ln W_A \qquad S_B = k_B \ln W_B$$

となる。

ここで、これら2つの系を合わせた結合系 A+B では、内部エネルギー$E$が一定であり、外界とのエネルギーのやりとりのないもの、すなわち孤立系としよう。つまり、系 A と系 B の間では、エネルギーのやりとりはあるが、ふたつの結合系は外界から孤立しているミクロカノニカル集団とみなすのである。すると

$$E = E_{\mathrm{A}} + E_{\mathrm{B}}$$

となり、この$E$は一定となる。

つぎに結合系の状態数$W_{\mathrm{A+B}}$を考えてみよう。簡単な例として、A の状態数が3個で、B の状態数が4個としてみる。すると、A のひとつの状態に対して、B は4通りの状態が考えられるので、A と B の2つの系を統合した系の状態の総数は$3 \times 4 = 12$ 通りとなる。

よって、A の状態数が$W_{\mathrm{A}}$個で、B の状態数が$W_{\mathrm{B}}$個の場合に、これら系を統合した系での状態数は

$$W_{\mathrm{A+B}} = W_{\mathrm{A}} W_{\mathrm{B}}$$

となる。したがって、結合系のエントロピーは

$$S_{\mathrm{A+B}} = k_B \ln W_{\mathrm{A+B}} = k_B \ln W_{\mathrm{A}} W_{\mathrm{B}} = k_B \ln W_{\mathrm{A}} + k_B \ln W_{\mathrm{B}} = S_{\mathrm{A}} + S_{\mathrm{B}}$$

と与えられる。結局、ふたつの系のエントロピーを足し合わせたものとなる。これは、すでに紹介したエントロピーの**示量性** (extensive property) に対応している。

ところで、これら系を接触させると、熱の移動が生じるが、最後には、エントロピーは最大となるように変化するはずである。このとき

$$\frac{dS_{\mathrm{A+B}}}{dE_{\mathrm{A}}} = 0 \qquad \left(あるいは \frac{dS_{\mathrm{A+B}}}{dE_{\mathrm{B}}} = 0\right)$$

が平衡状態の条件となる。ここで

$$\frac{dS_{\mathrm{A+B}}}{dE_{\mathrm{A}}} = \frac{dS_{\mathrm{A}}}{dE_{\mathrm{A}}} + \frac{dS_{\mathrm{B}}}{dE_{\mathrm{A}}}$$

となる。さらに、$E = E_{\mathrm{A}} + E_{\mathrm{B}}$ より

$$dE_{\mathrm{A}} + dE_{\mathrm{B}} = 0 \qquad から \qquad dE_{\mathrm{A}} = -dE_{\mathrm{B}}$$

という関係にある。ふたつの系が接触してエネルギーのやり取りをしているが、片方のエネルギーが増えたら、それと同量のエネルギーが片方では減っているという意味である。したがって、平衡状態では

$$\frac{dS_{\mathrm{A+B}}}{dE_{\mathrm{A}}} = \frac{dS_{\mathrm{A}}}{dE_{\mathrm{A}}} + \frac{dS_{\mathrm{B}}}{dE_{\mathrm{A}}} = \frac{dS_{\mathrm{A}}}{dE_{\mathrm{A}}} - \frac{dS_{\mathrm{B}}}{dE_{\mathrm{B}}} = 0$$

から $\dfrac{dS_{\mathrm{A}}}{dE_{\mathrm{A}}} = \dfrac{dS_{\mathrm{B}}}{dE_{\mathrm{B}}}$ となる。エントロピーと温度の関係 $\dfrac{dS}{dE} = \dfrac{1}{T}$ を思い起こすと $T_{\mathrm{A}} = T_{\mathrm{B}}$ となり、平衡状態（結合系のエントロピーが最大となる状態）では、両者の温度が一致することになる。

これは、常識的に考えても当たり前のことであり、温度の異なる物体を接触させれば、高温側から低温側に熱が移動し、平衡状態では、両者の温度が同じになる。

## 7. 2.　分配関数

系 A の内部エネルギーが $E_r$ となる確率 $p_r = p_{\mathrm{A}}(E_r)$ を考えてみよう。このとき、系 B の内部エネルギーは $E - E_r$ となるので $p_{\mathrm{B}}(E - E_r)$ と一致するはずである。つまり

$$p_r = p_{\mathrm{A}}(E_{\mathrm{r}}) = p_{\mathrm{B}}(E - E_{\mathrm{r}})$$

という関係にある。つぎに、系 B の内部エネルギーが $E - E_r$ となる場合の数を $W_{\mathrm{B}}(E - E_r)$ とすると、系 A の内部エネルギーが $E_r$ となる確率は、この場合の数に比例すると考えられる。したがって

$$p_r = p_{\mathrm{B}}(E - E_{\mathrm{r}}) \propto W_{\mathrm{B}}(E - E_r)$$

となるはずである。ここで $S_{\mathrm{B}} = k_B \ln W_{\mathrm{B}}$ という関係から、$W_{\mathrm{B}}$ は

$$W_{\mathrm{B}} = e^{\frac{S_{\mathrm{B}}}{k_B}} = \exp\left(\frac{S_{\mathrm{B}}}{k_B}\right)$$

と与えられ $p_r \propto W_{\mathrm{B}}(E - E_r) = \exp\left(\dfrac{S_{\mathrm{B}}(E - E_r)}{k_B}\right)$ となる。

ここで、$E >> E_r$ という場合を想定しよう。これは、注目している系 A が、それより、はるかにエネルギー容量が大きい**熱浴** (heat bath) と呼ばれる系 B と接触している場合である。熱浴とは、系 A との接触によってエネルギーすなわち温度がほとんど変化しない存在である。

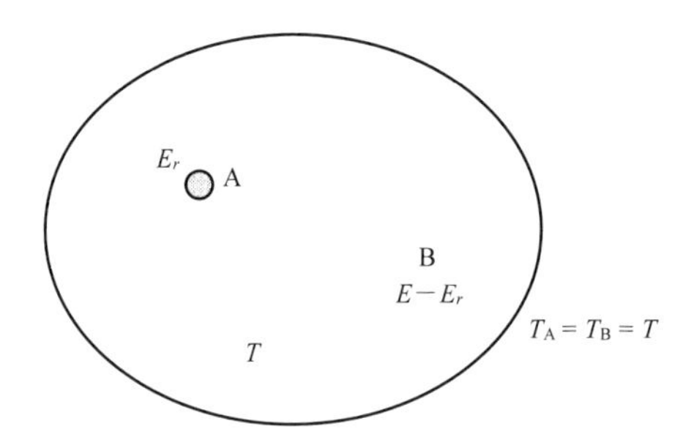


**図 7-2**　はるかに熱容量の大きな熱浴 B に囲まれた領域 A を考える。

例えば、大気中に熱した缶コーヒーを放置した場合を考えてみよう。やがて、缶コーヒーの温度は冷めて、大気と同じ温度となるが、それによって、大気の温度が変化するわけではない。冷やした缶コーヒーでも同じことである。やがて、温度があがり、大気と同じになるが、気温は変化しない。このような場合、大気は熱浴とみなすことができるのである。

これでは、スケールが大きすぎるのであれば、水の入ったプールを考えてもよい。熱した缶コーヒーをプールに浸しても、その水温は変化しないが、缶コーヒーの温度は、やがて、プールの水と同じ温度となる。この場合は、プールを熱浴とみなすことができる。

ところで、これがプールではなく洗面器の水であったらどうだろうか。少しではあるが、水の温度は変化するであろう。よって、この場合は、熱浴とはみなせないということになる。

ここで、微分の定義を思い出すと

$$\lim_{\Delta E \to 0} \frac{S_{\mathrm{B}}(E+\Delta E)-S_{\mathrm{B}}(E)}{\Delta E} = \lim_{\Delta E \to 0} \frac{S_{\mathrm{B}}(E)-S_{\mathrm{B}}(E-\Delta E)}{\Delta E} = \frac{dS_{\mathrm{B}}(E)}{dE}$$

となる。ここで、$E_r$ が $E$ よりはるかに小さく、微小量とみなせるので

$$\frac{S_{\mathrm{B}}(E)-S_{\mathrm{B}}(E-E_r)}{E_r} = \frac{dS_{\mathrm{B}}(E)}{dE}$$

という関係にある。この式を変形すると

$$S_{\mathrm{B}}(E-E_r) = S_{\mathrm{B}}(E) - \frac{dS_{\mathrm{B}}(E)}{dE} E_r$$

となり、したがって

$$p_r \propto \exp\left(\frac{S_{\mathrm{B}}(E-E_r)}{k_B}\right) = \exp\left(\frac{S_{\mathrm{B}}(E)}{k_B} - \frac{dS_{\mathrm{B}}(E)}{dE}\frac{E_r}{k_B}\right)$$

となる。ここで $\dfrac{dS_{\mathrm{B}}(E)}{dE} = \dfrac{1}{T_{\mathrm{B}}}$ であったので

$$p_r \propto \exp\left(\frac{S_{\mathrm{B}}(E)}{k_B}\right)\exp\left(-\frac{E_r}{k_B T_{\mathrm{B}}}\right) = W_{\mathrm{B}}(E)\exp\left(-\frac{E_r}{k_B T_{\mathrm{B}}}\right)$$

となり、結局 $p_r \propto \exp\left(-\dfrac{E_r}{k_B T_{\mathrm{B}}}\right)$ という結果がえられる。つまり、温度 $T_{\mathrm{B}}$ の熱浴に接している系が $E_r$ というエネルギーをとる確率は、ボルツマン因子に比例するのである。

ここで、系 A は系 B と接触して、熱のやりとりをしているので、$E_r$ は一定とならずに、いろいろな値をとりうる。(このような自由度を取り入れるためにカノニカル集団を考えたのであるが)

ただし、温度 $T$ は熱浴と同じである。ここで、$E_r$ として $E_1, E_2, ..., E_n$ のエネルギー状態が存在する場合、それぞれのエネルギー状態となる確率は

$$p_1 \propto \exp\left(-\frac{E_1}{k_B T}\right), \quad p_2 \propto \exp\left(-\frac{E_2}{k_B T}\right), \quad \cdots, \quad p_n \propto \exp\left(-\frac{E_n}{k_B T}\right)$$

と与えられる。これは、温度 $T$ は変わらないが、微視的にみると、系がいろいろなエネルギー状態をとりうることを想定している。

**演習 7-1** 系のエネルギー状態として $E_1, E_2, ..., E_n$ の $n$ 種類を取りうるものとする。このとき、温度 $T$ で系のエネルギーが $E_r$ となる確率が

$$p_r = \frac{1}{Z}\exp\left(-\frac{E_r}{k_B T}\right)$$

と与えられるとき、$Z$ を求めよ。

**解)** 確率の性質から

$$p_1 + p_2 + ... + p_n = 1$$

となる。したがって

$$\frac{1}{Z}\left\{\exp\left(-\frac{E_1}{k_B T}\right)+\exp\left(-\frac{E_2}{k_B T}\right)+...+\exp\left(-\frac{E_n}{k_B T}\right)\right\}=1$$

から

$$Z=\exp\left(-\frac{E_1}{k_B T}\right)+\exp\left(-\frac{E_2}{k_B T}\right)+...+\exp\left(-\frac{E_n}{k_B T}\right)$$

となる。

---

ここで、$Z$ は、前章で紹介した**分配関数** (partition function) である。分配関数 $Z$ は確率の和を1とするための**規格化定数** (normalizing constant) となる。

そして、系のエネルギーが $E_r$ となる確率 $p_r$ が

$$p_r=\frac{1}{Z}\exp\left(-\frac{E_r}{k_B T}\right)$$

と与えられる分布を**カノニカル分布** (canonical distribution) と呼んでいる。正準分布と呼ぶこともある。また、系のエネルギー状態の確率がカノニカル分布で表される粒子の集団のことを**カノニカル集団** (canonical ensemble) あるいは正準集団と呼んでいる。

ところで、結果だけみると、カノニカル分布においても、ボルツマン因子: $\exp(-E/k_B T)$ に応じた分布をしていて、ミクロカノニカル分布と違いはないように思えるがどうであろうか。

そこで、ミクロカノニカル分布 (micro-canonical distribution) とカノニカル分布の違いを整理してみよう。前者では、**等重率の原理** (principle of a priori even probabilities) をもとに、ひとつの微視的状態が生じる確率 $p$ はすべて等しいという前提に立っている。そして、ひたすら系の微視的状態を考え、その総数 $W$ を求める。そのうえで

$$S=k_B \ln W$$

という関係によってエントロピーを導出し、これを足がかりに他の熱力学関数を求めていったのであった。

一方、カノニカル分布では、微視的状態の数 $W$ ではなく、温度 $T$ においてエネルギー$E_r$ を有する状態の出現確率が与えられる。微視的状態をいちいち数え上げるのは、かなりの手間を要するが、エネルギーを考えるのは手間も

かからず、汎用性も高い。さらに第5章のミクロカノニカル分布では

$$p_i = \frac{1}{Z}\exp\left(-\frac{\varepsilon_i}{k_B T}\right)$$

のように、エネルギー準位$\varepsilon_i$にあるミクロ粒子の存在確率を求めたが、カノニカル分布では、系のエネルギー状態（第5章で示したエネルギー和）が$E_r$となる確率を

$$p_r = \frac{1}{Z}\exp\left(-\frac{E_r}{k_B T}\right)$$

としており、同じボルツマン因子であっても、対象とするエネルギーが異なるのである。

それでは、実際に、カノニカル分布を利用して、熱力学関数を求めてみよう。今後の展開では、慣例によって $\beta = 1/k_B T$ と置くこともある。ただし、$\beta$ は**逆温度** (reversed temperature) である。このとき、分配関数と確率は

$$Z = \sum_{r=1}^{n}\exp(-\beta E_r) \qquad p_r = \frac{1}{Z}\exp(-\beta E_r)$$

と表記できる。

それでは、以上をもとに、熱力学関数を求めていこう。まず、内部エネルギー$U = E$を求める。総エネルギーは

$$U = < E > = \sum_{r=1}^{n} p_r E_r$$

のように、系のエネルギー$(E_r)$ にその存在確率 $(p_r)$ を乗じて、すべての和をとったものである。ミクロカノニカル分布の場合は

$$\frac{U}{N} = < \varepsilon > = \sum_{i=1}^{n} p_i \varepsilon_i$$

となっており、同様の計算でも、えられるのは1粒子の平均エネルギーとなる。ふたたび、カノニカル分布に戻ると、内部エネルギー$U$は

$$U = \sum_{r=1}^{n} E_r \left\{\frac{1}{Z}\exp(-\beta E_r)\right\}$$

となる。ここで、分配関数$Z$を$\beta$で微分してみよう。すると

$$\frac{dZ}{d\beta} = -\sum_{r=1}^{n} E_r \exp(-\beta E_r)$$

となるので、内部エネルギー$U$は

$$U=\sum_{r=1}^{n}E_r\frac{1}{Z}\exp(-\beta E_r)=-\frac{1}{Z}\frac{dZ}{d\beta}$$

と与えられる。さらに $\dfrac{dZ}{Z}=d(\ln Z)$ という関係を思い出すと$U=-\dfrac{d}{d\beta}(\ln Z)$ という結果がえられる。

そして、カノニカル分布の手法においては、分配関数が主役を演じる。なぜなら、ミクロカノニカル分布の主役は、状態数$W$であったが、カノニカル分布の主役はエネルギー状態 $E_r$ である。そして、とりうる $E_r$ をすべて含んだ分配関数

$$Z=\exp\left(-\frac{E_1}{k_BT}\right)+\exp\left(-\frac{E_2}{k_BT}\right)+...+\exp\left(-\frac{E_n}{k_BT}\right)$$

が基本となるのである。そして、分配関数をいかに求めるかが、カノニカル分布の主題となる。

実は、$Z$の中には、系がとりうる全てのエネルギー状態 $E_r$ と平衡状態における系の温度 $T$ の情報が入っている。したがって、$Z$をうまく操作すれば、系の状態に関する情報がえられることになる。例えば、分配関数

$$Z=\exp(-\beta E_1)+\exp(-\beta E_2)+...+\exp(-\beta E_n)$$

を$\beta$で偏微分すれば

$$\frac{\partial Z}{\partial\beta}=-E_1\exp(-\beta E_1)-E_2\exp(-\beta E_2)-...-E_n\exp(-\beta E_n)$$

となり、exp の中に隠れていた系のとりうるエネルギー状態の $E_1, E_2, ..., E_n$ を、外に取り出すことができる。

ところで、内部エネルギー$U$ が、逆温度$\beta$の関数では不便と思われる方もいるであろう。その場合には、温度 $T$ の関数に変換すればよいだけである。

このとき $\beta=\dfrac{1}{k_BT}$ から $d\beta=-\dfrac{1}{k_BT^2}dT$ として

$$U=k_BT^2\frac{d}{dT}(\ln Z)\quad あるいは\quad \frac{d}{dT}(\ln Z)=\frac{U}{k_BT^2}$$

と与えられる。この関係を、うまく利用すると、ヘルムホルツ自由エネルギー$F$と分配関数$Z$の関係もえられる。

**演習 7-2**　ギブス･ヘルムホルツの式

$$\frac{d}{dT}\left(\frac{F}{T}\right) = -\frac{U}{T^2}$$

を利用して、ヘルムホルツの自由エネルギーを分配関数で示せ。

**解）**　分配関数の自然対数の温度微分である $\dfrac{d}{dT}(\ln Z) = \dfrac{U}{k_B T^2}$ と、ギブス･ヘルムホルツの式を比較すると $\dfrac{F}{T} = -k_B \ln Z$ という関係にあることがわかる。したがって、ヘルムホルツの自由エネルギーは、分配関数 $Z$ を使うと $F = -k_B T \ln Z$ と与えられる。

---

このように、自由エネルギー$F$ が、分配関数 $Z$ によって、いとも簡単に与えられるのである。

## 7. 3.　3 粒子系のカノニカル分布

それでは､カノニカル分布を 3 粒子からなる系へ応用してみよう。ただし、簡単化のために、エネルギー準位としては、$\varepsilon_1 = u$ と $\varepsilon_2 = 2u$ の 2 準位を考える。すると、3 個の粒子のとりうる状態は $2^3 = 8$ となるが、状態のいくつかは、同じエネルギーとなるため、系がとりうるエネルギー$E_r$ は、$E_1 = 3u$, $E_2 = 4u$, $E_3 = 5u$, $E_4 = 6u$ の 4 種類となる。図 7-3 に、それぞれのエネルギー$E_r$ に対応した微視的状態を示す。

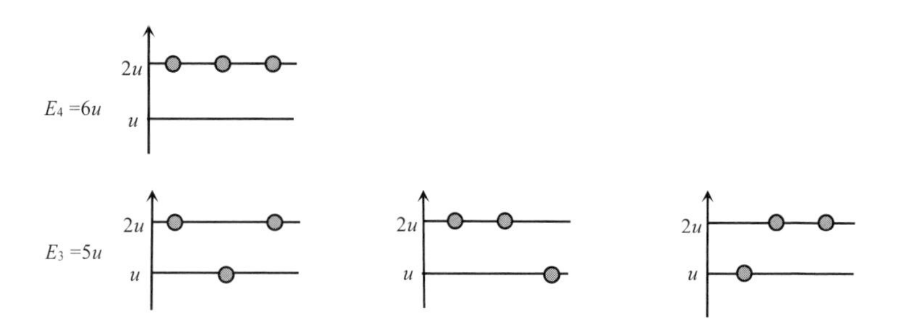

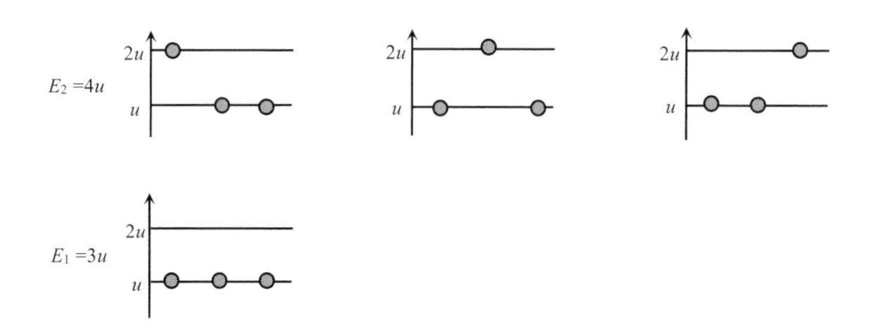


**図 7-3**　系のエネルギー $E_r = 3u, 4u, 5u, 6u$ に対応した 2 準位 3 粒子系の 8 個の微視的状態。 $E_2 = 4u$ と $E_3 = 5u$ には 3 個の微視的状態がある。

ところで、エネルギー状態が 4 個であるので、カノニカル分布の手法において、この系の分配関数は

$$Z = \exp\left(-\frac{E_1}{k_B T}\right) + \exp\left(-\frac{E_2}{k_B T}\right) + \exp\left(-\frac{E_3}{k_B T}\right) + \exp\left(-\frac{E_4}{k_B T}\right)$$
$$= \exp\left(-\frac{3u}{k_B T}\right) + \exp\left(-\frac{4u}{k_B T}\right) + \exp\left(-\frac{5u}{k_B T}\right) + \exp\left(-\frac{6u}{k_B T}\right)$$

としてよいのであろうか。

実は、ここで、注意する点がある。それは、$E_2 = 4u$ に対応した微視的状態が 3 個あるという事実である。さらに、$E_3 = 5u$ に対応した微視的状態も 3 個ある。よって、この場合の分配関数は

$$Z = \exp\left(-\frac{3u}{k_B T}\right) + \exp\left(-\frac{4u}{k_B T}\right) + \exp\left(-\frac{4u}{k_B T}\right) + \exp\left(-\frac{4u}{k_B T}\right)$$
$$+ \exp\left(-\frac{5u}{k_B T}\right) + \exp\left(-\frac{5u}{k_B T}\right) + \exp\left(-\frac{5u}{k_B T}\right) + \exp\left(-\frac{6u}{k_B T}\right)$$

としなければならない。したがって

$$Z = \exp\left(-\frac{3u}{k_B T}\right) + 3\exp\left(-\frac{4u}{k_B T}\right) + 3\exp\left(-\frac{5u}{k_B T}\right) + \exp\left(-\frac{6u}{k_B T}\right)$$

が、正しい分配関数となる。この係数は、**縮重度** (degree of degeneracy) と呼ばれている。縮重に関しては、次節で説明する。

逆温度 $\beta = 1/k_B T$ を使うと、分配関数は

$$Z = \exp(-3\beta u) + 3\exp(-4\beta u) + 3\exp(-5\beta u) + \exp(-6\beta u)$$

となる。

**演習** 7-3　前節で導出した$U=-\frac{1}{Z}\frac{\partial Z}{\partial \beta}$という関係を用いて、エネルギー準位が$\varepsilon_1 = u$ と$\varepsilon_2 = 2u$ の 2 個で、3 個の粒子からなる系の内部エネルギー$U$を求めよ。

**解**）　この系の分配関数

$$Z=\exp(-3\beta u)+3\exp(-4\beta u)+3\exp(-5\beta u)+\exp(-6\beta u)$$

を$\beta$で偏微分すると

$$\frac{\partial Z}{\partial \beta}=-3u\exp(-3\beta u)-12u\exp(-4\beta u)-15u\exp(-5\beta u)-6u\exp(-6\beta u)$$

から　$U=-\frac{\partial \ln Z}{\partial \beta}=-\frac{1}{Z}\frac{\partial Z}{\partial \beta}$

$$=\frac{3u\exp(-3\beta u)+12u\exp(-4\beta u)+15u\exp(-5\beta u)+6u\exp(-6\beta u)}{\exp(-3\beta u)+3\exp(-4\beta u)+3\exp(-5\beta u)+\exp(-6\beta u)}$$

となる。

---

ここで、$u = 1/\beta = k_B T$ 程度とすると

$$U=\frac{3\exp(-3)+12\exp(-4)+15\exp(-5)+6\exp(-6)}{\exp(-3)+3\exp(-4)+3\exp(-5)+\exp(-6)}k_B T$$

から、$e = 2.71828...$ として

$$U=\frac{3e^3+12e^2+15e+6}{e^3+3e^2+3e+1}k_B T \cong 3.8k_B T$$

となり、内部エネルギーが計算できることになる。

ここで、熱浴に接した系では、温度 $T$ は熱欲と同じであるが、系の微視的状態は、図 7-2 に示した状態間を常に行き来していると考えられる。例えば、気体分子の運動を考えると、1 個の粒子が常に同じ速度で動いているわけではなく、いろいろなエネルギー状態をとりながら、全体としては（あるいは平均として)、温度が $T$ となるような状態を維持していると考えられる。これをゆらぎと呼んでいる。

**演習 7-4**　ミクロ粒子のエネルギー準位が $\varepsilon_1 = u,\ \varepsilon_2 = 2u,\ \varepsilon_3 = 3u$ の3準位で3個の粒子からなる系の分配関数を求めよ。

**解）** もっともエネルギーが高いのは、すべての粒子のエネルギー準位が最高の $\varepsilon_3 = 3u$ の場合でエネルギー状態は $E_r = 9u$ となる。一方、もっとも低いのは、すべての粒子のエネルギー準位が最低準位の $\varepsilon_1 = u$ にある場合で $E_r = 3u$ となる。

そして、3粒子系のとりうるエネルギー状態は $E_1 = 3u,\ E_2 = 4u,\ E_3 = 5u,\ E_4 = 6u,\ E_5 = 7u,\ E_6 = 8u,\ E_7 = 9u$ の7種類となる。ここで、それぞれのエネルギー状態に対応した微視的状態の数は、1, 3, 6, 7, 6, 3, 1 個である。したがって、分配関数 $Z$ は

$$Z = \exp\left(-\frac{E_1}{k_BT}\right) + 3\exp\left(-\frac{E_2}{k_BT}\right) + 6\exp\left(-\frac{E_3}{k_BT}\right) + 7\exp\left(-\frac{E_4}{k_BT}\right)$$
$$+ 6\exp\left(-\frac{E_5}{k_BT}\right) + 3\exp\left(-\frac{E_6}{k_BT}\right) + \exp\left(-\frac{E_7}{k_BT}\right)$$
$$= \exp\left(-\frac{3u}{k_BT}\right) + 3\exp\left(-\frac{4u}{k_BT}\right) + 6\exp\left(-\frac{5u}{k_BT}\right) + 7\exp\left(-\frac{6u}{k_BT}\right)$$
$$+ 6\exp\left(-\frac{7u}{k_BT}\right) + 3\exp\left(-\frac{8u}{k_BT}\right) + \exp\left(-\frac{9u}{k_BT}\right)$$

となる。

---

この場合も、$u = k_BT$ とすると

$$Z = \exp(-3) + 3\exp(-4) + 6\exp(-5) + 7\exp(-6) + 6\exp(-7) + 3\exp(-8) + \exp(-9)$$

のように、分配関数の具体的な値を求めることができる。

## 7.4.　縮重度

エネルギーが $\varepsilon_1 = u,\ \varepsilon_2 = 2u,\ \varepsilon_3 = 3u$ の3準位で3個の粒子からなる系の分配関数は

$$Z = \exp\left(-\frac{3u}{k_B T}\right) + 3\exp\left(-\frac{4u}{k_B T}\right) + 6\exp\left(-\frac{5u}{k_B T}\right) + 7\exp\left(-\frac{6u}{k_B T}\right)$$
$$+ 6\exp\left(-\frac{7u}{k_B T}\right) + 3\exp\left(-\frac{8u}{k_B T}\right) + \exp\left(-\frac{9u}{k_B T}\right)$$

と与えられる。ところで、エネルギー$E_2 = 4u$ の項には係数 3 が、エネルギー$E_3 = 5u$ の項には係数 6 が付いている。これら係数は $E_2 = 4u$ となるエネルギーに対応した微視的状態が 3 個、$E_3 = 5u$ となるエネルギーに対応した微視的状態が 6 個あるということを示している。

つまり、同じエネルギー状態に複数の状態が重なっていることを意味し、**縮重** (degeneracy) と呼ばれる。また、これら数値を縮重度 (degree of degeneracy) と呼んでいる。これは、エネルギー$E_r$にある微視的状態の数 $W(E_r)$ に対応することも明らかであろう。つまり、$W(E_r)$ がわかっていれば、分配関数は

$$Z = \sum_{r=1}^{m} W(E_r)\exp(-\beta E_r)$$

と書くことができるのである。ただし、$m$ は、系がとりうるエネルギー状態の数となる。例えば、2 準位、3 粒子系の場合は、4 種類のエネルギー状態があるので $Z = \sum_{r=1}^{4} W(E_r)\exp(-\beta E_r)$ となる。

**演習 7-5** エネルギー準位が$\varepsilon_1 = u$ と$\varepsilon_2 = 2u$ の 2 準位であり、3 個の粒子からなる系における縮重度を求めよ。

**解）** 系のとりうるエネルギー状態は $E_1 = 3u$, $E_2 = 4u$, $E_3 = 5u$, $E_4 = 6u$ の 4 種類となる。系の分配関数は

$$Z = \sum_{r=1}^{4} W(E_r)\exp(-\beta E_r)$$
$$= W(E_1)\exp(-\beta E_1) + W(E_2)\exp(-\beta E_2) + W(E_3)\exp(-\beta E_3) + W(E_4)\exp(-\beta E_4)$$
$$= \exp(-3\beta u) + 3\exp(-4\beta u) + 3\exp(-5\beta u) + \exp(-6\beta u)$$

となるので、縮重度は

$$W(E_1) = 1,\ W(E_2) = 3,\ W(E_3) = 3,\ W(E_4) = 1$$

となる。

---

3 準位、3 粒子系で、縮重度 (状態数) を使って、分配関数を示すと

$$Z = \sum_{r=1}^{7} W(E_r)\exp(-\beta E_r)$$

となる。一方、系がとりえる微視的状態の総数を使えば $Z = \sum_{r=1}^{27} \exp(-\beta E_r)$ とすることもできる。そして、微視的状態の数を $n$ とすると、分配関数は

$$Z = \sum_{i=1}^{n} \exp(-\beta E_i)$$

と表記することもできる。

## 7. 5.　エネルギーの分散

カノニカル集団では、温度 $T$ は変化しないが、粒子の微視的状態は変化し、よって、エネルギー状態 $E_r$ も常に変化していると考えられる。これは、粒子がランダムに運動していることを反映している。そして、エネルギーの平均が内部エネルギーに相当すると考えられるのである。

このように、粒子の運動を統計的にとらえて、その平均をもって系のエネルギーとするという考えが統計力学の基本である。

例えば、2 準位 3 粒子系では、平均のエネルギーは、$E_1$ から $E_4$ のエネルギーに、出現確率をかけて足せばよいから

$$< E >= p_1E_1 + p_2E_2 + p_3E_3 + p_4E_4$$

となる。これが、いわば、系の内部エネルギー $U$ に相当する。ちなみに $< E >$ は $E$ の平均である。そして、出現確率は、縮重度 $W(E_r)$ を使えば

$$p_1 = \frac{1}{Z}W(E_1)\exp\left(-\frac{E_1}{k_BT}\right),\quad p_2 = \frac{1}{Z}W(E_2)\exp\left(-\frac{E_2}{k_BT}\right),$$

$$p_3 = \frac{1}{Z}W(E_3)\exp\left(-\frac{E_3}{k_BT}\right),\quad p_4 = \frac{1}{Z}W(E_4)\exp\left(-\frac{E_4}{k_BT}\right)$$

となる。

それでは、ゆらぎの程度はどれくらいなのであろうか。統計的には、それ

は**エネルギーの分散** (variance) を調べることで与えられる。ゆらぎの度合いは、それぞれのエネルギーが平均値からどれくらいずれているかに依存する。すなわち

$$E-<E>$$

がずれの度合いに対応する。しかし、これをそのまま足したのでは、平均からのずれには正と負があるので、互いに相殺して 0 となる。そこで

$$(E-<E>)^2$$

のように平方を計算して、和をとり、その平均を使えばよいことになる。これが分散である。したがって、分散は

$$V(E)=p_1(E_1-<E>)^2+p_2(E_2-<E>)^2+p_3(E_3-<E>)^2+p_4(E_4-<E>)^2$$

と与えられる。

**演習 7-6**　エネルギー状態が、$E_1, E_2, E_3, E_4$ の 4 種類からなる系のエネルギー分散 $V(E)$ を求めよ。

**解**）　それぞれの状態の出現確率を $p_1, p_2, p_3, p_4$ とすると、エネルギー分散は

$$V(E)=p_1(E_1-<E>)^2+p_2(E_2-<E>)^2+p_3(E_3-<E>)^2+p_4(E_4-<E>)^2$$

$$=p_1E_1^{\ 2}+p_2E_2^{\ 2}+p_3E_3^{\ 2}+p_4E_4^{\ 2}$$

$$-2p_1E_1<E>-2p_2E_2<E>-2p_3E_3<E>-2p_4E_4<E>$$

$$+p_1<E>^2+p_2<E>^2+p_3<E>^2+p_4<E>^2$$

となるが、整理すると

$$V(E)=p_1E_1^{\ 2}+p_2E_2^{\ 2}+p_3E_3^{\ 2}+p_4E_4^{\ 2}-<E>^2$$

とまとめられる。

---

これを一般の場合に拡張すると

$$V(E)=\sum_{r=1}^{n}p_rE_r^{\ 2}-<E>^2 \quad から \quad V(E)=\frac{1}{Z}\sum_{r=1}^{n}E_r^{\ 2}W(E_r)\exp\left(-\frac{E_r}{k_BT}\right)-<E>^2$$

となる。しかし、このままでは、単位はエネルギーの 2 乗である。エネルギ

ーそのもののゆらぎという観点では、分散の**平方根** (square root) をとる必要があり $\Delta E = \sqrt{V(E)}$ となる。この結果は、温度が $T$ と一定の平衡状態にあっても、エネルギーには、この程度のゆらぎがあるということを示している。統計学では、分散の平方根のことを**標準偏差** (standard deviation) と呼んでいるが、物理学では、**ゆらぎ**(fluctuation) あるいは、**分布の幅** (width of distribution) などと呼ぶのが通例である。

**演習 7-7**　分配関数を $Z = \exp(-\beta E_1) + \exp(-\beta E_2) + ... + \exp(-\beta E_n)$ としたとき、その自然対数の$\beta$に関する 2 階偏微分を求めよ。

**解）**　$\dfrac{\partial^2 \ln Z}{\partial \beta^2} = \dfrac{\partial}{\partial \beta}\left(\dfrac{\partial \ln Z}{\partial \beta}\right) = \dfrac{\partial}{\partial \beta}\left(\dfrac{1}{Z}\dfrac{\partial Z}{\partial \beta}\right)$

であるので

$$\frac{\partial^2 \ln Z}{\partial \beta^2} = \frac{\partial}{\partial \beta}\left(\frac{1}{Z}\frac{\partial Z}{\partial \beta}\right) = -\frac{1}{Z^2}\left(\frac{\partial Z}{\partial \beta}\right)^2 + \frac{1}{Z}\frac{\partial^2 Z}{\partial \beta^2}$$

となる。ここで　$U = \lt E \gt = -\dfrac{\partial \ln Z}{\partial \beta} = -\dfrac{1}{Z}\dfrac{\partial Z}{\partial \beta}$　であり

$$\frac{\partial Z}{\partial \beta} = -E_1 \exp(-\beta E_1) - E_2 \exp(-\beta E_2) - ... - E_n \exp(-\beta E_n)$$

から

$$\frac{\partial^2 Z}{\partial \beta^2} = E_1{}^2 \exp(-\beta E_1) + E_2{}^2 \exp(-\beta E_2) + ... + E_n{}^2 \exp(-\beta E_n)$$

よって

$$\frac{1}{Z}\frac{\partial^2 Z}{\partial \beta^2} = \frac{1}{Z}\sum_{r=1}^{n} E_r{}^2 \exp\left(-\frac{E_r}{k_B T}\right)$$

となる。したがって

$$\frac{\partial^2 \ln Z}{\partial \beta^2} = \frac{1}{Z}\sum_{r=1}^{n} E_r{}^2 \exp\left(-\frac{E_r}{k_B T}\right) - \lt E \gt^2$$

となる。

これは、まさに、先ほど求めたエネルギーの分散となる。そして、その平方根が、ゆらぎの大きさの指標となるのである。さらに

$$\frac{\partial^2 \ln Z}{\partial \beta^2} = \frac{\partial}{\partial \beta}\left(\frac{\partial \ln Z}{\partial \beta}\right) = -\frac{\partial U}{\partial \beta}$$

となるが $\beta = \dfrac{1}{k_B T}$ から $d\beta = -\dfrac{1}{k_B T^2} dT$ として

$$\frac{\partial^2 \ln Z}{\partial \beta^2} = -\frac{\partial U}{\partial \beta} = k_B T^2 \frac{\partial U}{\partial T}$$

という関係にある。ここで**定積熱容量** (heat capacity under constant volume) は $C_V = \left(\dfrac{\partial U}{\partial T}\right)_V$ となるから、結局

$$V(E) = \frac{1}{Z}\sum_{r=1}^{n} E_r^{\ 2} \exp\left(-\frac{E_r}{k_B T}\right) - < E >^2 = C_V k_B T^2$$

となり、系のエネルギーのゆらぎの大きさは

$$\Delta E = \sqrt{C_V k_B T^2} = \sqrt{C_V k_B}\, T$$

となる。このように、熱容量と温度からゆらぎの程度を求めることができるのである。温度 $T$ が高ければ、粒子の運動が活発となるので、それだけ、エネルギーの分布の幅が大きくなることは容易に予想できるであろう。あるいは、系の熱容量は、分配関数を使うと

$$C_V = \frac{1}{k_B T^2}\frac{\partial^2 \ln Z}{\partial \beta^2}$$

と与えられることになる。

**演習 7-8**　ヘルムホルツの自由エネルギー $F$ と分配関数 $Z$ の関係を利用して、エントロピー $S$ を求める表式を導出せよ。

**解）** 自由エネルギー $F$ は $F = U - TS$ と与えられる。よって、エントロピーは $S = \dfrac{U}{T} - \dfrac{F}{T}$ となる。ここで $F = -k_B T \ln Z$ であったので

$S = \dfrac{U}{T} + k_B \ln Z$ となる。さらに $U = -\dfrac{\partial \ln Z}{\partial \beta}$ という関係を使えば

$$S = -\frac{1}{T}\frac{\partial \ln Z}{\partial \beta} + k_B \ln Z = k_B\left(\ln Z - \frac{1}{k_B T}\frac{\partial \ln Z}{\partial \beta}\right)$$

となる。

---

ここで、逆温度$\beta$ではなく、温度 $T$ の関数としたければ

$$\beta = \frac{1}{k_B T} \qquad \text{から} \qquad d\beta = -\frac{1}{k_B T^2} dT$$

と変換して

$$S = k_B\left(\ln Z + T\frac{\partial \ln Z}{\partial T}\right)$$

とすればよい。

**演習** 7-9　ヘルムホルツの自由エネルギー $F = -k_B T \ln Z$ を $T$ に関して偏微分せよ。

**解**）　$$\frac{\partial F}{\partial T} = -k_B \ln Z - k_B T\frac{\partial \ln Z}{\partial T} = -k_B\left(\ln Z + T\frac{\partial \ln Z}{\partial T}\right)$$

となる。

---

いまの演習結果と先ほど求めたエントロピー$S$ の表式をみると

$$S = -\frac{\partial F}{\partial T}$$

という関係にあることがわかる。

ミクロカノニカル集団の手法では、状態数 $W$ を数えて、$S = k_B \ln W$ によりエントロピー$S$ を求め、それをもとに熱力学関数を導出したのであるが、カノニカル集団の手法では、エントロピー$S$ は主役ではなく、分配関数 $Z$ が主役となるのである。

## 7. 6.　連続関数への拡張

さて、これまでは、エネルギーが離散的であるということを前提に話を進めてきているが、前章の運動量空間でも見たように、気体分子のエネルギーは離散的ではなく連続的である。したがって、エネルギーが連続型である場合の分配関数も導出する必要がある。

系がエネルギーとして $E_1, , E_2, ..., E_n$ をとりうる場合、分配関数 $Z$ は

$$Z = \exp\left(-\frac{E_1}{k_B T}\right) + \exp\left(-\frac{E_2}{k_B T}\right) + ... + \exp\left(-\frac{E_n}{k_B T}\right)$$

と与えられる。ここでは、縮重がないものとして議論を進めていく。

しかし、エネルギーが連続である場合には、$E_1$ と $E_2$ の間にもエネルギーは分布している。よって、$\Delta E = (E_2 - E_1)/n$ として

$$Z = \exp\left(-\frac{E_1}{k_B T}\right) + \exp\left(-\frac{E_1 + \Delta E}{k_B T}\right) + \exp\left(-\frac{E_1 + 2\Delta E}{k_B T}\right) + ...$$

$$... + \exp\left(-\frac{E_1 + (n-1)\Delta E}{k_B T}\right) + \exp\left(-\frac{E_2}{k_B T}\right) + ...$$

のように分割し、$\Delta E \to 0$ すなわち $n \to \infty$ の極限をとればよい。これは、まさに**区分求積法** (quadrature by parts) の極限としての**積分** (integral) である。よって、エネルギーが連続している場合の分配関数は

$$Z = \int_0^\infty \exp\left(-\frac{E}{k_B T}\right) dE$$

と与えられることになる。ここで、積分範囲は 0 から∞となる。なぜなら、エネルギーは大きさに制限はなく、0 から∞まで、あらゆる大きさをとる可能性があるからである。

ただし、$\exp(-E/k_B T)$ の項によって、$E$ が大きくなると、急激に値が小さくなるため、大きな $E$ 状態の存在確率は、ほぼ 0 となり、この広義積分は収束するのである。

この表式を採用すると、平均エネルギーは

$$< E > = \frac{1}{Z}\int_0^\infty E \exp\left(-\frac{E}{k_B T}\right) dE$$

という積分によって与えられる。これは、内部エネルギー $U$ に相当する。

**演習 7-10**　質量が $m$ のミクロ粒子が1次元空間を自由に運動しているときの平均エネルギーを求めよ。

**解)**　分配関数を $Z$ とすると、平均エネルギーは

$$< E > = \frac{1}{Z}\int_0^\infty E\exp\left(-\frac{E}{k_B T}\right)dE$$

と与えられる。ここで、この粒子が $x$ 方向のみに運動すると考え、その運動量を $p_x$ とすると　$E = \dfrac{{p_x}^2}{2m}$ となる。このとき、分配関数は

$$Z = \int_{-\infty}^{\infty}\exp\left(-\frac{{p_x}^2}{2mk_B T}\right)dp_x$$

となる。積分範囲が $-\infty$ から $+\infty$ となっているのは、運動量には正負の方向が考えられるからである。これはガウス積分であり

$$\int_{-\infty}^{\infty}\exp\left(-ax^2\right)dx = \sqrt{\frac{\pi}{a}}$$

という公式を使うと　$a = \dfrac{1}{2mk_B T}$　から　$Z = \sqrt{\dfrac{\pi}{a}} = \sqrt{2\pi mk_B T}$　となる。つぎに

$$\int_0^\infty E\exp\left(-\frac{E}{k_B T}\right)dE = \int_{-\infty}^{\infty}\frac{{p_x}^2}{2m}\exp\left(-\frac{{p_x}^2}{2mk_B T}\right)dp_x$$

となるが、この場合も、別のガウス積分の公式

$$\int_{-\infty}^{\infty}x^2\exp\left(-ax^2\right)dx = \frac{\sqrt{\pi}}{2}a^{-\frac{3}{2}}$$

を使うと

$$\int_0^\infty E\exp\left(-\frac{E}{k_B T}\right)dE = \frac{\sqrt{\pi}}{4m}(2mk_B T)^{\frac{3}{2}}$$

したがって

$$< E > = \frac{1}{Z}\int_0^\infty E\exp\left(-\frac{E}{k_B T}\right)dE = \frac{\dfrac{\sqrt{\pi}}{4m}2mk_B T\sqrt{2mk_B T}}{\sqrt{2\pi mk_B T}} = \frac{1}{2}k_B T$$

となる。

このように、自由粒子の1次元運動の平均エネルギーは(1/2) $k_BT$ と与えられる。これは、気体分子運動論の解析結果と一致している。

**演習 7-11**　質量が $m$ のミクロ粒子が2次元空間を自由に運動しているときの平均エネルギーを求めよ。

**解）** まず、分配関数 $Z$ を求めてみよう。粒子が $x$ 方向と $y$ 方向を運動すると考え、その運動量を、それぞれ $p_x$ および $p_y$ すると、エネルギーは

$$E = \frac{{p_x}^2 + {p_y}^2}{2m}$$

と与えられる。つぎに、分配関数 $Z$ は

$$Z = \int_{-\infty}^{\infty}\int_{-\infty}^{\infty} \exp\left(-\frac{{p_x}^2 + {p_y}^2}{2mk_BT}\right) dp_x dp_y$$

となる。

2方向に自由に運動できるので、$x$ 方向および $y$ 方向で積分する必要があり、2重積分となる。$x, y$ 方向は互いに独立であるので

$$Z = \int_{-\infty}^{\infty} \exp\left(-\frac{{p_x}^2}{2mk_BT}\right)\left\{\int_{-\infty}^{\infty} \exp\left(-\frac{{p_y}^2}{2mk_BT}\right)dp_y\right\}dp_x$$

となるが、結局

$$Z = \int_{-\infty}^{\infty} \exp\left(-\frac{{p_x}^2}{2mk_BT}\right)dp_x \int_{-\infty}^{\infty} \exp\left(-\frac{{p_y}^2}{2mk_BT}\right)dp_y$$

としてよいことになる。よって、それぞれのガウス積分を実施して、積をとればよい。したがって

$$Z = \sqrt{2\pi\, mk_BT} \cdot \sqrt{2\pi\, mk_BT} = 2\pi\, mk_BT$$

となる。つぎに

$$\int_0^\infty E\exp\left(-\frac{E}{k_BT}\right)dE = \int_{-\infty}^\infty\int_{-\infty}^\infty \frac{{p_x}^2+{p_y}^2}{2m}\exp\left(-\frac{{p_x}^2+{p_y}^2}{2mk_BT}\right)dp_xdp_y$$

この 2 重積分は単純に分離できないので、まず、つぎの $p_x$ に関する積分を計算しよう。

$$\int_{-\infty}^\infty \frac{{p_x}^2+{p_y}^2}{2m}\exp\left(-\frac{{p_x}^2+{p_y}^2}{2mk_BT}\right)dp_x$$

すると

$$\int_{-\infty}^\infty \frac{{p_x}^2+{p_y}^2}{2m}\exp\left(-\frac{{p_x}^2+{p_y}^2}{2mk_BT}\right)dp_x$$

$$=\exp\left(-\frac{{p_y}^2}{2mk_BT}\right)\int_{-\infty}^\infty \frac{{p_x}^2+{p_y}^2}{2m}\exp\left(-\frac{{p_x}^2}{2mk_BT}\right)dp_x$$

つぎに

$$\int_{-\infty}^\infty \frac{{p_x}^2+{p_y}^2}{2m}\exp\left(-\frac{{p_x}^2}{2mk_BT}\right)dp_x$$

$$=\int_{-\infty}^\infty \frac{{p_x}^2}{2m}\exp\left(-\frac{{p_x}^2}{2mk_BT}\right)dp_x+\frac{{p_y}^2}{2m}\int_{-\infty}^\infty \exp\left(-\frac{{p_x}^2}{2mk_BT}\right)dp_x$$

と分解すると、それぞれにガウス積分が適用できるので

$$\int_{-\infty}^\infty \frac{{p_x}^2+{p_y}^2}{2m}\exp\left(-\frac{{p_x}^2}{2mk_BT}\right)dp_x=\frac{\sqrt{\pi}}{4m}(2mk_BT)^{\frac{3}{2}}+\frac{{p_y}^2}{2m}\sqrt{2\pi mk_BT}$$

となる。よって

$$\int_{-\infty}^\infty \frac{{p_x}^2+{p_y}^2}{2m}\exp\left(-\frac{{p_x}^2+{p_y}^2}{2mk_BT}\right)dp_x$$

$$=\exp\left(-\frac{{p_y}^2}{2mk_BT}\right)\left\{\frac{\sqrt{\pi}}{4m}(2mk_BT)^{\frac{3}{2}}+\frac{{p_y}^2}{2m}\sqrt{2\pi mk_BT}\right\}$$

この右辺を、さらに $p_y$ に関して $-\infty$ から $+\infty$ まで積分すればよい。よって

$$\int_0^\infty E\exp\left(-\frac{E}{k_BT}\right)dE$$

$$=\frac{\sqrt{\pi}}{4m}(2mk_BT)^{\frac{3}{2}}\int_{-\infty}^{\infty}\exp\left(-\frac{p_y{}^2}{2mk_BT}\right)dp_y+\sqrt{2\pi mk_BT}\int_{-\infty}^{\infty}\frac{p_y{}^2}{2m}\exp\left(-\frac{p_y{}^2}{2mk_BT}\right)dp_y$$

となる。

$$\int_0^\infty E\exp\left(-\frac{E}{k_BT}\right)dE=\frac{\sqrt{\pi}}{4m}(2mk_BT)^{\frac{3}{2}}\sqrt{2\pi mk_BT}+\sqrt{2\pi mk_BT}\ \frac{\sqrt{\pi}}{4m}(2mk_BT)^{\frac{3}{2}}$$

$$=\frac{\pi}{2m}(2mk_BT)^2=2\pi m(k_BT)^2$$

となる。したがって

$$<E>=\frac{1}{Z}\int_0^\infty E\exp\left(-\frac{E}{k_BT}\right)dE=\frac{2\pi m(k_BT)^2}{2\pi mk_BT}=k_BT$$

となる。

---

ミクロ粒子の運動においては、**等分配の法則** (Law of equi-partition) により、基本運動のエネルギーはすべての方向で$(1/2)k_BT$となる。したがって、$x, y$の2方向では

$$\frac{1}{2}k_BT+\frac{1}{2}k_BT=k_BT$$

となる。それでは、質量 $m$ のミクロ粒子が3次元空間を自由に運動している場合の平均エネルギーを求めてみよう。ただし、いままでの延長で解こうとすると、計算は可能ではあるが、かなり煩雑である。そこで、ここでは、すでに導出した

$$U=<E>=-\frac{\partial\ln Z}{\partial\beta}=-\frac{1}{Z}\frac{\partial Z}{\partial\beta}$$

という関係を使うことにしたい。

**演習** 7-12　3次元空間を自由に運動している1個の気体分子（質量: $m$）の平均エネルギーを求めよ。

**解）** 3次元空間の質量 $m$ の気体分子の運動エネルギーは

$$E = \frac{p_x^{\ 2} + p_y^{\ 2} + p_z^{\ 2}}{2m}$$

となる。よって、分配関数 $Z$ は

$$Z = \int_{-\infty}^{\infty}\int_{-\infty}^{\infty}\int_{-\infty}^{\infty} \exp\left(-\beta\frac{p_x^{\ 2} + p_y^{\ 2} + p_z^{\ 2}}{2m}\right) dp_x\, dp_y\, dp_z$$

となる。この3重積分は分解できて

$$Z = \int_{-\infty}^{\infty} \exp\left(-\frac{\beta p_x^{\ 2}}{2m}\right) dp_x \int_{-\infty}^{\infty} \exp\left(-\frac{\beta p_y^{\ 2}}{2m}\right) dp_y \int_{-\infty}^{\infty} \exp\left(-\frac{\beta p_z^{\ 2}}{2m}\right) dp_z$$

となる。ガウス積分であるから

$$Z = \sqrt{\frac{2\pi m}{\beta}}\cdot\sqrt{\frac{2\pi m}{\beta}}\cdot\sqrt{\frac{2\pi m}{\beta}} = \left(\frac{2\pi m}{\beta}\right)^{\frac{3}{2}}$$

となる。ここで

$$< E > = -\frac{1}{Z}\frac{\partial Z}{\partial \beta} = -\left(\frac{2\pi m}{\beta}\right)^{-\frac{3}{2}} (2\pi m)^{\frac{3}{2}} \cdot \left(-\frac{3}{2}\right)\beta^{-\frac{5}{2}} = \frac{3}{2\beta}$$

結局

$$< E > = \frac{3}{2}k_B T$$

となる。

---

いままでは、1 個の気体分子の運動を考えてきた。これ以降は、気体分子が複数ある場合を考えてみる。

まず、$N$ 個の気体分子が1次元方向を自由に運動している場合の平均エネルギーを求めてみよう。この場合のエネルギーは

$$E = \frac{p_1^{\ 2} + p_2^{\ 2} + p_3^{\ 2} + \ldots + p_N^{\ 2}}{2m}$$

となる。よって、分配関数 $Z$ は

$$Z=\int_{-\infty}^{\infty}\int_{-\infty}^{\infty}\cdots\int_{-\infty}^{\infty}\exp\left(-\beta\frac{p_1{}^2+p_2{}^2+...+p_N{}^2}{2m}\right)dp_1dp_2...dp_N$$

となる。この $N$ 重積分は分解できて

$$Z=\int_{-\infty}^{\infty}\exp\left(-\frac{\beta\,p_1{}^2}{2m}\right)dp_1\int_{-\infty}^{\infty}\exp\left(-\frac{\beta\,p_2{}^2}{2m}\right)dp_2\cdots\int_{-\infty}^{\infty}\exp\left(-\frac{\beta\,p_N{}^2}{2m}\right)dp_N$$

となる。ガウス積分であるから

$$Z=\sqrt{\frac{2\pi m}{\beta}}\cdot\sqrt{\frac{2\pi m}{\beta}}\cdots\sqrt{\frac{2\pi m}{\beta}}=\left(\frac{2\pi m}{\beta}\right)^{\frac{N}{2}}$$

となる。ここで

$$<E>=-\frac{1}{Z}\frac{\partial Z}{\partial\beta}=-\left(\frac{2\pi m}{\beta}\right)^{-\frac{N}{2}}(2\pi m)^{\frac{N}{2}}\cdot\left(-\frac{N}{2}\right)\beta^{-\frac{N}{2}-1}=\frac{N}{2\beta}$$

結局

$$<E>=\frac{N}{2}k_BT$$

となり、1 個の場合のエネルギー (1/2) $k_BT$ の $N$ 倍となっている。

ここで、粒子 1 個が $x$ 方向のみに運動している場合の分配関数は

$$Z_1=\sqrt{2\pi mk_BT}=\sqrt{\frac{2\pi m}{\beta}}=\left(\frac{2\pi m}{\beta}\right)^{\frac{1}{2}}$$

であった。この粒子が $x, y, z$ の 3 方向に運動している場合には

$$Z_3=\left(\frac{2\pi m}{\beta}\right)^{\frac{3}{2}}=Z_1{}^3$$

となる。次に、$N$ 個の粒子が $x, y, z$ 方向に運動している場合の分配関数は

$$Z_3{}^N=\left(\frac{2\pi m}{\beta}\right)^{\frac{3N}{2}}=Z_1{}^{3N}$$

となる。そして、1 粒子、1 方向の場合の分配関数を、自由度 1 の分配関数 $Z_1$ と考えると、3 方向では、自由度が 3 になる。このときの分配関数は $Z_1$ を 3

乗した $Z_1^3$ となる。

$N$ 粒子、1方向の運動では自由度が $N$ となり、このときの分配関数は $Z_1$ を $N$ 乗した $Z_1^N$ となる。$N$ 粒子、3方向の運動では、自由度が $3N$ になり、このときの分配関数は $Z_1$ を $3N$ 乗した $Z_1^{3N}$ となる。

以上の結果は、相互作用のない運動の場合、自由度1の分配関数がわかっていれば、それを自由度で累乗すれば分配関数が求められることを示している。

## 7.7. 量子化条件

それでは、ある容器に閉じ込められた分子の運動について考えてみよう。

前章で紹介したように状態数ということに着目すると、連続的な運動量空間では、気体分子が入りうる最小単位を考えることはできないのであった。しかし、量子力学の波動性を導入すると、運動量空間に単位胞というものを考えることが可能になる。一辺が $L$ の立方体の容器を考えると、それは

$$a^3 = \frac{h^3}{8L^3}$$

と与えられる。

ただし、エネルギーということに注目すると、単位胞は8倍になり

$$a_E{}^3 = \frac{h^3}{L^3}$$

と、修正されるのであった。ここで、運動量としての微小量に対応した

$$\Delta p_x \Delta p_y \Delta p_z$$

という微小体積を考えてみよう。この中に、エネルギーとしての単位胞がどれくらい含まれているかの数は

$$\frac{\Delta p_x \Delta p_y \Delta p_z}{a_E{}^3} = \frac{L^3}{h^3} \Delta p_x \Delta p_y \Delta p_z$$

となる。つまり、量子化条件を考えて状態数をカウントする場合には

$$\Sigma \quad \to \quad \frac{L^3}{h^3} \iiint dp_x dp_y dp_z$$

という修正が必要となる。あるいは、3重積分を分解して

$$\Sigma \quad \to \quad \frac{L}{h}\int dp_x \cdot \frac{L}{h}\int dp_y \cdot \frac{L}{h}\int dp_z$$

というように考えてもよい。

**演習 7-13** 質量が $m$ のミクロ粒子が1次元空間の $0 \le x \le L$ の範囲を運動しているときの平均エネルギーを求めよ。

**解）** 量子化条件を考えると、分配関数は

$$Z = \frac{L}{h}\int_{-\infty}^{\infty} \exp\left(-\frac{p_x^{\ 2}}{2mk_B T}\right) dp_x$$

となり $Z = \dfrac{L}{h}\sqrt{2\pi m k_B T}$ と与えられる。つぎに

$$\int_0^{\infty} E \exp\left(-\frac{E}{k_B T}\right) dE = \frac{L}{h}\int_{-\infty}^{\infty} \frac{p_x^{\ 2}}{2m} \exp\left(-\frac{p_x^{\ 2}}{2mk_B T}\right) dp_x = \frac{\sqrt{\pi} L}{4mh}(2mk_B T)^{\frac{3}{2}}$$

から、平均エネルギーは

$$< E > = \frac{1}{Z}\int_0^{\infty} E \exp\left(-\frac{E}{k_B T}\right) dE = \frac{1}{2} k_B T$$

となる。

---

結局、粒子が有するエネルギーは、自由に運動している場合も、ある空間に閉じ込められた粒子の場合も同じ$(1/2)k_B T$となる。

それでは、一辺が $L$ の立方体容器に閉じ込められた $N$ 個の気体分子の分配関数を求めてみよう。まず、エネルギーは

$$E = \frac{p_{x1}^{\ 2} + p_{y1}^{\ 2} + p_{z1}^{\ 2}}{2m} + \frac{p_{x2}^{\ 2} + p_{y2}^{\ 2} + p_{z2}^{\ 2}}{2m} + \cdots + \frac{p_{xN}^{\ 2} + p_{yN}^{\ 2} + p_{zN}^{\ 2}}{2m}$$

となる。運動量 $p$ の成分としては、$x, y, z$ 成分がそれぞれ $N$ 個あるので、全体で $3N$ 個があり、積分は $3N$ 重積分となる。量子化条件を考えると

$$\Sigma \quad \to \quad \frac{L^{3N}}{h^{3N}} \iiint \cdots \iiint dp_{x1} dp_{y1} dp_{z1} \cdots dp_{xN} dp_{yN} dp_{zN}$$

となる。

さらに、前章で考察したように、$N$個の粒子は区別がつかないので

$$\Sigma \quad \to \quad \frac{V^N}{N!h^{3N}} \iiint \cdots \iiint dp_{x1}dp_{y1}dp_{z1} \cdots dp_{xN}dp_{yN}dp_{zN}$$

となる。ただし、$V=L^3$を使っている。

したがって、われわれが求めるべき分配関数は

$$Z = \frac{V^N}{N!h^{3N}} \int_{-\infty}^{\infty}\int_{-\infty}^{\infty}\int_{-\infty}^{\infty} \cdots \int_{-\infty}^{\infty} \exp\left(-\beta \frac{{p_{x1}}^2 + {p_{y1}}^2 + + \cdots + {p_{zN}}^2}{2m}\right) dp_{x1}\, dp_{y1} \cdots dp_{zN}$$

となる。いままで見てきたように、この$3N$重積分は分解することができ

$$Z = \frac{V^N}{N!h^{3N}} \int_{-\infty}^{\infty} \exp\left(-\beta \frac{{p_{x1}}^2}{2m}\right) dp_{x1} \cdots \int_{-\infty}^{\infty} \exp\left(-\beta \frac{{p_{zN}}^2}{2m}\right) dp_{zN}$$

となるが、これら積分は、すべて同じ値となる。よって

$$Z = \frac{V^N}{N!h^{3N}} \left\{ \int_{-\infty}^{\infty} \exp\left(-\beta \frac{p^2}{2m}\right) dp \right\}^{3N}$$

となるが、カッコ内はガウス積分である。よって、その公式

$$\int_{-\infty}^{\infty} \exp\left(-ax^2\right) dx = \sqrt{\frac{\pi}{a}} \quad \text{を使うと} \quad \int_{-\infty}^{\infty} \exp\left(-\frac{\beta}{2m}p^2\right) dp = \sqrt{\frac{2\pi m}{\beta}} = \left(\frac{2\pi m}{\beta}\right)^{\frac{1}{2}}$$

となり、結局　$Z = \dfrac{V^N}{N!h^{3N}} \left(\dfrac{2\pi m}{\beta}\right)^{\frac{3N}{2}}$ となる。これが、体積$V$の立方体容器に閉じ込められた$N$個の気体分子の分配関数である。よって平均エネルギーは

$$< E > = -\frac{1}{Z}\frac{\partial Z}{\partial \beta} = -\left(\frac{2\pi m}{\beta}\right)^{-\frac{3N}{2}} (2\pi m)^{\frac{3N}{2}} \cdot \left(-\frac{3N}{2}\right) \beta^{-\frac{3N}{2}-1} = \frac{3N}{2\beta} = \frac{3}{2} N k_B T$$

と与えられる。これを気体定数$R$とモル数$n$を使って表記すれば

$$< E > = \frac{3}{2} nRT$$

となり、マクロな特性とも一致する。

**演習** 7-14　体積 $V$ の立方体容器に閉じ込められた $N$ 個の気体分子のヘルムホルツ自由エネルギー $F$ を求めよ。

**解）**　分配関数を $T$ の関数に変換すると

$$Z = \frac{V^N}{N!h^{3N}}\left(\frac{2\pi m}{\beta}\right)^{\frac{3N}{2}} = \frac{V^N}{N!h^{3N}}(2\pi mk_BT)^{\frac{3N}{2}}$$

となる。ここで $F = -k_BT\ln Z$ であったので

$$F = -k_BT\ln\left\{\frac{V^N}{N!h^{3N}}(2\pi mk_BT)^{\frac{3N}{2}}\right\}$$

と与えられる。

---

スターリング近似 $\ln N! = N\ln N - N$ を使って、与式を変形してみよう。

$$F = -k_BT\ln\left\{\frac{V^N}{N!h^{3N}}(2\pi mkT)^{\frac{3N}{2}}\right\} = -k_BT\ln\left\{\left(\frac{V}{h^3}\right)^N(2\pi mk_BT)^{\frac{3N}{2}}\right\} + k_BT\ln N!$$

$$= -Nk_BT\ln\left\{\frac{V}{h^3}(2\pi mk_BT)^{\frac{3}{2}}\right\} + k_BT(N\ln N - N)$$

$$= -Nk_BT\ln\left\{\frac{V}{h^3}(2\pi mk_BT)^{\frac{3}{2}}\right\} + k_BT(N\ln N - N\ln e)$$

$$= -Nk_BT\ln\left\{\frac{V}{h^3}(2\pi mk_BT)^{\frac{3}{2}} - \ln N + \ln e\right\} = -Nk_BT\ln\left\{\frac{eV}{Nh^3}(2\pi mk_BT)^{\frac{3}{2}}\right\}$$

となる。これは、実は、ミクロカノニカル分布でえられた結果と一致する。ミクロカノニカル分布では、状態数をもとに、カノニカル分布では、エネルギーをもとに計算しているが、対象とする現象が同じ場合には、同じ結果を与えるのである。

**演習 7-15**　体積 $V$ の立方体容器に閉じ込められた $N$ 個の気体分子のヘルムホルツ自由エネルギーが

$$F = -Nk_B T \ln\left\{\frac{eV}{Nh^3}(2\pi mk_B T)^{\frac{3}{2}}\right\}$$

と与えられることを利用して、エントロピー $S$ を求めよ。

**解**)　自由エネルギー $F$ とエントロピー $S$ の関係 $S = -\dfrac{\partial F}{\partial T}$ を利用すると

$$\frac{\partial F}{\partial T} = -Nk_B \ln\left\{\frac{eV}{Nh^3}(2\pi mk_B T)^{\frac{3}{2}}\right\} - Nk_B T \cdot \frac{\partial}{\partial T}\left[\ln\left\{\frac{eV}{Nh^3}(2\pi mk_B T)^{\frac{3}{2}}\right\}\right]$$

ここで

$$\ln\left\{\frac{eV}{Nh^3}(2\pi mk_B T)^{\frac{3}{2}}\right\} = \ln\left\{\frac{eV}{Nh^3}(2\pi mk_B)^{\frac{3}{2}} + T^{\frac{3}{2}}\right\} = \ln\left\{\frac{eV}{Nh^3}(2\pi mk_B)^{\frac{3}{2}}\right\} + \frac{3}{2}\ln T$$

と変形できるので $\dfrac{\partial F}{\partial T} = -Nk_B \ln\left\{\dfrac{eV}{Nh^3}(2\pi mk_B T)^{\frac{3}{2}}\right\} - \dfrac{3}{2}Nk_B$ から

$$S = -\frac{\partial F}{\partial T} = Nk_B \ln\left\{\frac{eV}{Nh^3}(2\pi mk_B T)^{\frac{3}{2}}\right\} + \frac{3}{2}Nk_B \ln e$$

$$= Nk_B \ln\left\{\frac{eV}{Nh^3}(2\pi mk_B T)^{\frac{3}{2}} e^{\frac{3}{2}}\right\} = Nk_B \ln\left\{\frac{V}{Nh^3}(2\pi mk_B T)^{\frac{3}{2}} e^{\frac{5}{2}}\right\}$$

となる。

---

当然のことながら、この結果も、ミクロカノニカル分布から求めたエントロピーの値と一致している。

それでは、ヘルムホルツの自由エネルギー $F$ とエントロピー $S$ の表式がえられたので、これらを利用して内部エネルギー $U$ を計算してみよう。

$F = U - TS$ から

$$U = F + TS = -Nk_B T \ln\left\{\frac{eV}{Nh^3}(2\pi mk_B T)^{\frac{3}{2}}\right\} + Nk_B T \ln\left\{\frac{V}{Nh^3}(2\pi mk_B T)^{\frac{3}{2}} e^{\frac{5}{2}}\right\}$$

$$= Nk_B T \ln e^{\frac{3}{2}} = \frac{3}{2}Nk_B T$$

となり、先ほど求めた値と一致する。

## 7.8. カノニカル分布とミクロカノニカル分布

前節で示したように、理想気体の熱力学関数は、ミクロカノニカル分布とカノニカル分布のどちらで計算しても、同じ結果がえられる。

しかし、そもそもの前提が異なるのに、なぜ、このような結果になるのであろうか。結論からいえば、粒子数が莫大となれば、これら手法は基本的には同じものになるということである。

そこで、そのヒントをえるために、あらためて、3 粒子 2 準位系から始めてみよう。

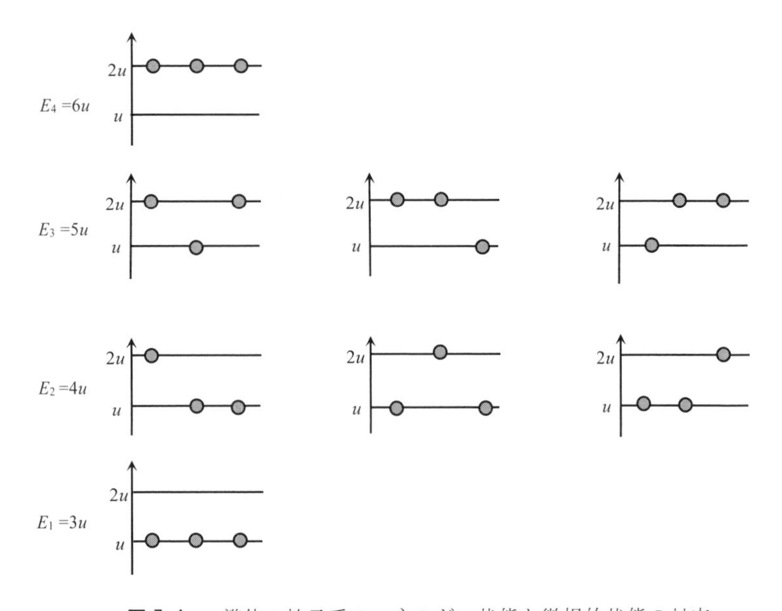


**図 7-4** 2 準位 3 粒子系のエネルギー状態と微視的状態の対応

まず、ミクロカノニカルの手法では、エネルギー$E$ に対応した微視的状態を考えることが出発点となる。ここで、系のエネルギーが $E_3 = 5u$ の場合を取り上げると、図 7-4 に示すように、3 個の微視的状態がある。

3 粒子で統計力学の手法を考えるのは、あまり意味がなく、結果は大きな誤差を生じるが、基本を理解するためなので、少々、我慢いただきたい。

さて、系のエネルギー$U$ が決まれば、温度 $T$ も決まり

$$U = E_3 = 5u = \frac{3}{2}Nk_BT = \frac{9}{2}k_BT \quad \text{から} \quad T = \frac{10u}{9k_B}$$

と与えられる。ここで、2 個のエネルギー準位、$\varepsilon_1 = u$ と $\varepsilon_2 = 2u$ を占める粒子数の分布を求めよう。まず、分配関数は

$$Z = \exp\left(-\frac{\varepsilon_1}{k_BT}\right) + \exp\left(-\frac{\varepsilon_2}{k_BT}\right) = \exp\left(-\frac{9}{10}\right) + \exp\left(-\frac{9}{5}\right) \cong 0.572$$

となる。したがって、$\varepsilon_1, \varepsilon_2$ 準位にある粒子数は

$$N_1 = \frac{N}{Z}\exp\left(-\frac{\varepsilon_1}{k_BT}\right) = \frac{3}{0.572}\exp\left(-\frac{9}{10}\right) \cong 2.1$$

$$N_2 = \frac{N}{Z}\exp\left(-\frac{\varepsilon_2}{k_BT}\right) = \frac{3}{0.572}\exp\left(-\frac{9}{5}\right) \cong 0.9$$

となる。これがミクロカノニカルの手法であった。

まったく同じ系を、今度はカノニカル手法で解析しよう。この手法では、2 準位 3 粒子の系がとりうるエネルギー状態を考える。それは、$E_1 = 3u, E_2 = 4u, E_3 = 5u, E_4 = 6u$ の 4 種類となる。このときの分配関数 $Z_C$ は

$$Z_C = \exp\left(-\frac{E_1}{k_BT}\right) + 3\exp\left(-\frac{E_2}{k_BT}\right) + 3\exp\left(-\frac{E_3}{k_BT}\right) + \exp\left(-\frac{E_4}{k_BT}\right)$$

$$= \exp\left(-\frac{3u}{k_BT}\right) + 3\exp\left(-\frac{4u}{k_BT}\right) + 3\exp\left(-\frac{5u}{k_BT}\right) + \exp\left(-\frac{6u}{k_BT}\right)$$

となるのであった。カノニカル分布の分配関数であることを示すために $C$ を下字に添えている。

ここでの大きな違いは、ミクロカノニカルの手法ではエネルギー$E$ が固定されており、例えば $E= 4u$ とした場合、温度は $T = 10u/9k_B$ となる。一方、カノニカルの手法では、温度が $T = 10u/9k_B$ の場合であっても、エネルギー状態としては、$E_1$ から $E_4$ まで、すべての状態をとりうるという点が異なる。ただし、その存在確率はエネルギー状態に依存し、例えば、$E_3$ のエネルギー状態にある確率は

$$p(E_3 = 5u) = \frac{3}{Z_C}\exp\left(-\frac{E_3}{k_BT}\right) = \frac{3}{Z_C}\exp\left(-\frac{5u}{k_BT}\right)$$

となる。つまり、ミクロカノニカル分布では、温度 $T = 10u/9k_B$ では、系のエネルギー状態は $E= 4u$ しかないが、カノニカル分布では、$E_1$ から $E_4$ までの状

態が、ある確率で分布しているということになる。

そうならば、2 つの手法で明確な差異があるように思えるがどうであろうか。まず、カノニカル分布の導入を思い出してみよう。ここでは、2 つの系 A, B を考え、エネルギーのやり取りが可能としている。これによって、エネルギーのゆらぎが考えられるようになったのである。

そのうえで、エントロピー最大という条件から、両者の温度が一致するという結果を導出した。確かに、温度差のある 2 つの物体を接触させれば、やがて温度は均一となる。これを平衡状態と呼んでいる。

ただし、まったくの自由というわけではない。まず、結合系 A+B は、孤立系であり、結合系そのものは、ミクロカノニカル集団である。さらに、系 A と B は対等ではなく、系 B は A よりもはるかにエネルギー容量が大きい熱浴である。この結果、系 A の温度 $T$ は熱浴と同じで一定としているのである。

とすると、カノニカル分布とは、図 7-5 に示すように巨大なミクロカノニカル集団 B の中の一部の小集団 A を取り上げ、この部分にエネルギー$E_r$の自由度を与えたと考えることもできるのである。

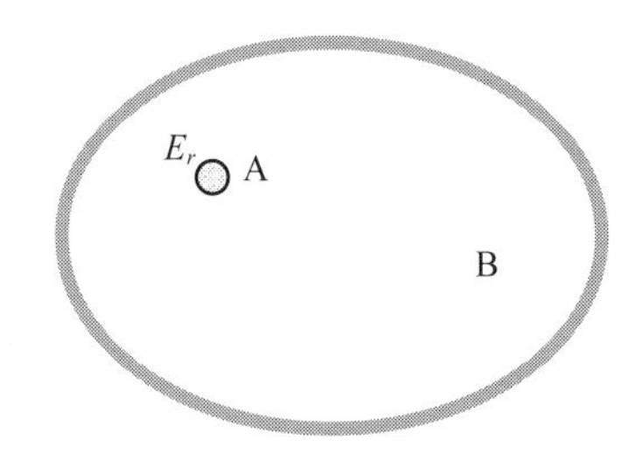


**図 7-5** 外部と熱的に遮蔽された巨大なミクロカノニカル集団 B の中の小集団 A を考え、エネルギーの自由度を与えたものがカノニカル分布

それでは、小集団 A のエネルギーはどれほど自由なのであろうか。2 準位 3 粒子系では、エネルギー状態には、最大 $3u$ と $6u$ の違いがあった。これは、かなりの差である。しかし、われわれが見たいのは、粒子数が多くなった場合である。本章で求めたように、エネルギーのゆらぎは $\Delta E = \sqrt{C_v k_B} T$ と与えられる。ここで、粒子数 $N$ の単原子分子からなる理想気体を例にとると、

$E = (3/2)\, N\, k_B T$、$C_v = (3/2) N k_B$ であるので

$$\frac{\Delta E}{E} \cong \frac{\sqrt{C_v k_B} T}{N k_B T} = \frac{\sqrt{(3/2) N k_B{}^2} T}{(3/2) N k_B T} = \frac{1}{\sqrt{(3/2) N}}$$

となる。よって、$N$ が小さいうちは、ゆらぎの効果は大きいが、統計力学が対象とするようなアボガドロ数程度の粒子数 $10^{24}$ を考えると

$$\frac{\Delta E}{E} \cong \frac{1}{10^{12}}$$

となり、系の平均エネルギーに対して、エネルギーのゆらぎの大きさは無視できるほど小さくなるのである。よって、実質的には、カノニカル分布であっても莫大な数の粒子数を取り扱う場合、エネルギーのゆらぎの効果は小さくなり、この時点でミクロカノニカル分布と同等となるのである。

よって、理想気体のようにアボガドロ数程度の莫大な粒子からなり、エネルギー分布が連続的とみなせるような系に対しては、ミクロカノニカルもカノニカルの手法も同様の結果を与えるのである。

# 第8章　グランドカノニカル集団

前章で紹介したカノニカル集団は、熱浴と接触しており、エネルギーのやりとりをしているが、粒子の移動は生じないものとして解析を進めた。

しかし、系によっては、エネルギーとともに、粒子の移動も生じる場合もある。そこで、本章ではエネルギー（熱）とともに粒子も移動できる系を考えてみたい。このように、粒子の数にも自由度のある系を**グランドカノニカル集団** (grand canonical ensemble) と呼んでいる。

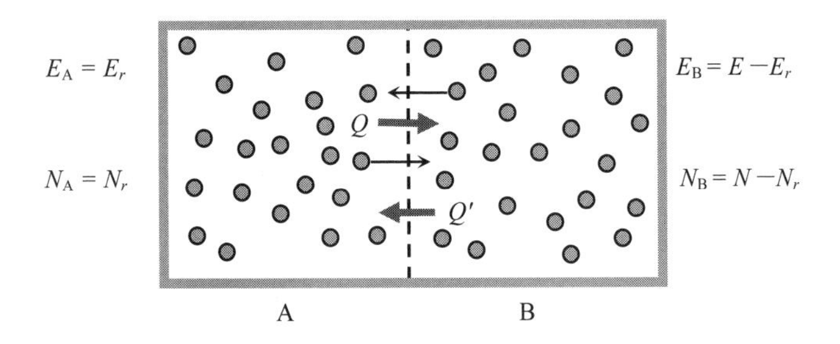


**図 8-1**　2個の系AとBがあり、エネルギーとともに粒子の移動も可能とする。このような系をグランドカノニカル集団と呼んでいる。

ミクロカノニカル集団は、エネルギーも粒子も外部とやりとりのない孤立した系である。カノニカル集団は、外部とエネルギーのみ、やりとりが許されている系である。これに対し、グランドカノニカル集団では、エネルギーも粒子も外部とやりとりが可能となる系である。

## 8.1.　大分配関数

系Aの内部エネルギーを $E_r$，粒子数を $N_r$ とする。これが**熱浴** (heat bath)

である系Bと接しているが結合系A＋Bは外界と断熱されているものとする。つまり、結合系A＋Bは孤立系であり、外部とエネルギーや粒子のやりとりはないことになる。

この結合系A＋Bの内部エネルギーを$E$, 粒子数を$N$とすると、系Bのエントロピーは

$$S_B(E_B, N_B) = S_B(E - E_r, N - N_r)$$

となる。

ここで、偏微分の定義

$$\lim_{E_r \to 0} \frac{S_B(E,N) - S_B(E - E_r, N)}{E_r} = \frac{\partial S_B(E,N)}{\partial E}$$

を思い出そう。$E_r$が$E$に比べて十分小さいものとすると

$$\frac{S_B(E,N) - S_B(E - E_r, N)}{E_r} \cong \frac{\partial S_B(E,N)}{\partial E}$$

と近似できる。よって

$$S_B(E - E_r, N) \cong S_B(E,N) - \frac{\partial S_B(E,N)}{\partial E} E_r$$

となる。同様の取り扱いを$N$にも適用すると

$$\frac{S_B(E,N) - S_B(E, N - N_r)}{N_r} \cong \frac{\partial S_B(E,N)}{\partial N}$$

という近似から

$$S_B(E, N - N_r) \cong S_B(E,N) - \frac{\partial S_B(E,N)}{\partial N} N_r$$

という関係がえられる。結局

$$S_B(E - E_r, N - N_r) \cong S_B(E,N) - \frac{\partial S_B(E,N)}{\partial E} E_r - \frac{\partial S_B(E,N)}{\partial N} N_r$$

となる。これは、以下のように変形すれば一種の全微分形である。

$$S_B(E,N) - S_B(E - E_r, N - N_r) = \frac{\partial S_B(E,N)}{\partial E} E_r + \frac{\partial S_B(E,N)}{\partial N} N_r$$

ここで、結合系の平衡状態を考えると、系の温度は系Aおよび系Bともに$T$となり、エントロピーは最大となった状態を想定している。

ここで、系Aの内部エネルギーと粒子数が$E_r, N_r$になる確率は

$$p(E_r, N_r) \propto W_r(E_r, N_r) \propto W_{\mathrm{B}}(E - E_r, N - N_r) \propto \exp\left(\frac{S_{\mathrm{B}}(E - E_r, N - N_r)}{k}\right)$$

となる。ここで

$$\frac{\partial S_{\mathrm{B}}(E,N)}{\partial E} = \frac{1}{T} \qquad \frac{\partial S_{\mathrm{B}}(E,N)}{\partial N} = -\frac{\mu}{T}$$

という関係にあることを思い出そう。

ただし、$\mu$ は**化学ポテンシャル** (chemical potential) であり、粒子 1 個あたりの自由エネルギーに相当する。ここで、第 3 章で示したように

$$\mu = -T\left(\frac{\partial S}{\partial N}\right)_{U,V}$$

という関係にあり、これを適用している。

ここで、いま考えている系では、熱浴との結合系を考えているので、内部エネルギー$U$がほとんど変化せずに、体積 $V$ も一定としているので、この関係が使えることになる。

よって、系のエネルギーが $E_r$, 粒子数が $N_r$ となる確率は

$$p(E_r, N_r) \propto \exp\left(\frac{S_{\mathrm{B}}(E,N)}{k_B} - \frac{E_r}{k_B T} + \frac{\mu N_r}{k_B T}\right)$$

となる。結局

$$p(E_r, N_r) \propto \exp\left(-\frac{E_r - \mu N_r}{k_B T}\right) = \exp\left(-\frac{E_r}{k_B T}\right)\exp\left(\frac{\mu N_r}{k_B T}\right)$$

という結果がえられる。

ここで、$E_r$ として、$E_1, E_2, \ldots, E_n$ の合計 $n$ 個のエネルギー状態が存在し、粒子数は 0 から $N$ まで変化できるとすると、分配関数は

$$Z_{\mathrm{G}} = \sum_{0}^{N} \exp\left(\frac{\mu N}{k_B T}\right) \sum_{r=1}^{n} \exp\left(-\frac{E_r}{k_B T}\right)$$

となる。これ以降は、一般化のためには、$N_r$ は $N$ と表記する。あるいは、まとめて

$$Z_{\mathrm{G}} = \sum_{N=0}^{N} \sum_{r=1}^{n} \exp\left(-\frac{E_r - \mu N}{k_B T}\right)$$

とすることもできる。このとき、確率は

$$p(E_r,N)=\frac{1}{Z_G}\exp\left(-\frac{E_r-\mu N}{k_BT}\right)$$

と与えられる。例えば

$$p(E_r,1)=\frac{1}{Z_G}\exp\left(-\frac{E_r-\mu}{k_BT}\right) \qquad p(E_r,2)=\frac{1}{Z_G}\exp\left(-\frac{E_r-2\mu}{k_BT}\right)$$

$$p(E_r,3)=\frac{1}{Z_G}\exp\left(-\frac{E_r-3\mu}{k_BT}\right)$$

となる。さらに、より一般的には、最低エネルギー状態として $E_r=0$ を認めると

$$p(E_r,N)=p(0,N)=\frac{1}{Z_G}\exp\left(\frac{\mu N}{k_BT}\right)$$

となる。また、カノニカル分布の分配関数と区別するために、グランドカノニカル分布に対応したものを**大分配関数** (grand partition function) と呼び、$Z_G$ と表記する。逆温度$\beta$を使って

$$p(E_r,N)=\frac{1}{Z_G}\exp\{-\beta(E_r-\mu N)\}$$

と表記する場合もある。

ただし、グランドカノニカル分布の利点は、エネルギーの範囲や粒子数に制限がないということである。よって、和をとる範囲は0から∞までとして

$$Z_G=\sum_{N=0}^{\infty}\sum_{r=0}^{\infty}\exp\left(-\frac{E_r-\mu N}{k_BT}\right)$$

とする。このようにすれば、自由度がいっきに拡がる。ただし、$E_0=0$ としている。ここで、グランドカノニカル分布における平均エネルギーを考えてみよう。それは

$$<E>=E_1\sum_{N=0}^{\infty}p(E_1,N)+E_2\sum_{N=0}^{\infty}p(E_2,N)+\ldots+E_r\sum_{N=0}^{\infty}p(E_r,N)+\ldots$$

となるが、いまの場合は

$$<E>=\frac{1}{Z_G}\sum_{r=0}^{\infty}\sum_{N=0}^{\infty}E_r\exp\left(-\frac{E_r-\mu N}{k_BT}\right)$$

となる。

同様にして、グランドカノニカル集団の粒子数の平均は

$$< N > = N_1 \sum_{r=0}^{\infty} p(E_r, N_1) + N_2 \sum_{r=0}^{\infty} p(E_r, N_2) + \ldots + N_m \sum_{r=0}^{\infty} (E_r, N_m) + \ldots$$

から　$< N > = \dfrac{1}{Z_{\mathrm{G}}} \displaystyle\sum_{N=0}^{\infty} \sum_{r=0}^{\infty} N_r \exp\left( -\dfrac{E_r - \mu N}{k_B T} \right)$　と与えられる。

| **演習** 8-1　グランドカノニカル集団における大分配関数 $Z_{\mathrm{G}}$ の自然対数を化学ポテンシャル $\mu$ に関して偏微分せよ。 |
|---|

**解**）　$Z_{\mathrm{G}} = \displaystyle\sum_{N=0}^{\infty} \sum_{r=0}^{\infty} \exp\left( -\dfrac{E_r - \mu N}{k_B T} \right)$　とすると

$$\frac{\partial}{\partial \mu} \ln Z_{\mathrm{G}} = \frac{1}{Z_G} \frac{\partial Z_{\mathrm{G}}}{\partial \mu} = \frac{1}{Z_{\mathrm{G}}} \sum_{N=0}^{\infty} \sum_{r=0}^{\infty} \frac{N}{k_B T} \exp\left( -\frac{E_r - \mu N}{k_B T} \right)$$

となる。よって　$k_B T \dfrac{\partial}{\partial \mu} (\ln Z_{\mathrm{G}}) = < N >$　となる。

| **演習** 8-2　グランドカノニカル集団における大分配関数 $Z_{\mathrm{G}}$ の自然対数を逆温度 $\beta$ に関して偏微分せよ。 |
|---|

**解**）　$Z_{\mathrm{G}} = \displaystyle\sum_{N=0}^{\infty} \sum_{r=0}^{\infty} \exp\{-\beta(E_r - \mu N)\}$ であるから

$$\frac{\partial}{\partial \beta} \ln Z_{\mathrm{G}} = \frac{1}{Z_{\mathrm{G}}} \frac{\partial Z_{\mathrm{G}}}{\partial \beta} = -\frac{1}{Z_{\mathrm{G}}} \sum_{N=0}^{\infty} \sum_{r=0}^{\infty} (E_r - \mu N) \exp\{-\beta(E_r - \mu N)\}$$

$$= -\frac{1}{Z_{\mathrm{G}}} \sum_{N=0}^{\infty} \sum_{r=0}^{\infty} E_r \exp\left( -\frac{E_r - \mu N}{k_B T} \right) + \mu \frac{1}{Z_{\mathrm{G}}} \sum_{N=0}^{\infty} \sum_{r=0}^{\infty} N \exp\left( -\frac{E_r - \mu N}{k_B T} \right)$$

となり　$\dfrac{\partial}{\partial \beta} \ln Z_{\mathrm{G}} = -< E > + \mu < N >$　となる。

---

以上のように、グランドカノニカル集団の場合にも、大分配関数を利用することで、いろいろな熱力学関数を求めることができるのである。ところで、系の内部エネルギー $U$ は $<E>$ によって与えられるとすると、今求めた関係

$$\frac{\partial}{\partial\beta}\ln Z_{\mathrm{G}} = -<E> + \mu <N> \qquad \text{から} \qquad U = -\frac{\partial}{\partial\beta}\ln Z_{\mathrm{G}} + \mu <N>$$

と与えられる。ここで、演習 8-1 から　$<N> = k_B T \dfrac{\partial}{\partial\mu}(\ln Z_{\mathrm{G}})$ という関係にあるので　$U = -\dfrac{\partial}{\partial\beta}\ln Z_{\mathrm{G}} + \mu k_B T \dfrac{\partial}{\partial\mu}(\ln Z_{\mathrm{G}})$　となり、内部エネルギーが大分配関数をもとに与えられることがわかる。

## 8. 2.　グランドカノニカル分布の例

グランドカノニカル分布については、具体例でみたほうがわかりやすいので、エネルギーが 2 準位の場合の分布を考える。図 8-2 に $N = 0$ から $N = 3$ までの微視的状態を示す。

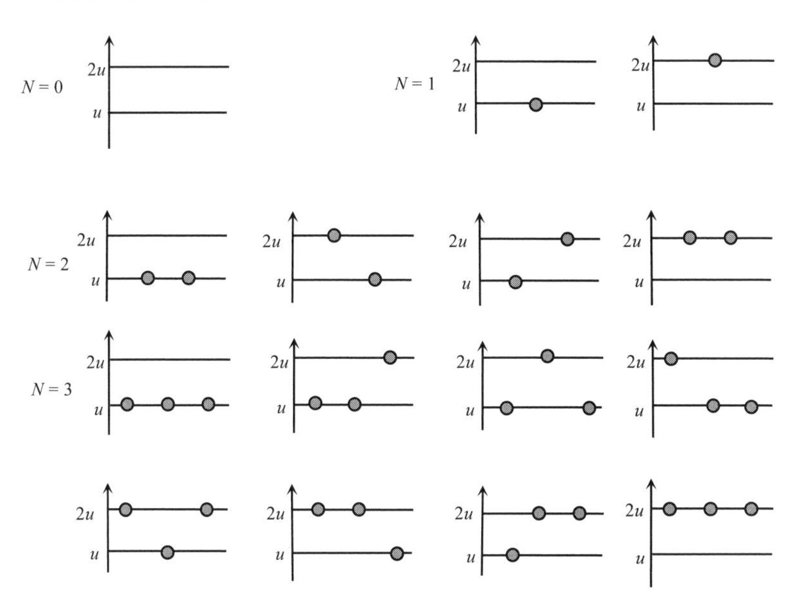


**図 8-2**　2 準位系のグランドカノニカル分布。$N = 0$ から $N = 3$ までの分布を示している。グランドカノニカル分布では、$N = 4$ 以降も微視的状態を考えていき、$N \to \infty$ の極限までのすべてのエネルギー状態を考えることになる。

ここで、この系の大分配関数を計算するための準備をしよう。まず $N = 0$ のとき、$E_r = 0$ しかないので

$$\sum \exp\left(-\frac{E_r}{k_B T}\right)\exp\left(\frac{\mu N}{k_B T}\right) = \exp(0)\exp(0) = 1$$

$N = 1$ のとき、$E_1 = u$ と $E_2 = 2u$ の場合があり

$$\sum_{r=1}^{2}\exp\left(-\frac{E_r}{k_B T}\right)\exp\left(\frac{\mu}{k_B T}\right) = \exp\left(-\frac{u}{k_B T}\right)\exp\left(\frac{\mu}{k_B T}\right) + \exp\left(-\frac{2u}{k_B T}\right)\exp\left(\frac{\mu}{k_B T}\right)$$

となる。$N = 2$ のとき、$E_1 = 2u$, $E_2 = 3u$, $E_3 = 4u$ の場合があり

$$\sum_{r=1}^{3}\exp\left(-\frac{E_r}{k_B T}\right)\exp\left(\frac{2\mu}{k_B T}\right) = \exp\left(-\frac{2u}{k_B T}\right)\exp\left(\frac{2\mu}{k_B T}\right) + 2\exp\left(-\frac{3u}{k_B T}\right)\exp\left(\frac{2\mu}{k_B T}\right)$$
$$+\exp\left(-\frac{4u}{k_B T}\right)\exp\left(\frac{2\mu}{k_B T}\right)$$

となる。これをまとめると

$$\exp\left(\frac{2\mu}{k_B T}\right)\left\{\exp\left(-\frac{2u}{k_B T}\right) + 2\exp\left(-\frac{3u}{k_B T}\right) + \exp\left(-\frac{4u}{k_B T}\right)\right\}$$

となるが、カッコ内は、まさに、2 準位 2 粒子系の分配関数である。

同様にして、$N = 3$ の場合

$$\exp\left(\frac{3\mu}{k_B T}\right)\left\{\exp\left(-\frac{3u}{k_B T}\right) + 3\exp\left(-\frac{4u}{k_B T}\right) + 3\exp\left(-\frac{5u}{k_B T}\right) + \exp\left(-\frac{6u}{k_B T}\right)\right\}$$

となる。{ } 内は、2 準位 3 粒子系の分配関数である。

この後も、同様にして、$N = 4$, $N = 5$ ... の場合を計算していき、∞ までの極限をすべて足したものが、大分配関数となる。したがって

$$Z_G = 1 + \exp\left(\frac{\mu}{k_B T}\right)\exp\left\{\left(-\frac{u}{k_B T}\right) + \exp\left(-\frac{2u}{k_B T}\right)\right\}$$
$$+\exp\left(\frac{2\mu}{k_B T}\right)\left\{\exp\left(-\frac{2u}{k_B T}\right) + 2\exp\left(-\frac{3u}{k_B T}\right) + \exp\left(-\frac{4u}{k_B T}\right)\right\}$$

$$+\exp\left(\frac{3\mu}{k_B T}\right)\left\{\exp\left(-\frac{3u}{k_B T}\right) + 3\exp\left(-\frac{4u}{k_B T}\right) + 3\exp\left(-\frac{5u}{k_B T}\right) + \exp\left(-\frac{6u}{k_B T}\right)\right\} + .....$$

となる。このままでは、煩雑であるので、2 準位 $N$ 粒子系の分配関数を $Z_2(N)$ と表記すれば、大分配関数は

$$Z_G = \sum_{N=0}^{\infty} \exp\left(\frac{\mu N}{k_B T}\right) Z_2(N)$$

と与えられることになる。このように、大分配関数は、カノニカル分布において可能な分配関数をすべて含んでいることになる。

**演習** 8-3　ミクロ粒子の占めることのできるエネルギー準位が 3 種類 ($\varepsilon_1 = u$, $\varepsilon_2 = 2u$, $\varepsilon_3 = 3u$ ) からなる系において、大分配関数の構成要素を $N = 2$ まで求めよ。

**解**）$N = 0$ のとき、$E_r = 0$ のみである。よって

$$Z_3(0) = \exp\left(-\frac{0}{k_B T}\right) = 1$$

$N = 1$ のとき、とりうるエネルギーの大きさは $E_1 = u$, $E_2 = 2u$, $E_3 = 3u$ の 3 種類であり、分配関数は

$$Z_3(1) = \exp\left(-\frac{u}{k_B T}\right) + \exp\left(-\frac{2u}{k_B T}\right) + \exp\left(-\frac{3u}{k_B T}\right)$$

となる。 $N = 2$ のとき

$E_1 = 2u$ で微視的状態は $(u, u)$ の 1 個

$E_2 = 3u$ で微視的状態は $(u, 2u)$ $(2u, u)$ の 2 個

$E_3 = 4u$ では $(u, 3u)$ $(3u, u)$ $(2u, 2u)$ の 3 個

$E_4 = 5u$ では $(2u, 3u)$, $(3u, 2u)$ の 2 個

$E_5 = 6u$ では $(3u, 3u)$ の 1 個

となり、縮重度を含めた分配関数は

$$Z_3(2) = \exp\left(-\frac{2u}{k_B T}\right) + 2\exp\left(-\frac{3u}{k_B T}\right) + 3\exp\left(-\frac{4u}{k_B T}\right) + 2\exp\left(-\frac{5u}{k_B T}\right) + \exp\left(-\frac{6u}{k_B T}\right)$$

となる。

---

このように、3 準位系では、$N = 2$ で、すでに微視的状態は 9 個となってい

る。これ以降、粒子数が増えるにしたがって、その数も増えていく。ちなみに、3 準位系の大分配関数は

$$Z_{\mathrm{G}} = 1 + \exp\left(\frac{\mu}{k_B T}\right)\left\{\exp\left(-\frac{u}{k_B T}\right) + \exp\left(-\frac{2u}{k_B T}\right) + \exp\left(-\frac{3u}{k_B T}\right)\right\}$$

$$+ \exp\left(\frac{2\mu}{k_B T}\right)\left\{\exp\left(-\frac{2u}{k_B T}\right) + 2\exp\left(-\frac{3u}{k_B T}\right) + 3\exp\left(-\frac{4u}{k_B T}\right) + 2\exp\left(-\frac{5u}{k_B T}\right) + \exp\left(-\frac{6u}{k_B T}\right)\right\}$$

$$+ \dots\dots$$

となり、まとめると

$$Z_{\mathrm{G}} = \sum_{N=0}^{\infty} \exp\left(\frac{\mu N}{k_B T}\right) Z_3(N)$$

となる。

## 8. 3.　大分配関数と分配関数

実は、いま求めた関係は、2 準位系と 3 準位系に限定したものではなく、すべてのグランドカノニカル集団においても成立する関係である。ここで

$$\exp\left(\frac{\mu N}{k_B T}\right) = \left\{\exp\left(\frac{\mu}{k_B T}\right)\right\}^N$$

となるので $\exp\left(\frac{\mu}{k_B T}\right) = \lambda$ と置くと、大分配関数は $Z_{\mathrm{G}} = \sum_{N=0}^{\infty} \lambda^N Z(N)$

あるいは

$$Z_{\mathrm{G}} = Z(0) + \lambda Z(1) + \lambda^2 Z(2) + \lambda^3 Z(3) + \dots + \lambda^N Z(N) + \dots$$

と表記することもできる。このように表記すれば、$Z_{\mathrm{G}}$ がカノニカル分布の分配関数を、すべて含んでいるということが明確となる。

この関係式を使えば、カノニカル分布において求めた分配関数 $Z(N)$ から、容易に大分配関数を求めることが可能となるのである。

**演習** 8-4　単原子分子からなる理想気体の大分配関数を求めよ。

**解）** 前章で求めたように、$N$ 粒子系のカノニカル分布の分配関数は

$$Z(N) = \frac{V^N}{N!h^{3N}}\left(\frac{2\pi m}{\beta}\right)^{\frac{3N}{2}} = \frac{V^N}{N!h^{3N}}\left(2\pi m k_B T\right)^{\frac{3N}{2}}$$

と与えられる。

したがって、グランドカノニカル分布における大分配関数は

$$Z_{\mathrm{G}} = \sum_{N=0}^{\infty} \lambda^N \frac{V^N}{N!h^{3N}}\left(\frac{2\pi m}{\beta}\right)^{\frac{3N}{2}} = \sum_{N=0}^{\infty} \lambda^N \frac{V^N}{N!h^{3N}}\left(2\pi m k_B T\right)^{\frac{3N}{2}}$$

と与えられる。

---

ここで、いま求めた大分配関数

$$Z_{\mathrm{G}} = \sum_{N=0}^{\infty} \lambda^N \frac{V^N}{N!h^{3N}}\left(2\pi m k_B T\right)^{\frac{3N}{2}}$$

を眺めてみよう。すると

$$Z_{\mathrm{G}} = \sum_{N=0}^{\infty} \frac{1}{N!}\left\{\frac{\lambda V\left(2\pi m k_B T\right)^{\frac{3}{2}}}{h^3}\right\}^N$$

と変形できることがわかる。ここで、指数関数の級数展開

$$\exp(x) = e^x = 1 + x + \frac{x^2}{2} + \frac{x^3}{3!} + \ldots + \frac{x^n}{n!} + \ldots$$

を思い出してみよう。先ほど求めた理想気体の $Z_{\mathrm{G}}$ をみてみると

$$x = \frac{\lambda V\left(2\pi m k_B T\right)^{\frac{3}{2}}}{h^3}$$

とすれば、これは、まさに指数関数の級数展開となっている。したがって

$$Z_{\mathrm{G}} = \exp\left\{\frac{\lambda V\left(2\pi m k_B T\right)^{\frac{3}{2}}}{h^3}\right\}$$

という関係にあることがわかる。

**演習** 8-5　グランドカノニカル集団としての、単原子分子からなる理想気体の平均粒子数を求めよ。

**解）**　系の平均粒子数は $<N>=k_B T \dfrac{\partial}{\partial \mu}(\ln Z_{\mathrm{G}})$ と与えられる。

$$Z_{\mathrm{G}} = \exp\left\{\frac{\lambda V (2\pi m k_B T)^{\frac{3}{2}}}{h^3}\right\}$$

より

$$\ln Z_{\mathrm{G}} = \frac{\lambda V (2\pi m k_B T)^{\frac{3}{2}}}{h^3} = \frac{V(2\pi m k_B T)^{\frac{3}{2}}}{h^3}\exp\left(\frac{\mu}{k_B T}\right)$$

よって

$$\frac{\partial}{\partial \mu}(\ln Z_{\mathrm{G}}) = \frac{V(2\pi m k_B T)^{\frac{3}{2}}}{h^3}\left(\frac{1}{k_B T}\right)\exp\left(\frac{\mu}{k_B T}\right)$$

したがって、系の平均粒子数は

$$<N> = k_B T \frac{\partial}{\partial \mu}(\ln Z_{\mathrm{G}}) = \frac{V(2\pi m k_B T)^{\frac{3}{2}}}{h^3}\exp\left(\frac{\mu}{k_B T}\right)$$

となる。

---

このように、グランドカノニカル分布の大分配関数を利用すると、理想気体の平均粒子数が、体積 $V$, 温度 $T$, 化学ポテンシャル $\mu$ の関数として与えられる。

**演習** 8-6　グランドカノニカル集団としての、単原子分子からなる理想気体の内部エネルギーを求めよ。

**解）**　系の内部エネルギーは

$$U = -\frac{\partial}{\partial \beta}(\ln Z_{\mathrm{G}}) + \mu k_B T \frac{\partial}{\partial \mu}(\ln Z_{\mathrm{G}}) = -\frac{\partial}{\partial \beta}(\ln Z_{\mathrm{G}}) + \frac{\mu}{\beta}\frac{\partial}{\partial \mu}(\ln Z_{\mathrm{G}})$$

と与えられる。ここで

$$Z_{\mathrm{G}} = \exp\left\{\frac{\lambda V(2\pi m k_B T)^{\frac{3}{2}}}{h^3}\right\} = \exp\left\{\frac{\lambda V}{h^3}\left(\frac{2\pi m}{\beta}\right)^{\frac{3}{2}}\right\}$$

より　$\ln Z_{\mathrm{G}} = \dfrac{\lambda V}{h^3}\left(\dfrac{2\pi m}{\beta}\right)^{\frac{3}{2}} = \dfrac{\lambda V}{h^3}(2\pi m)^{\frac{3}{2}}\beta^{-\frac{3}{2}}$　,　$\lambda = \exp\left(\dfrac{\mu}{k_B T}\right) = \exp(\beta\mu)$　から

$$\ln Z_{\mathrm{G}} = \frac{V}{h^3}(2\pi m)^{\frac{3}{2}}\exp(\beta\mu)\beta^{-\frac{3}{2}}$$

となる。よって

$$\frac{\partial}{\partial\beta}(\ln Z_{\mathrm{G}}) = \mu\frac{V}{h^3}(2\pi m)^{\frac{3}{2}}\exp(\beta\mu)\beta^{-\frac{3}{2}} - \frac{3}{2}\frac{V}{h^3}(2\pi m)^{\frac{3}{2}}\exp(\beta\mu)\beta^{-\frac{5}{2}}$$

$$\frac{\partial}{\partial\mu}(\ln Z_{\mathrm{G}}) = \frac{V}{h^3}(2\pi m)^{\frac{3}{2}}\exp(\beta\mu)\beta^{-\frac{1}{2}}$$

したがって、内部エネルギー$U$は

$$U = -\frac{\partial}{\partial\beta}(\ln Z_{\mathrm{G}}) + \frac{\mu}{\beta}\frac{\partial}{\partial\mu}(\ln Z_{\mathrm{G}})$$

$$= -\mu\frac{V}{h^3}(2\pi m)^{\frac{3}{2}}\exp(\beta\mu)\beta^{-\frac{3}{2}} + \frac{3}{2}\frac{V}{h^3}(2\pi m)^{\frac{3}{2}}\exp(\beta\mu)\beta^{-\frac{5}{2}}$$

$$+\mu\frac{V}{h^3}(2\pi m)^{\frac{3}{2}}\exp(\beta\mu)\beta^{-\frac{3}{2}} = \frac{3}{2}\frac{V}{h^3}(2\pi m)^{\frac{3}{2}}\exp(\beta\mu)\beta^{-\frac{5}{2}}$$

となる。ここで$\beta = \dfrac{1}{k_B T}$を代入すると、内部エネルギーは

$$U = \frac{3}{2}k_B T\frac{V}{h^3}(2\pi m k_B T)^{\frac{3}{2}}\exp\left(\frac{\mu}{k_B T}\right)$$

となる。

---

ここで、演習8-5の結果から

$$<N> = \frac{V(2\pi m k_B T)^{\frac{3}{2}}}{h^3}\exp\left(\frac{\mu}{k_B T}\right)$$

であったので、内部エネルギーは

$$U = \frac{3}{2}k_B T \frac{V}{h^3}(2\pi m k_B T)^{\frac{3}{2}} \exp\left(\frac{\mu}{k_B T}\right) = \frac{3}{2} < N > k_B T$$

となり、熱力学との整合性がえられることもわかる。

## 8.4. ゆらぎ

グランドカノニカル集団の平衡状態においては、温度 $T$ は一定であるが、エネルギー$E$ と粒子数 $N$ は熱浴と、やりとりできるため、ゆらぎがあると考えられる。ここで、グランドカノニカル分布の平均粒子数は

$$< N > = \frac{1}{Z_{\mathrm{G}}} \sum_{r=0}^{\infty} \sum_{N=0}^{\infty} N \exp\{-\beta(E_r - \mu N)\}$$

と与えられる。ここで、$E_r$ と $N$ のすべての和をとることを $\sum_0^{\infty}$ で表し

$$< N > = \frac{1}{Z_{\mathrm{G}}} \sum_0^{\infty} N \exp\{-\beta(E - \mu N)\}$$ と表記しよう。すると

$$\frac{\partial < N >}{\partial \mu} = \frac{\partial}{\partial \mu}\left(\frac{1}{Z_{\mathrm{G}}}\right) \sum_0^{\infty} N \exp\{-\beta(E - \mu N)\} + \frac{1}{Z_{\mathrm{G}}} \sum_0^{\infty} \beta N^2 \exp\{-\beta(E - \mu N)\}$$

となる。第 2 項は $N^2$ の平均であり $< N^2 >$ となる。よって

$$\frac{\partial < N >}{\partial \mu} = -\frac{1}{{Z_{\mathrm{G}}}^2} \frac{\partial Z_{\mathrm{G}}}{\partial \mu} \sum_0^{\infty} N \exp\{-\beta(E - \mu N)\} + \beta < N^2 >$$

となるが、 $Z_{\mathrm{G}} = \sum_0^{\infty} \exp\{-\beta(E - \mu N)\}$ から $\frac{\partial Z_{\mathrm{G}}}{\partial \mu} = \sum_0^{\infty} \beta N \exp\{-\beta(E - \mu N)\}$

よって $\frac{1}{Z_{\mathrm{G}}} \frac{\partial Z_{\mathrm{G}}}{\partial \mu} = \frac{1}{Z_{\mathrm{G}}} \sum_0^{\infty} \beta N \exp\{-\beta(E - \mu N)\} = \beta < N >$ となるので

$$\frac{\partial < N >}{\partial \mu} = \beta(< N^2 > - < N >^2)$$

となる。したがって、粒子数のゆらぎは

$$< N^2 > - < N >^2 = \frac{1}{\beta} \frac{\partial < N >}{\partial \mu} = k_B T \frac{\partial < N >}{\partial \mu}$$

となる。

**演習 8-7**　単原子分子からなる理想気体の粒子数のゆらぎを求めよ。

**解）** すでに、平均粒子数は　$<N>=\dfrac{V(2\pi mk_BT)^{\frac{3}{2}}}{h^3}\exp\left(\dfrac{\mu}{k_BT}\right)$ となることがわかっている。したがって　$<N^2>-<N>^2=k_BT\dfrac{\partial <N>}{\partial\mu}$

$$=\frac{k_BT}{k_BT}\frac{V(2\pi mk_BT)^{\frac{3}{2}}}{h^3}\exp\left(\frac{\mu}{k_BT}\right)=\frac{V(2\pi mk_BT)^{\frac{3}{2}}}{h^3}\exp\left(\frac{\mu}{k_BT}\right)$$　となる。

---

演習の結果をよく見てみよう。最後の式の右辺は、まさに $<N>$ である。つまり、理想気体では　$<N^2>-<N>^2=<N>$　となるのである。したがって、ゆらぎの幅は　$\sqrt{<N^2>-<N>^2}=\sqrt{<N>}$　程度となる。$N$ をアボガドロ数の $6\times10^{23}$ 程度とすると $\sqrt{<N>}\cong8\times10^{11}$ となる。よって、ゆらぎの大きさは、もとの粒子数の $10^{-12}$ 程度となり、ほとんど無視できる大きさとなることがわかる。

## 8. 5.　グランドポテンシャル

グランドカノニカル集団の解析においては、つぎの熱力学関数を導入すると便利である。通常は $J$ で表記し

$$J=F-\mu N$$

と定義され、**グランドポテンシャル** (grand potential) と呼んでいるが、自由エネルギーの一種とも考えられる。教科書によっては、**熱力学ポテンシャル** (thermodynamic potential) と呼ぶこともある。あるいは、このような熱力学関数を導入しないで、解析を進める場合もある。

実は、これは、第3章で示したルジャンドル変換 (Legendre transformation) をヘルムホルツの自由エネルギー $F$ に施したものなのである。

グランドポテンシャル$J$の全微分をとると $dJ = dF - \mu dN - Nd\mu$ となる。ここで $dF = -SdT - PdV + \mu dN$ であったので

$$dJ = -SdT - PdV - Nd\mu$$

となり、ルジャンドル変換によって、変数が$N$から$\mu$に変換されている。グランドポテンシャル$J$の全微分形であり、$J$の自然な変数は、$T, V, \mu$ となる。つまり $J = J(T, V, \mu)$ となる。ポテンシャルと呼ばれる理由は、後ほど示すように、大分配関数$Z_G$と $Z_G = \exp\left(-\dfrac{J}{k_B T}\right)$ という関係にあるからである。右辺はボルツマン因子そのものであるが、このエネルギーに相当する部分に$J$が入る。両辺の対数をとって $J = -k_B T \ln Z_G$ という式を使う場合も多い。ここで、$J = J(T, V, \mu)$ の全微分は

$$dJ = \frac{\partial J}{\partial T}dT + \frac{\partial J}{\partial V}dV + \frac{\partial J}{\partial \mu}d\mu$$

となり $S = -\left(\dfrac{\partial J}{\partial T}\right)_{V,\mu}$, $P = -\left(\dfrac{\partial J}{\partial V}\right)_{T,\mu}$, $N = -\left(\dfrac{\partial J}{\partial \mu}\right)_{V,T}$ という関係もえられる。

このように、グランドポテンシャルを利用すると、いろいろな熱力学関数や変数を求めることができる。これが$J$を導入する利点である。

**演習 8-8** 大分配関数$Z_G$とグランドポテンシャル$J$の間に、$J = -k_B T \ln Z_G$ という関係が成立することを確かめよ。

**解）** 系の粒子数と大分配関数の関係は $N = k_B T \dfrac{\partial}{\partial \mu}(\ln Z_G)$ であった。いま求めた関係である $N = -\left(\dfrac{\partial J}{\partial \mu}\right)_{V,T}$ と比較すると $N = k_B T \dfrac{\partial}{\partial \mu}(\ln Z_G)$

$= \dfrac{\partial}{\partial \mu}(k_B T \ln Z_G)$ として $J = -k_B T \ln Z_G$ という関係にあることがわかる。

**演習 8-9** グランドカノニカル集団におけるエントロピーと大分配関数との関係を求めよ。

**解）** グランドポテンシャルを利用する。 $J = -k_B T \ln Z_G$ 　であり

$$S = -\left(\frac{\partial J}{\partial T}\right)_{V,\mu} \quad \text{であるから} \quad S = -k_B \ln Z_G - k_B T \frac{\partial}{\partial T}(\ln Z_G) \quad \text{となる。}$$

---

演習 8-2 で求めたように　$\dfrac{\partial}{\partial \beta}(\ln Z_G) = -<E> + \mu <N>$ 　であった。ここで

$\beta = \dfrac{1}{k_B T}$ であるから $d\beta = -\dfrac{1}{k_B T^2} dT$ より　$\dfrac{\partial}{\partial T}(\ln Z_G) = \dfrac{<E> - \mu <N>}{k_B T^2}$

したがって　$S = -k_B \ln Z_G - \dfrac{<E> - \mu <N>}{T} = -k_B \ln Z_G - \dfrac{U - \mu N}{T}$　となる。グランドカノニカル分布の手法では、エントロピー $S$ として、この表式を使う場合も多い。

**演習** 8-10　ギブス･デューヘムの式を利用することで、グランドポテンシャル $J$ が $J = -PV$ 　と与えられることを示せ。

**解）** ギブス･デューヘムの式は $VdP = SdT + Nd\mu$ 　であった。ここで

$$dJ = -SdT - PdV - Nd\mu$$

であったので　$dJ = -PdV - VdP = -d(PV)$ 　となり　$J = -PV$ 　となる。

---

このように、グランドポテンシャル $J$ は、$PV$ に負の符号をつけたものと等価となるのである。第 2 章で紹介したように $P$ と $V$ は共役であり、$PV$ はエネルギーの次元をもった示量変数である。よって、$J$ はエネルギーの次元を持った示量変数となる。

# 第9章　量子統計

いよいよグランドカノニカル分布の手法を使って、**量子統計力学** (Quantum mechanical statistics) を導入しよう。

量子力学は、原子内の電子軌道を明らかにする過程で建設された学問である。量子統計では、電子などのミクロ粒子を対象とするが、統計処理においては、電子1個1個を区別することができない。これが基本である。電子だけではなく、量子力学が扱うミクロ粒子は、すべて区別することができない。その理由は、ミクロ粒子の有する波動性に因るが、詳細については、なるほど量子力学II（村上雅人著、海鳴社）を参照いただきたい。

次に、量子力学の対象となるミクロ粒子には**ボーズ粒子** (Bose particle) と**フェルミ粒子** (Fermi particle) の2種類がある。英語名をそのままに、ボゾン (Boson) とフェルミオン (Fermion)と呼ぶことも多い。

ボーズ粒子では、ひとつのエネルギー量子状態を、何個でも占めることができる。一方、フェルミ粒子は、ひとつのエネルギー量子状態には、1個の粒子しか入ることができない（補遺6参照）。

以上の条件をもとに、これらミクロ粒子のエネルギー分布について解析していこう。

## 9. 1.　フェルミ分布

まず、フェルミ粒子から考える。エネルギー準位を$\varepsilon_1, \varepsilon_2, \varepsilon_3, ...., \varepsilon_j, ...$とし、これら準位を占める粒子数を$n_1, n_2, n_3, ..., n_j, ...$とする。フェルミ粒子の場合は、$n_j$としてとりうるのは0か1のいずれかである。

まず、簡単化のためにエネルギー準位が$\varepsilon_1, \varepsilon_2, \varepsilon_3$の3個のフェルミ粒子系を考え、その大分配関数を求めてみよう。総粒子数を$N = n_1+n_2+n_3$とする。また、粒子の分布状態を$(\varepsilon_1, \varepsilon_2, \varepsilon_3)$ に対して$(n_1, n_2, n_3)$ のように、それぞれの準位を占める粒子数で表示する。この表示方法を**粒子数表示** (occupation number representation) と呼んでいる。

すると $N=0$ の場合には、3 個の準位を示す粒子の個数の組み合わせは

$$(0, 0, 0)$$

しかない。$N=1$ の場合には、3 個の準位を示す粒子数表示は

$$(1, 0, 0)\ (0, 1, 0)\ (0, 0, 1)$$

の 3 通りとなる。$N=2$ の場合には、3 個の準位を示す粒子数表示は

$$(1, 1, 0)\ (0, 1, 1)\ (1, 0, 1)$$

の 3 通りとなる。$N=3$ の場合には、3 個の準位を示す粒子数表示は

$$(1, 1, 1)$$

の 1 個しかない。

このように、フェルミ粒子では、ひとつのエネルギー準位を 1 個の粒子しか占有できないので、エネルギー準位が 3 個の場合には、$N$=3 個のフェルミ粒子しか配置できないことになる。

それでは、エネルギー準位が 3 個のフェルミ粒子の大分配関数

$$Z_{\mathrm{G}} = \sum_N \sum_i \exp\left(\frac{\mu N}{k_B T}\right) \exp\left(-\frac{E_i}{k_B T}\right)$$

を実際に求めてみよう。ここでは、$N$ の値で場合分けしていく。まず、$N=0$ のとき、エネルギー状態は $E_i=0$ しかないので

$$\sum \exp\left(\frac{\mu N}{k_B T}\right) \exp\left(-\frac{E_i}{k_B T}\right) = \exp(0)\exp(0) = 1$$

$N=1$ のとき、$E_i=\varepsilon_1, \varepsilon_2, \varepsilon_3$ の場合があり

$$\sum \exp\left(\frac{\mu N}{k_B T}\right) \exp\left(-\frac{E_i}{k_B T}\right) = \exp\left(\frac{\mu}{k_B T}\right)\left\{\exp\left(-\frac{\varepsilon_1}{k_B T}\right) + \exp\left(-\frac{\varepsilon_2}{k_B T}\right) + \exp\left(-\frac{\varepsilon_3}{k_B T}\right)\right\}$$

$$= \exp\left(-\frac{\varepsilon_1 - \mu}{k_B T}\right) + \exp\left(-\frac{\varepsilon_2 - \mu}{k_B T}\right) + \exp\left(-\frac{\varepsilon_3 - \mu}{k_B T}\right)$$

となる。

**演習 9-1**　エネルギー準位が $\varepsilon_1, \varepsilon_2, \varepsilon_3$ の 3 個からなるフェルミ粒子の集団において、粒子数 $N$ が 2 個の場合の大分配関数の成分を計算せよ。

**解）** フェルミ粒子では､ひとつのエネルギー準位を 1 個の粒子しか占有できないので､$N=2$ のときエネルギー状態は $E_1=\varepsilon_1+\varepsilon_2, E_2=\varepsilon_1+\varepsilon_3, E_3=\varepsilon_2+\varepsilon_3$ の 3 種類となる。

よって、大分配関数の成分は

$$\sum \exp\left(\frac{\mu N}{k_B T}\right)\exp\left(-\frac{E_i}{k_B T}\right)$$

$$=\exp\left(\frac{2\mu}{k_B T}\right)\left\{\exp\left(-\frac{\varepsilon_1+\varepsilon_2}{k_B T}\right)+\exp\left(-\frac{\varepsilon_1+\varepsilon_3}{k_B T}\right)+\exp\left(-\frac{\varepsilon_2+\varepsilon_3}{k_B T}\right)\right\}$$

$$=\exp\left(\frac{2\mu}{k_B T}\right)\left\{\exp\left(-\frac{\varepsilon_1}{k_B T}\right)\exp\left(-\frac{\varepsilon_2}{k_B T}\right)\right.$$

$$\left.+\exp\left(-\frac{\varepsilon_1}{k_B T}\right)\exp\left(-\frac{\varepsilon_3}{k_B T}\right)+\exp\left(-\frac{\varepsilon_2}{k_B T}\right)\exp\left(-\frac{\varepsilon_3}{k_B T}\right)\right\}$$

$$=\exp\left(-\frac{\varepsilon_1-\mu}{k_B T}\right)\exp\left(-\frac{\varepsilon_2-\mu}{k_B T}\right)+\exp\left(-\frac{\varepsilon_1-\mu}{k_B T}\right)\exp\left(-\frac{\varepsilon_3-\mu}{k_B T}\right)$$

$$+\exp\left(-\frac{\varepsilon_2-\mu}{k_B T}\right)\exp\left(-\frac{\varepsilon_3-\mu}{k_B T}\right)$$

となる。

---

$N = 3$ の場合は、フェルミ粒子のとりうるエネルギー状態は $E=\varepsilon_1+\varepsilon_2+\varepsilon_3$ しかない。よって、大分配関数の成分は

$$\sum \exp\left(\frac{\mu N}{k_B T}\right)\exp\left(-\frac{E_i}{k_B T}\right)=\exp\left(\frac{3\mu}{k_B T}\right)\left\{\exp\left(-\frac{\varepsilon_1+\varepsilon_2+\varepsilon_3}{k_B T}\right)\right\}$$

$$=\exp\left(-\frac{\varepsilon_1-\mu}{k_B T}\right)\exp\left(-\frac{\varepsilon_2-\mu}{k_B T}\right)\exp\left(-\frac{\varepsilon_3-\mu}{k_B T}\right)$$

となる。したがって、3 準位系フェルミ粒子の大分配関数は

$$Z_{\mathrm{G}}=1+\exp\left(-\frac{\varepsilon_1-\mu}{k_B T}\right)+\exp\left(-\frac{\varepsilon_2-\mu}{k_B T}\right)+\exp\left(-\frac{\varepsilon_3-\mu}{k_B T}\right)$$

$$+\exp\left(-\frac{\varepsilon_1-\mu}{k_BT}\right)\exp\left(-\frac{\varepsilon_2-\mu}{k_BT}\right)+\exp\left(-\frac{\varepsilon_1-\mu}{k_BT}\right)\exp\left(-\frac{\varepsilon_3-\mu}{k_BT}\right)+\exp\left(-\frac{\varepsilon_2-\mu}{k_BT}\right)\exp\left(-\frac{\varepsilon_3-\mu}{k_BT}\right)$$

$$+\exp\left(-\frac{\varepsilon_1-\mu}{k_BT}\right)\exp\left(-\frac{\varepsilon_2-\mu}{k_BT}\right)\exp\left(-\frac{\varepsilon_3-\mu}{k_BT}\right)$$

と与えられることになる。これをまとめると

$$Z_{\mathrm{G}}=\left\{1+\exp\left(-\frac{\varepsilon_1-\mu}{k_BT}\right)\right\}\left\{1+\exp\left(-\frac{\varepsilon_2-\mu}{k_BT}\right)\right\}\left\{1+\exp\left(-\frac{\varepsilon_3-\mu}{k_BT}\right)\right\}$$

という積のかたちで表記できる。

**演習 9-2**　エネルギー準位が $\varepsilon_1, \varepsilon_2, \varepsilon_3, \varepsilon_4$ と 4 個ある場合の、フェルミ粒子の大分配関数を求めよ。

**解）**　この場合は、$N=4$ までの分布が可能となる。大分配関数の $N$ に対応した成分を取り出してみよう。

$N=0$ のとき、$E_i=0$ しかないので

$$Z_{\mathrm{G}}(N=0)=\exp(0)\exp(0)=1$$

$N=1$ のとき、$E_i=\varepsilon_1, \varepsilon_2, \varepsilon_3, \varepsilon_4$ の場合があり

$$Z_{\mathrm{G}}(N=1)=\exp\left(\frac{\mu}{k_BT}\right)\left\{\exp\left(-\frac{\varepsilon_1}{k_BT}\right)+\exp\left(-\frac{\varepsilon_2}{k_BT}\right)+\exp\left(-\frac{\varepsilon_3}{k_BT}\right)+\exp\left(-\frac{\varepsilon_4}{k_BT}\right)\right\}$$

となるが、整理すると

$$Z_{\mathrm{G}}(N=1)=\exp\left(-\frac{\varepsilon_1-\mu}{k_BT}\right)+\exp\left(-\frac{\varepsilon_2-\mu}{k_BT}\right)+\exp\left(-\frac{\varepsilon_3-\mu}{k_BT}\right)+\exp\left(-\frac{\varepsilon_4-\mu}{k_BT}\right)$$

となる。

$N=2$ のとき、$E_i$ としてとりうる値は、$\varepsilon_1+\varepsilon_2, \varepsilon_1+\varepsilon_3, \varepsilon_1+\varepsilon_4, \varepsilon_2+\varepsilon_3, \varepsilon_2+\varepsilon_4, \varepsilon_3+\varepsilon_4$ の 6 個となり

$$Z_{\mathrm{G}}(N=2)=\exp\left(\frac{2\mu}{k_BT}\right)\left\{\exp\left(-\frac{\varepsilon_1+\varepsilon_2}{k_BT}\right)+\exp\left(-\frac{\varepsilon_1+\varepsilon_3}{k_BT}\right)+\exp\left(-\frac{\varepsilon_1+\varepsilon_4}{k_BT}\right)\right\}$$

$$+\exp\left(\frac{2\mu}{k_BT}\right)\left\{\exp\left(-\frac{\varepsilon_2+\varepsilon_3}{k_BT}\right)+\exp\left(-\frac{\varepsilon_2+\varepsilon_4}{k_BT}\right)+\exp\left(-\frac{\varepsilon_3+\varepsilon_4}{k_BT}\right)\right\}$$

となるが、これも整理すると

$$Z_{\mathrm{G}}(N=2)=\exp\left(-\frac{\varepsilon_1-\mu}{k_BT}\right)\exp\left(-\frac{\varepsilon_2-\mu}{k_BT}\right)+\exp\left(-\frac{\varepsilon_1-\mu}{k_BT}\right)\exp\left(-\frac{\varepsilon_3-\mu}{k_BT}\right)$$

$$+\exp\left(-\frac{\varepsilon_1-\mu}{k_BT}\right)\exp\left(-\frac{\varepsilon_4-\mu}{k_BT}\right)+\exp\left(-\frac{\varepsilon_2-\mu}{k_BT}\right)\exp\left(-\frac{\varepsilon_3-\mu}{k_BT}\right)$$

$$+\exp\left(-\frac{\varepsilon_2-\mu}{k_BT}\right)\exp\left(-\frac{\varepsilon_4-\mu}{k_BT}\right)+\exp\left(-\frac{\varepsilon_3-\mu}{k_BT}\right)\exp\left(-\frac{\varepsilon_4-\mu}{k_BT}\right)$$

となる。

同様の操作を続けていけば、4 準位系では

$$Z_{\mathrm{G}}=\left\{1+\exp\left(-\frac{\varepsilon_1-\mu}{k_BT}\right)\right\}\left\{1+\exp\left(-\frac{\varepsilon_2-\mu}{k_BT}\right)\right\}\left\{1+\exp\left(-\frac{\varepsilon_3-\mu}{k_BT}\right)\right\}\left\{1+\exp\left(-\frac{\varepsilon_4-\mu}{k_BT}\right)\right\}$$

となる。

---

いまの関係を積和記号Πを使って整理すると

$$Z_{\mathrm{G}}=\prod_{j=1}^{4}\left\{1+\exp\left(-\frac{\varepsilon_j-\mu}{k_BT}\right)\right\}$$

と表記することができる。

これ以降は、同様に考えればよく、$n$ 準位系では

$$Z_{\mathrm{G}}=\left\{1+\exp\left(-\frac{\varepsilon_1-\mu}{k_BT}\right)\right\}\left\{1+\exp\left(-\frac{\varepsilon_2-\mu}{k_BT}\right)\right\}\cdots\left\{1+\exp\left(-\frac{\varepsilon_n-\mu}{k_BT}\right)\right\}$$

となり、フェルミ粒子の大分配関数の一般式は

$$Z_{\mathrm{G}}=\prod_{j}\left\{1+\exp\left(-\frac{\varepsilon_j-\mu}{k_BT}\right)\right\}$$

と与えられる。

大分配関数が与えられたので、あとは、グランドカノニカルの手法にしたがって、いろいろな物理量を求めていけばよいことになる。

まず

$$\ln Z_{\mathrm{G}}=\ln\left\{1+\exp\left(-\frac{\varepsilon_1-\mu}{k_BT}\right)\right\}+\ln\left\{1+\exp\left(-\frac{\varepsilon_2-\mu}{k_BT}\right)\right\}+\ldots+\ln\left\{1+\exp\left(-\frac{\varepsilon_n-\mu}{k_BT}\right)\right\}$$

であるので

$$\frac{\partial}{\partial\mu}(\ln Z_{\mathrm{G}})=\frac{\partial}{\partial\mu}\ln\left\{1+\exp\left(-\frac{\varepsilon_1-\mu}{k_BT}\right)\right\}+...+\frac{\partial}{\partial\mu}\ln\left\{1+\exp\left(-\frac{\varepsilon_n-\mu}{k_BT}\right)\right\}$$

となる。したがって

$$\frac{\partial}{\partial\mu}(\ln Z_{\mathrm{G}})=\frac{1}{k_BT}\left\{\frac{\exp\left(-\frac{\varepsilon_1-\mu}{k_BT}\right)}{1+\exp\left(-\frac{\varepsilon_1-\mu}{k_BT}\right)}+\frac{\exp\left(-\frac{\varepsilon_2-\mu}{k_BT}\right)}{1+\exp\left(-\frac{\varepsilon_2-\mu}{k_BT}\right)}+...+\frac{\exp\left(-\frac{\varepsilon_n-\mu}{k_BT}\right)}{1+\exp\left(-\frac{\varepsilon_n-\mu}{k_BT}\right)}\right\}$$

ここで

$$<N>=k_BT\frac{\partial}{\partial\mu}(\ln Z_{\mathrm{G}})=\frac{\exp\left(-\frac{\varepsilon_1-\mu}{k_BT}\right)}{1+\exp\left(-\frac{\varepsilon_1-\mu}{k_BT}\right)}+\frac{\exp\left(-\frac{\varepsilon_2-\mu}{k_BT}\right)}{1+\exp\left(-\frac{\varepsilon_2-\mu}{k_BT}\right)}+...+\frac{\exp\left(-\frac{\varepsilon_n-\mu}{k_BT}\right)}{1+\exp\left(-\frac{\varepsilon_n-\mu}{k_BT}\right)}$$

$$=\frac{1}{1+\exp\left(\frac{\varepsilon_1-\mu}{k_BT}\right)}+\frac{1}{1+\exp\left(\frac{\varepsilon_2-\mu}{k_BT}\right)}+...+\frac{1}{1+\exp\left(\frac{\varepsilon_n-\mu}{k_BT}\right)}=\sum_j\frac{1}{1+\exp\left(\frac{\varepsilon_j-\mu}{k_BT}\right)}$$

となる。この結果から

$$n_j=\frac{1}{1+\exp\left(\frac{\varepsilon_j-\mu}{k_BT}\right)}$$

となることがわかる。このような分布を**フェルミ分布** (Fermi distribution) と呼んでいる。本来、$\varepsilon_j$ はエネルギー準位であり、離散的な値をとるが、実際の系に応用する場合は、準位間の幅が狭く、連続とみなせるため

$$f(\varepsilon)=\frac{1}{1+\exp\left(\frac{\varepsilon-\mu}{k_BT}\right)}$$

のような関数形とするのが一般的である。このとき、内部エネルギーなどの系の物理量を求める場合、和が積分に変わるので便利となる。また、この関数を**フェルミ分布関数** (Fermi distribution function) と呼んでいる。

**演習 9-3**　絶対零度 $T=0\mathrm{K}$ におけるフェルミ分布のかたちを求めよ。

**解**）　$\varepsilon<\mu$ と $\varepsilon>\mu$ の場合に分けて考える。まず、$\varepsilon<\mu$ のとき

$$\exp\left(\frac{\varepsilon-\mu}{k_B T}\right) \quad \text{において} \quad \frac{\varepsilon-\mu}{k_B T}<0 \quad \text{となる。よって}$$

$$T \to 0 \quad \text{のとき} \quad \frac{\varepsilon-\mu}{k_B T} \to -\infty \quad \text{となるので} \quad \exp\left(\frac{\varepsilon-\mu}{k_B T}\right) \to 0 \quad \text{から}$$

$$f(\varepsilon)=\frac{1}{1+\exp\left(\frac{\varepsilon-\mu}{k_B T}\right)} \to 1$$

となる。つまり、$\varepsilon<\mu$ のすべてのエネルギー準位に粒子が 1 個存在することになる。一方、$\varepsilon>\mu$ のときは

$$\exp\left(\frac{\varepsilon-\mu}{k_B T}\right) \to \infty \qquad \text{から} \qquad f(\varepsilon)=\frac{1}{1+\exp\left(\frac{\varepsilon-\mu}{k_B T}\right)} \to 0$$

となり、$\varepsilon>\mu$ のエネルギー準位には粒子は存在しないことになる。したがって、絶対零度におけるフェルミ分布は、図 9-1 のようになる。

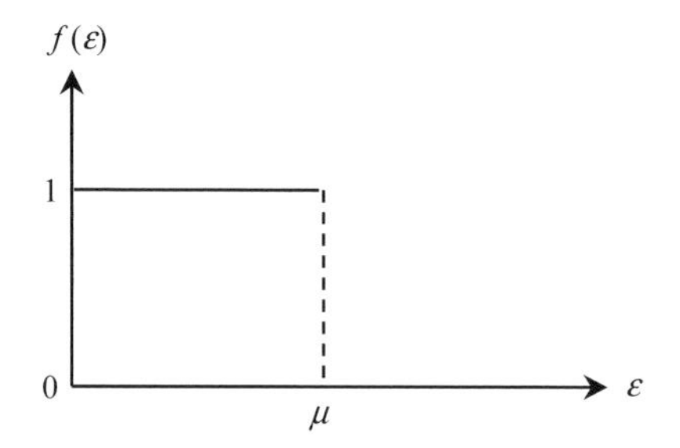


**図 9-1**　絶対零度 ($T = 0$K) におけるフェルミ分布

すなわち、$\varepsilon<\mu$ の量子状態の占有率は 1 となり、$\varepsilon>\mu$ のそれは 0 となるステップ関数となるのである。

---

つまり、図 9-2 に示すように、フェルミ粒子では、$\mu$ までのエネルギー準位は すべて占有されているが、$\mu$ よりも大きいエネルギー準位は空となっているのである。

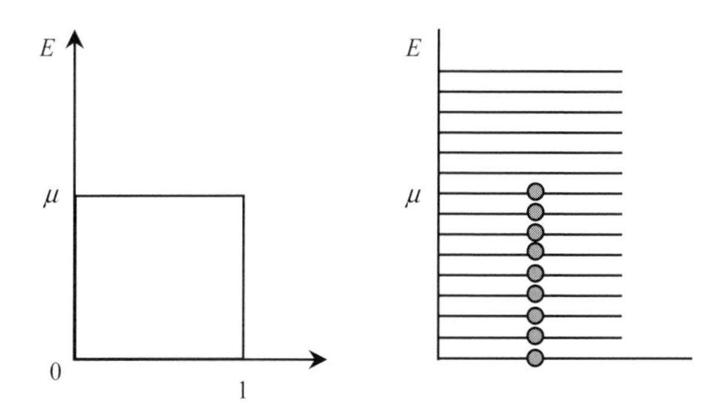


**図 9-2**　フェルミ粒子のエネルギー占有状態

このように、フェルミ粒子では、絶対零度であっても、かなり高いエネルギー準位を占めていることになる。つぎに$\varepsilon=\mu$では

$$f(\mu)=\frac{1}{1+\exp\left((\mu-\mu)/k_BT\right)}=\frac{1}{1+\exp 0}=\frac{1}{2}$$

となる。よって、この値は、温度 $T$ に依存せずに、常に 1/2 となるので、すべての分布曲線が、この点を通ることになる。ここで、温度の効果を調べるために、常温である $T$ =300 [K] 程度を考えてみよう。ボルツマン定数は $k_B=1.38\times10^{-23}$ [J/K]　であるから $k_BT=1.38\times10^{-23}\times300\cong4.1\times10^{-21}$ [J] 程度となる。したがって　$1/k_BT\cong2.4\times10^{20}$ [J$^{-1}$] となり

$$\exp\left((\varepsilon-\mu)/k_BT\right)=\exp\{2.4\times10^{20}(\varepsilon-\mu)\}$$

となる。$\varepsilon<\mu$の領域では$\varepsilon-\mu<0$であるから、正の値となる$\mu-\varepsilon$を使うと

$$\exp\left((\varepsilon-\mu)/k_BT\right)=\frac{1}{\exp\{2.4\times10^{20}(\mu-\varepsilon)\}}$$

となる。分母にある係数は巨大であるから、$\mu-\varepsilon$の値が$10^{-20}$程度と小さくない限り、ほぼ 0 となる。たとえば$\varepsilon=\mu-k_BT$ のとき

$$\exp\left((\varepsilon-\mu)/k_BT\right)=\exp(-1)=\frac{1}{e}\cong0.37$$

程度となるが、このときは

$$f(\varepsilon)=\frac{1}{1+\exp((\varepsilon-\mu)k_BT)}=\frac{1}{1+0.37}=0.73$$

となって、フェルミ分布が影響を受ける。しかし $\varepsilon=\mu-10k_BT$ とすると

$\exp\left(\frac{\varepsilon-\mu}{k_BT}\right)=\exp(-10)=\frac{1}{e^{10}}\cong 4.5\times10^{-5}$ から $f(\varepsilon)=\frac{1}{1+\exp((\varepsilon-\mu)k_BT)}=\frac{1}{1+4.5\times10^{-5}}\cong 1$

となりフェルミ分布は影響をほとんど受けない。このように、$\mu$ からわずか $10k_BT\cong 4.1\times10^{-20}$ [J] だけ離れたところで、占有率は、ほぼ 1 となるのである。

これは $\varepsilon>\mu$ の領域でも同様であり、有限温度がフェルミ分布に及ぼす影響は、$\mu$ 近傍の非常にせまい領域（$k_BT$ 程度の幅）に限られるということを示している。したがって、有限温度におけるフェルミ分布は、図 9-3 のようになる。

この図では、温度の影響をかなり誇張して描いているが、実際のグラフでは、絶対零度の分布とほとんど見分けがつかない程度であるということに注意すべきであろう。

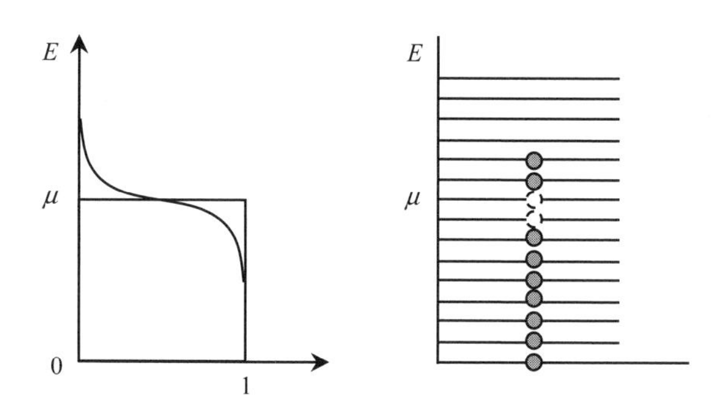


**図 9-3** 有限温度におけるフェルミ分布

**演習** 9-4　金属の化学ポテンシャル $\mu$ は $\mu\cong10^{-18}$ [J] 程度であることが知られている。この値を温度に換算すると、どの程度か計算せよ。

**解）** $\mu=k_BT$ であるので　$T=\frac{\mu}{k_B}\cong 72000$[K]　となる。

このように、とてつもない高温となるのである。$\mu$は、金属の自由電子が絶対零度で有するエネルギーであり、**フェルミエネルギー** (Fermi energy) とも呼ばれ、$E_F$ とも表記される。

さて、グランドカノニカル集団であるフェルミ粒子の大分配関数 $Z_G$ が求められたので

$$J = k_B T \ln Z_G$$

から、グランドポテンシャルが求められる。その後、エントロピーなどの熱力学変数が求められることになる。ただし、フェルミ粒子については、フェルミ分布関数が重要であり、これを中心に、その後の展開が進んでいく。これについては、次章で詳しく紹介する。

## 9.2.　ボーズ分布

つぎに、ボーズ粒子について考えてみよう。エネルギー準位$\varepsilon_1$, $\varepsilon_2$, $\varepsilon_3$, ...., $\varepsilon_j$, ...にある粒子数を $n_1$, $n_2$, $n_3$, ..., $n_j$, ...とすると、ボーズ粒子の場合は、$n_j$ としてとりうるのは0から ∞ までである。

それでは、簡単化のためにエネルギー準位が$\varepsilon_1$, $\varepsilon_2$の 2 個の系を考え、その大分配関数を求めてみよう。粒子数を $N$ とすると

$N = 0$ の場合には、2 個の準位を示す粒子の個数の組合せは (0, 0) しかない。$N = 1$ の場合には、2 個の準位を示す粒子の個数の組合せは

(1, 0) (0, 1)

の 2 通りとなる。$N = 2$ の場合には、2 個の準位を示す粒子の個数の組合せは

(1, 1) (2, 0) (0, 2)

の 3 通りとなる。

**演習 9-5**　エネルギー準位が 2 個のボーズ粒子系において、粒子数 $N$ が 3 個および 4 個の場合の組合せを示せ。

**解）** $N = 3$ の場合には、2 個の準位を示す粒子の個数の組合せは、すべての粒子がどちらかの準位を占める(3, 0) (0, 3) と、2 個の準位に分かれる(2, 1)

(1, 2) の 4 通りとなる。

$N=4$ の場合には、2 個の準位を示す粒子の個数の組合せは(1, 3) (2, 2) (3, 1) (4, 0) (0, 4) の 5 通りとなる。

---

これ以降は、粒子数の増加とともに状態の数も急激に増えていく。このように、フェルミ粒子の場合と異なり、ボーズ粒子では、エネルギー準位が 2 個しかない場合でも、いくらでも $N$ の数は増えていく。

それでは、以上を踏まえて、エネルギー準位 2 個の場合のボーズ粒子の大分配関数 $Z_{\mathrm{G}}=\sum\exp\left(\dfrac{\mu N}{k_BT}\right)\exp\left(-\dfrac{E_i}{k_BT}\right)$ を実際に求めてみよう。

ここでは、$N$ の値で場合分けしていく。まず、$N=0$ のとき、エネルギー状態は $E_i=0$ しかないので

$$Z_{\mathrm{G}}(N=0)=\exp(0)\exp(0)=1$$

$N=1$ のとき、$E_1=\varepsilon_1$ , $E_2=\varepsilon_2$ の場合があり

$$Z_{\mathrm{G}}(N=1)=\exp\left(\frac{\mu}{k_BT}\right)\left\{\exp\left(-\frac{\varepsilon_1}{k_BT}\right)+\exp\left(-\frac{\varepsilon_2}{k_BT}\right)\right\}=\exp\left(-\frac{\varepsilon_1-\mu}{k_BT}\right)+\exp\left(-\frac{\varepsilon_2-\mu}{k_BT}\right)$$

となる。$N=2$ のとき、$E_1=2\varepsilon_1$ , $E_2=\varepsilon_1+\varepsilon_2$ , $E_3=2\varepsilon_2$ のエネルギー状態があり

$$Z_{\mathrm{G}}(N=2)=\exp\left(\frac{2\mu}{k_BT}\right)\left\{\exp\left(-\frac{\varepsilon_1+\varepsilon_2}{k_BT}\right)+\exp\left(-\frac{2\varepsilon_1}{k_BT}\right)+\exp\left(-\frac{2\varepsilon_2}{k_BT}\right)\right\}$$

となる。よって

$$Z_{\mathrm{G}}(N=2)=\exp\left(-\frac{\varepsilon_1-\mu}{k_BT}\right)\exp\left(-\frac{\varepsilon_2-\mu}{k_BT}\right)+\left\{\exp\left(-\frac{\varepsilon_1-\mu}{k_BT}\right)\right\}^2+\left\{\exp\left(-\frac{\varepsilon_2-\mu}{k_BT}\right)\right\}^2$$

となる。

---

**演習 9-6**　エネルギー準位が $\varepsilon_1,\varepsilon_2$ の 2 準位のボーズ粒子系において、粒子数 $N=3$ に対応した大分配関数の成分を求めよ。

---

**解）** $N=3$ のときのエネルギー状態は

$$E_1=3\varepsilon_1,\ E_2=2\varepsilon_1+\varepsilon_2,\ E_3=\varepsilon_1+2\varepsilon_2,\ E_4=3\varepsilon_2$$

の 4 種類となる。よって大分配関数の成分は

$Z_{\mathrm{G}}(N=3)=$

$$\exp\left(\frac{3\mu}{k_BT}\right)\left\{\exp\left(-\frac{2\varepsilon_1+\varepsilon_2}{k_BT}\right)+\exp\left(-\frac{\varepsilon_1+2\varepsilon_2}{k_BT}\right)+\exp\left(-\frac{3\varepsilon_1}{k_BT}\right)+\exp\left(-\frac{3\varepsilon_2}{k_BT}\right)\right\}$$

となる。よって

$$Z_{\mathrm{G}}(N=3)=\left\{\exp\left(-\frac{\varepsilon_1-\mu}{k_BT}\right)\right\}^2\exp\left(-\frac{\varepsilon_2-\mu}{k_BT}\right)+\exp\left(-\frac{\varepsilon_1-\mu}{k_BT}\right)\left\{\exp\left(-\frac{\varepsilon_2-\mu}{k_BT}\right)\right\}^2$$

$$+\left\{\exp\left(-\frac{\varepsilon_1-\mu}{k_BT}\right)\right\}^3+\left\{\exp\left(-\frac{\varepsilon_2-\mu}{k_BT}\right)\right\}^3$$

となる。

---

つぎに、$N=4$ のとき、とりうるエネルギー状態 $E_i$ は

$$E_i=\varepsilon_1+3\varepsilon_2,\ 2\varepsilon_1+2\varepsilon_2,\ 3\varepsilon_1+\varepsilon_2,\ 4\varepsilon_1,\ 4\varepsilon_2$$

の 5 種類となり、この場合の大分配関数の成分は

$$Z_{\mathrm{G}}(N=4)=\exp\left(\frac{4\mu}{k_BT}\right)\left\{\exp\left(-\frac{\varepsilon_1+3\varepsilon_2}{k_BT}\right)+\exp\left(-\frac{2\varepsilon_1+2\varepsilon_2}{k_BT}\right)+\exp\left(-\frac{3\varepsilon_1+\varepsilon_2}{k_BT}\right)\right\}$$

$$+\exp\left(\frac{4\mu}{k_BT}\right)\left\{\exp\left(-\frac{4\varepsilon_1}{k_BT}\right)+\exp\left(-\frac{4\varepsilon_2}{k_BT}\right)\right\}$$

となる。よって

$$Z_{\mathrm{G}}(N=4)=\exp\left(-\frac{\varepsilon_1-\mu}{k_BT}\right)\left\{\exp\left(-\frac{\varepsilon_2-\mu}{k_BT}\right)\right\}^3+\left\{\exp\left(-\frac{\varepsilon_1-\mu}{k_BT}\right)\right\}^2\left\{\exp\left(-\frac{\varepsilon_2-\mu}{k_BT}\right)\right\}^2$$

$$+\left\{\exp\left(-\frac{\varepsilon_1-\mu}{k_BT}\right)\right\}^3\exp\left(-\frac{\varepsilon_2-\mu}{k_BT}\right)+\left\{\exp\left(-\frac{\varepsilon_1-\mu}{k_BT}\right)\right\}^4+\left\{\exp\left(-\frac{\varepsilon_2-\mu}{k_BT}\right)\right\}^4$$

となる。これ以降も、$N = \infty$まで同様の展開が続いていくことになる。したがって、2 準位系のボーズ粒子の大分配関数は

$$Z_{\mathrm{G}} = 1 + \exp\left(-\frac{\varepsilon_1 - \mu}{k_B T}\right) + \exp\left(-\frac{\varepsilon_2 - \mu}{k_B T}\right)$$

$$+ \exp\left(-\frac{\varepsilon_1 - \mu}{k_B T}\right)\exp\left(-\frac{\varepsilon_2 - \mu}{k_B T}\right) + \left\{\exp\left(-\frac{\varepsilon_1 - \mu}{k_B T}\right)\right\}^2 + \left\{\exp\left(-\frac{\varepsilon_2 - \mu}{k_B T}\right)\right\}^2$$

$$+ \left\{\exp\left(-\frac{\varepsilon_1 - \mu}{k_B T}\right)\right\}^2 \exp\left(-\frac{\varepsilon_2 - \mu}{k_B T}\right) + \exp\left(-\frac{\varepsilon_1 - \mu}{k_B T}\right)\left\{\exp\left(-\frac{\varepsilon_2 - \mu}{k_B T}\right)\right\}^2$$

$$+ \left\{\exp\left(-\frac{\varepsilon_1 - \mu}{k_B T}\right)\right\}^3 + \left\{\exp\left(-\frac{\varepsilon_2 - \mu}{k_B T}\right)\right\}^3$$

$$+ \exp\left(-\frac{\varepsilon_1 - \mu}{k_B T}\right)\left\{\exp\left(-\frac{\varepsilon_2 - \mu}{k_B T}\right)\right\}^3 + \left\{\exp\left(-\frac{\varepsilon_1 - \mu}{k_B T}\right)\right\}^2 \left\{\exp\left(-\frac{\varepsilon_2 - \mu}{k_B T}\right)\right\}^2$$

$$+ \left\{\exp\left(-\frac{\varepsilon_1 - \mu}{k_B T}\right)\right\}^3 \exp\left(-\frac{\varepsilon_2 - \mu}{k_B T}\right) + \left\{\exp\left(-\frac{\varepsilon_1 - \mu}{k_B T}\right)\right\}^4 + \left\{\exp\left(-\frac{\varepsilon_2 - \mu}{k_B T}\right)\right\}^4 + \ldots$$

となる。この式を眺めると

$$Z_{\mathrm{G}} = \left\{1 + \exp\left(-\frac{\varepsilon_1 - \mu}{k_B T}\right) + \left\{\exp\left(-\frac{\varepsilon_1 - \mu}{k_B T}\right)\right\}^2 + \left\{\exp\left(-\frac{\varepsilon_1 - \mu}{k_B T}\right)\right\}^3 + \ldots\right\} \times$$

$$\left\{1 + \exp\left(-\frac{\varepsilon_2 - \mu}{k_B T}\right) + \left\{\exp\left(-\frac{\varepsilon_2 - \mu}{k_B T}\right)\right\}^2 + \left\{\exp\left(-\frac{\varepsilon_2 - \mu}{k_B T}\right)\right\}^3 + \ldots\right\} \times \ldots$$

とまとめられることに気づく。シグマ記号を使えば

$$Z_{\mathrm{G}} = \left\{\sum_{r=0}^{\infty} \exp\left(-\frac{\varepsilon_1 - \mu}{k_B T}\right)^r\right\} \left\{\sum_{r=0}^{\infty} \exp\left(-\frac{\varepsilon_2 - \mu}{k_B T}\right)^r\right\}$$

となる。この結果から、3 準位系では

$$Z_{\mathrm{G}} = \left\{ \sum_{r=0}^{\infty} \exp\left( -\frac{\varepsilon_1 - \mu}{k_B T} \right)^r \right\} \left\{ \sum_{r=0}^{\infty} \exp\left( -\frac{\varepsilon_2 - \mu}{k_B T} \right)^r \right\} \left\{ \sum_{r=0}^{\infty} \exp\left( -\frac{\varepsilon_3 - \mu}{k_B T} \right)^r \right\}$$

となることが予想されるが、実際に2準位系と同様の計算を進めれば、上記関係がえられる。よって、$n$ 準位系では

$$Z_{\mathrm{G}} = \left\{ \sum_{r=0}^{\infty} \exp\left( -\frac{\varepsilon_1 - \mu}{k_B T} \right)^r \right\} \left\{ \sum_{r=0}^{\infty} \exp\left( -\frac{\varepsilon_2 - \mu}{k_B T} \right)^r \right\} \cdots \left\{ \sum_{r=0}^{\infty} \exp\left( -\frac{\varepsilon_n - \mu}{k_B T} \right)^r \right\}$$

となる。ここで、$\varepsilon_1$ に対応した

$$1 + \exp\left( -\frac{\varepsilon_1 - \mu}{k_B T} \right) + \left\{ \exp\left( -\frac{\varepsilon_1 - \mu}{k_B T} \right) \right\}^2 + \left\{ \exp\left( -\frac{\varepsilon_1 - \mu}{k_B T} \right) \right\}^3 + \ldots$$

という項を見てみよう。これは、初項が1で公比が $\exp(-(\varepsilon_1 - \mu)k_B T)$ の**無限等比級数** (infinite geometric series) となっている。よって $\exp(-(\varepsilon_1 - \mu)k_B T) < 1$ でなければ発散するので、ボーズ粒子では、$\varepsilon_1 > \mu$ という条件が課される。もちろん、この条件は、$\varepsilon_2, \varepsilon_3,$ ... すべてに適用される。このとき級数は収束し

$$1 + \exp\left( -\frac{\varepsilon_1 - \mu}{k_B T} \right) + \left\{ \exp\left( -\frac{\varepsilon_1 - \mu}{k_B T} \right) \right\}^2 + \left\{ \exp\left( -\frac{\varepsilon_1 - \mu}{k_B T} \right) \right\}^3 + \ldots = \frac{1}{1 - \exp\left( -\frac{\varepsilon_1 - \mu}{k_B T} \right)}$$

となる。よって、ボーズ粒子の大分配関数は

$$Z_{\mathrm{G}} = \left\{ \frac{1}{1 - \exp\left( -\frac{\varepsilon_1 - \mu}{k_B T} \right)} \right\} \left\{ \frac{1}{1 - \exp\left( -\frac{\varepsilon_2 - \mu}{k_B T} \right)} \right\} \cdots \left\{ \frac{1}{1 - \exp\left( -\frac{\varepsilon_n - \mu}{k_B T} \right)} \right\} \cdots$$

と与えられることになる。積和記号を使えば

$$Z_{\mathrm{G}} = \prod_j \frac{1}{1 - \exp\left( -\frac{\varepsilon_j - \mu}{k_B T} \right)}$$

となる。大分配関数が与えられたので、あとは、グランドカノニカルの手法にしたがって、いろいろな物理量を求めていけばよいことになる。

**演習 9-7**　グランドカノニカル集団の平均粒子数 $<N>$ と大分配関数 $Z_G$ の関係式 $<N>=k_B T \dfrac{\partial}{\partial \mu}(\ln Z_G)$ を利用してボーズ粒子の分布を求めよ。

**解）** $\ln Z_G = -\ln\left\{1-\exp\left(-\dfrac{\varepsilon_1-\mu}{k_B T}\right)\right\} - \cdots - \ln\left\{1-\exp\left(-\dfrac{\varepsilon_n-\mu}{k_B T}\right)\right\} - \ldots$ であるので

$$\frac{\partial}{\partial \mu}(\ln Z_G) = -\frac{\partial}{\partial \mu}\ln\left\{1-\exp\left(-\frac{\varepsilon_1-\mu}{k_B T}\right)\right\} - \ldots - \frac{\partial}{\partial \mu}\ln\left\{1-\exp\left(-\frac{\varepsilon_n-\mu}{k_B T}\right)\right\}$$

となる。したがって

$$\frac{\partial}{\partial \mu}(\ln Z_G) = \frac{1}{k_B T}\left\{\frac{\exp\left(-\dfrac{\varepsilon_1-\mu}{k_B T}\right)}{1-\exp\left(-\dfrac{\varepsilon_1-\mu}{k_B T}\right)} + \frac{\exp\left(-\dfrac{\varepsilon_2-\mu}{k_B T}\right)}{1-\exp\left(-\dfrac{\varepsilon_2-\mu}{k_B T}\right)} + \ldots + \frac{\exp\left(-\dfrac{\varepsilon_n-\mu}{k_B T}\right)}{1-\exp\left(-\dfrac{\varepsilon_n-\mu}{k_B T}\right)}\right\}$$

ここで

$$<N> = k_B T \frac{\partial}{\partial \mu}(\ln Z_G) = \frac{\exp\left(-\dfrac{\varepsilon_1-\mu}{k_B T}\right)}{1-\exp\left(-\dfrac{\varepsilon_1-\mu}{k_B T}\right)} + \frac{\exp\left(-\dfrac{\varepsilon_2-\mu}{k_B T}\right)}{1-\exp\left(-\dfrac{\varepsilon_2-\mu}{k_B T}\right)} + \ldots + \frac{\exp\left(-\dfrac{\varepsilon_n-\mu}{k_B T}\right)}{1-\exp\left(-\dfrac{\varepsilon_n-\mu}{k_B T}\right)} + \ldots$$

$$= \frac{1}{\exp\left(\dfrac{\varepsilon_1-\mu}{k_B T}\right)-1} + \frac{1}{\exp\left(\dfrac{\varepsilon_2-\mu}{k_B T}\right)-1} + \ldots + \frac{1}{\exp\left(\dfrac{\varepsilon_n-\mu}{k_B T}\right)-1} + \ldots = \sum_j \frac{1}{\exp\left(\dfrac{\varepsilon_j-\mu}{k_B T}\right)-1}$$

となる。この結果から $j$ 準位の粒子数は $n_j = \dfrac{1}{\exp\left(\dfrac{\varepsilon_j-\mu}{k_B T}\right)-1}$ となる。

---

このような分布を**ボーズ分布** (Bose distribution) と呼んでいる。ボーズ粒子の場合にも量子統計に応用する場合には、エネルギー準位間の幅が狭く、連続関数とみなせることから $f(\varepsilon) = \dfrac{1}{\exp\left(\dfrac{\varepsilon-\mu}{k_B T}\right)-1}$ という関数を導入する。

これを**ボーズ分布関数** (Bose distribution function) と呼んでいる。ひとつの量子状態に 1 個の粒子しか占有できないフェルミ粒子の分布は $f(\varepsilon)=\dfrac{1}{\exp((\varepsilon-\mu)/k_BT)+1}$ という分布関数によって与えられるので、フェルミ粒子とボーズ粒子の分布を示す表式はよく似ており、分母において±1 のみの違いとなっていることがわかる。

それでは、ボーズ分布がどのようなものか見てみよう。まず、条件として $\varepsilon>\mu$ が付加される。ところで、$\varepsilon$ の最小値は 0 となるから、この関係が常に成立するためには $\mu<0$ でなければならない。以上を踏まえたうえで、ある温度 $k_BT$ におけるボーズ粒子のエネルギー依存性を考えてみよう。まず

$$f(\varepsilon)=\frac{1}{\exp((\varepsilon-\mu)/k_BT)+1} \quad \text{と置くと} \quad f(0)=\frac{1}{\exp(-\mu/k_BT)+1}$$

となり $f'(\varepsilon)=-\dfrac{1}{k_BT}\dfrac{\exp((\varepsilon-\mu)/k_BT)}{\{\exp((\varepsilon-\mu/k_BT)+1\}^2}<0$ となるので、単調減少となり、結局、ボーズ分布は図 9-4 のようになる。実際に意味を持つのは、$\varepsilon>0$ の範囲であるが、関数は $\varepsilon=\mu$ に漸近する。

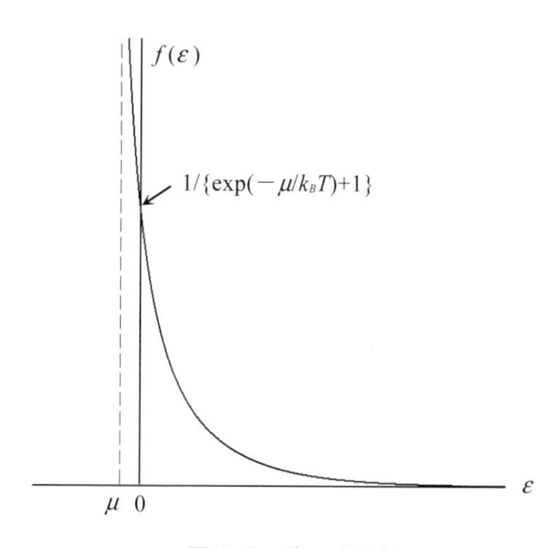


**図 9-4**　ボーズ分布

このように、ボーズ分布では、エネルギーが高くなるにしたがって粒子の占有率が下がっていくという分布となる。

ここで、この理由を少し考えてみよう。フェルミ粒子の項でもみたように、$k_BT$ という値は非常に小さいので、$\varepsilon - \mu$ の値が非常に小さくない限り

$$\exp\left(\frac{\varepsilon - \mu}{k_BT}\right) >> 1$$

という関係にある。とすれば

$$f(\varepsilon) = \frac{1}{\exp\left(\frac{\varepsilon - \mu}{k_BT}\right) + 1} \cong \frac{1}{\exp\left(\frac{\varepsilon - \mu}{k_BT}\right)} = \exp\left(-\frac{\varepsilon - \mu}{k_BT}\right) = a\exp\left(-\frac{\varepsilon}{k_BT}\right)$$

となり、ボーズ粒子の存在確率の温度依存性は、まさに、ボルツマン因子となるのである。グランドカノニカル集団であるボーズ粒子の大分配関数 $Z_G$ が求められたので $J = -k_BT \ln Z_G$ から、グランドポテンシャルが求められる。その後、エントロピーなどの熱力学変数が求められることになる。

ただし、フェルミ粒子と同様に、ボーズ粒子についても、ボーズ分布関数が重要であり、これを中心に、その後の展開が進んでいく。これについては、11 章で詳しく紹介する。

# 第 10 章　理想フェルミ気体

**フェルミ粒子** (Fermi particle) では、ひとつのエネルギー準位に 1 個のミクロ粒子しか入れないという制約があるために、絶対零度 $T = 0$ [K]では$\mu$以下の準位は、すべて占有され、それよりもエネルギーの高い準位は、すべて空となっているということを前章で紹介した。

本章では、このようなフェルミ分布に従う理想気体の挙動について調べていく。このような系を**理想フェルミ気体** (ideal Fermi gas) と呼んでいる。理想と冠するのは、粒子どうしの相互作用がまったくないということを想定しているからである。

理想フェルミ気体の手法は、金属中の自由電子の挙動を理解するうえで大変有用であることから、**固体物理学** (solid state physics) という重要な分野に応用されている。

## 10. 1.　フェルミエネルギー

フェルミ分布における化学ポテンシャル$\mu$のことを、**フェルミエネルギー** (Fermi energy)と呼び、$\mu$ではなく $E_F$ と表記する場合が多い。それだけ重要な物理的意味を持っているということである。

そこで、まず、絶対零度における理想フェルミ気体のフェルミエネルギー $E_F$ を求めてみよう。手法としては、ミクロカノニカル分布で用いた運動量空間を利用する。

フェルミ粒子は、3 **次元空間** (three dimensional space) の $xyz$ 方向に自由に動いており、そのエネルギーは**運動量** (momentum) : $p=mv$ を使えば

$$E = \frac{p^2}{2m} = \frac{1}{2m}({p_x}^2 + {p_y}^2 + {p_z}^2)$$

と与えられる。ただし、$m$ はフェルミ粒子の質量である。

これを、変形すると $p_x^{\ 2} + p_y^{\ 2} + p_z^{\ 2} = 2mE$ という式がえられる。

ここで、図 10-1 に示すような 3 軸がそれぞれ $p_x, p_y, p_z$ からなる空間を考えてみよう。この空間を**運動量空間** (momentum space) と呼ぶのであった。ここで、上式は、運動量空間において、半径が $\sqrt{2mE}$ の球(sphere)に対応する。

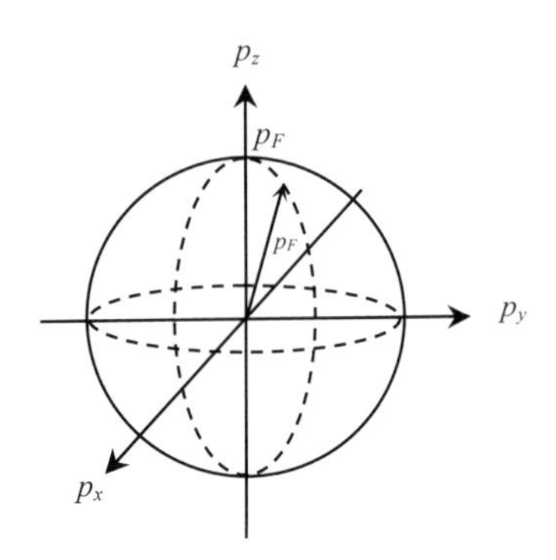


**図 10-1**　運動量空間とフェルミ球 (Fermi sphere)。この球面のことをフェルミ面 (Fermi surface)と呼ぶ。絶対零度においては、フェルミ粒子は、フェルミ球のなかの量子状態をすべて占有している。

フェルミ粒子は、この運動量空間に分布することになる。そして、絶対零度では、いちばんエネルギーの低い状態から、フェルミエネルギー $E_F$ までの空間内において、状態 1 個あたり 1 個のフェルミ粒子がつまった状態となっている。この球の半径は

$$p_F = \sqrt{2mE_F}$$

となる。この球のことを**フェルミ球** (Fermi sphere) と呼んでいる。

フェルミ球の体積は

$$\frac{4}{3}\pi p_F^{\ 3} = \frac{4}{3}\pi(2mE_F)^{\frac{3}{2}}$$

となる。それでは、この中に含まれる状態の数はどれくらいであろうか。

再び、ミクロカノニカル分布の手法を思い出そう。状態数を求めるために、運動量空間の**状態密度**(density of states)というものを考えた。密度とは、単位体積中の状態の数であるから、運動量空間の単位体積のなかに単位胞が何個

含まれているかに対応する。

そこで、1辺の長さが$L$の立方体を考え、波動性に基づくミクロ粒子の許される最小エネルギー状態を考え、これを単位胞とするのであった。そして、単位体積1を単位胞の体積で除すと、密度になり$D=\frac{8L^3}{h^3}$と与えられる。容器の体積を$V=L^3$と置くと　$D=\frac{8V}{h^3}$　となる。ただし$h$はプランク定数である。

これが、運動量空間内の状態密度である。ただし、エネルギーの場合には、単位胞の大きさが運動量の場合の8倍となるため、エネルギー状態密度はこの1/8になり　$D_E=\frac{V}{h^3}$　となるのであった。これは、運動量では$x, y, z$の3方向があり、それぞれに正負の2方向があるため、$2^3 = 8$の状態が区別できるのに対し、エネルギーでは、$E = p^2/2m$によって、これら運動量空間では異なる状態が、すべて同じエネルギー状態に還元されるためである。ここで

**（状態数）＝（状態密度）×（運動量空間の体積）**

によってえられるので、運動量が0からフェルミ運動量$p_F$までの範囲（運動量空間の半径$p_F$の球内）にある（エネルギーの）状態数は

$$W(p_F)=\frac{4}{3}\pi {p_F}^3\cdot D_E=\frac{4}{3}\pi\frac{V}{h^3}{p_F}^3$$

と与えられる。ここで、フェルミ運動量$p_F$をフェルミエネルギー$E_F$に変換しよう。すると　$E_F=\frac{{p_F}^2}{2m}$という対応関係から、エネルギーが0から$E_F$までの範囲にある状態数は

$$W(E_F)=\frac{4\pi}{3}\frac{V}{h^3}(2mE_F)^{\frac{3}{2}}$$

となる。ここで、フェルミ分布によると、絶対零度では、フェルミエネルギー以下の状態がすべてフェルミ粒子で占有されているので、状態数と粒子の総数$N$が一致する。よって

$$N=\frac{4\pi}{3}\frac{V}{h^3}(2mE_F)^{\frac{3}{2}}$$

という関係がえられる。

ところで、フェルミ気体は、金属の自由電子論に応用されることが多いが、電子系の場合には、少し修正が必要になる。いままで、フェルミ粒子は、1個のエネルギー準位を1個の粒子しか占有できないという話をしてきたが、実は、電子の場合には、ひとつのエネルギー準位に2個入ることができるのである。

これは、スピン (spin)という性質に由来する。電子のスピンにはアップ(+)とダウン(−)の2種類があり、このおかげで、図10-2に示すように、ひとつのエネルギー準位を、+のスピンを持った電子と、−のスピンを持った電子の2個が占有できるのである。

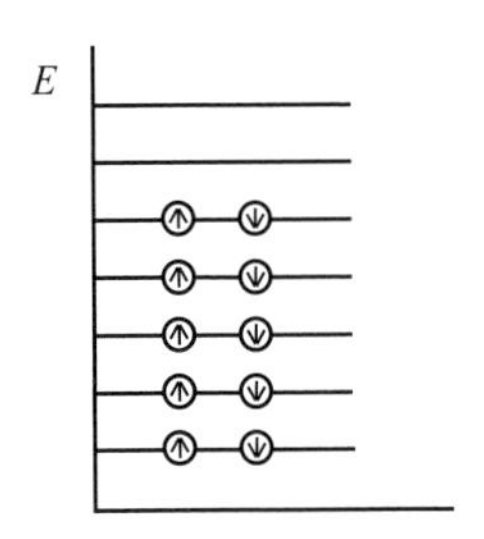


図10-2　スピンを有する電子のエネルギー分布

したがって、電子系の状態数は

$$N_{\mathrm{e}} = 2N = \frac{8\pi}{3}\frac{V}{h^3}(2mE_F)^{\frac{3}{2}}$$

と修正されるのである。これから、金属中の電子が有するフェルミエネルギー $E_F$ は

$$(2mE_F)^{\frac{3}{2}} = \frac{3N_{\mathrm{e}}h^3}{8\pi V} \qquad \text{から} \qquad E_F = \frac{1}{2m}\left(\frac{3N_{\mathrm{e}}h^3}{8\pi V}\right)^{\frac{2}{3}}$$

と与えられる。

**演習 10-1**　フェルミエネルギー $E_F$ の表式を利用して、フェルミ運動量 $p_F$ の大きさを求めよ。

**解）** フェルミエネルギー $E_F$ と、フェルミ運動量 $p_F$ は、つぎのような関係にある。

$E_F = \dfrac{{p_F}^2}{2m}$ したがって、フェルミ運動量 $p_F$ は $p_F = \left(\dfrac{3N_e h^3}{8\pi V}\right)^{\frac{1}{3}}$

となる。

---

このように、フェルミ気体では、体積 $V$ と、その中に含まれる粒子数 $N$ がわかれば、フェルミエネルギー $E_F$ を求めることができる。

それでは、$E_F$ は体積に依存するのであろうか。実はそうではない。フェルミエネルギーは $E_F = \dfrac{1}{2m}\left(\dfrac{3h^3}{8\pi}\left(\dfrac{N_e}{V}\right)\right)^{\frac{2}{3}}$ と変形できる。ここに $n = \dfrac{N_e}{V}$ は、単位体積あたりの電子数であり、密度となる。つまり、体積ではなく密度に依存するのである。そして、金属では、キャリア密度 (carrier density) に相当する。自由電子濃度と呼ぶこともある。これは、よく知られた物性値であり、金属の種類によって決まっている。一般的には $10^{28}$ - $10^{29}$ [m$^{-3}$] のオーダーとなる。したがって、絶対零度におけるフェルミエネルギー

$$E_F = \frac{1}{2m}\left(\frac{3h^3}{8\pi}n\right)^{\frac{2}{3}}$$

は、金属の種類によって一義的に決まる値となるのである。

**演習** 10-2　銅の自由電子濃度が $n = 8.46\times10^{28}$ [m$^{-3}$]としたときのフェルミエネルギー $E_F$ の値を求めよ。ただし、電子の質量を $m = 9.11\times10^{-31}$ [kg]，プランク定数を $h = 6.63\times10^{-34}$ [Js] とする。

**解）** $E_F = \dfrac{1}{2m}\left(\dfrac{3h^3}{8\pi}n\right)^{\frac{2}{3}} = \dfrac{h^2}{2m}\left(\dfrac{3}{8\pi}n\right)^{\frac{2}{3}} = \dfrac{(6.63\times10^{-34})^2}{2\times9.11\times10^{-31}}\times\left(\dfrac{3}{8\times3.14}\times8.46\times10^{28}\right)^{\frac{2}{3}}$

$$= \frac{43.56\times10^{-68}}{18.2\times10^{-31}}\left(1.01\times10^{28}\right)^{\frac{2}{3}} \cong 2.43\times10^{-37}\times\sqrt[3]{10^{56}}$$

$$\cong 2.43\times10^{-37}\times\sqrt[3]{100}\times10^{18}\cong 1.13\times10^{-18}\quad[\mathrm{J}]$$

となる。

---

フェルミエネルギー$E_F$に対応した温度を**フェルミ温度** (Fermi temperature): $T_F$ と呼び、$E_F = k_B T_F$ から $T_F = E_F / k_B$ と与えられる。ここで、ボルツマン定数 $k_B = 1.38\times10^{-23}$ [J/K] であるから、銅のフェルミ温度は

$$T_F = \frac{E_F}{k_B} = \frac{1.13\times10^{-18}}{1.38\times10^{-23}} \cong 8.19\times10^{4}\quad[\mathrm{K}]$$

となり、81900 [K] という非常に高い温度となる。

## 10. 2.　フェルミ分布関数

**フェルミ分布** (Fermi distribution) は、本来

$$n_j = \frac{1}{1+\exp\left(\dfrac{\varepsilon_j - \mu}{k_B T}\right)}$$

のような離散的な分布を示す。この式において、$\varepsilon_j$はミクロ粒子の$j$番目のエネルギー準位であり、離散的なエネルギー分布を想定している。しかし、数学的処理を考えると、連続関数で近似したほうが取り扱いは容易となる。

もともと、エネルギー準位間の幅は狭く、しかも、われわれが扱うのは、アボガドロ数のような巨大な数の粒子であるから、エネルギー $E$ は連続とみなしてもよいと考えられる。そこで9章で紹介したような

$$f(E) = \frac{1}{1+\exp\left(\dfrac{E-\mu}{k_B T}\right)}$$

という連続関数を考える。これを**フェルミ分布関数** (Fermi distribution function) と呼んでいる。

ただし、連続関数の場合は、点ではなく、ある幅を考えないと状態数が求められない。よって、運動量空間においては$p$から$p+\Delta p$という範囲を考え、この範囲にある$4\pi p^2\Delta p$という体積の中に状態がいくつあるかを求めたので

あった。そして、この領域にある状態数は、この体積にエネルギーに対応した状態密度をかけて

$$W(p+\Delta p)-W(p)=4\pi p^2\Delta p\cdot D_E=4\pi p^2\Delta p\frac{V}{h^3}$$

となるのであった。さらに、これを、運動量 $p$ からエネルギー $E$ の関数に変換すると

$$W(E+\Delta E)-W(E)=\frac{4\pi V}{h^3}(2mE)\left(\frac{1}{2}\sqrt{\frac{2m}{E}}\right)\Delta E$$

となるが、整理すると

$$W(E,\Delta E)=W(E+\Delta E)-W(E)=\frac{2\pi V}{h^3}(2m)^{\frac{3}{2}}\sqrt{E}\Delta E$$

となるのであった。

ここで、$W(E,\Delta E)$ は、エネルギーが $E$ から $E+\Delta E$ の範囲にある状態数に対応する。$\Delta E$ が十分小さいとすると、微分の定義から

$$\frac{W(E+\Delta E)-W(E)}{\Delta E}=\frac{dW(E)}{dE}$$

となるが、これを $D(E)$ と置くと

$$W(E,\Delta E)=W(E+\Delta E)-W(E)=D(E)\Delta E$$

となり

$$D(E)=\frac{2\pi V}{h^3}(2m)^{\frac{3}{2}}\sqrt{E}$$

と与えられる。

$D(E)$ をエネルギーに関する**状態密度** (density of state) と呼んでいる。つまり、単位体積あたりの状態数に相当する。このとき、$D(E)\,dE$ は、エネルギーが $E$ と $E+dE$ の範囲にある状態の数に対応する。

ただし、スピンを有するフェルミ粒子（電子）はひとつの量子状態に 2 個まで粒子が占有できるのである。よって、電子系の状態密度は

$$D(E)=\frac{4\pi V}{h^3}(2m)^{\frac{3}{2}}\sqrt{E}$$

とする必要がある。この状態密度と分布関数を使うと、つぎの積分によって、粒子数 $N$ は

$$N = \int_0^{\infty} f(E)D(E)dE$$

と与えられる。ここで、エネルギーに上限は設けていないので、積分範囲は 0 から ∞ になる。また、つぎの積分によって、エネルギーの和である内部エネルギー$U$

$$U = \int_0^{\infty} Ef(E)D(E)dE$$

がえられる。

**演習 10-3** 次式を利用して、絶対零度におけるフェルミ分布の電子数とエネルギーの関係式を導出せよ。

$$N_e = \int_0^{\infty} f(E)D(E)dE$$

**解）** 絶対零度では、$0 < E < E_F$ では $f(E) = 1$, $E > E_F$ では $f(E) = 0$ とみなすことができる。したがって

$$N_e = \int_0^{E_F} D(E)dE$$

ここで、電子の状態密度は $D(E) = \dfrac{4\pi V}{h^3}(2m)^{\frac{3}{2}}\sqrt{E}$ であるから

$$N_e = \frac{4\pi V}{h^3}(2m)^{\frac{3}{2}}\int_0^{E_F} E^{\frac{1}{2}}dE = \frac{4\pi V}{h^3}(2m)^{\frac{3}{2}}\left[\frac{2}{3}E^{\frac{3}{2}}\right]_0^{E_F} = \frac{8\pi V}{3h^3}(2mE_F)^{\frac{3}{2}}$$

となる。

---

この結果は、離散的なフェルミ分布から求めたものと一致している（214 頁参照）。このように、エネルギーが連続であると仮定しても、離散的な分布でえられたものと、同じ結果がえられるのである。

**演習** 10-4　次式を利用して、絶対零度におけるフェルミ粒子である電子系の内部エネルギーを求めよ。

$$U=\int_0^\infty E\,f(E)D(E)\,dE$$

**解**）　絶対零度では、$0<E<E_F$ では $f(E)=1$, $E>E_F$ では $f(E)=0$ であるので　$U=\int_0^{E_F} ED(E)\,dE$ となる。状態密度は　$D(E)=\dfrac{4\pi V}{h^3}(2m)^{\frac{3}{2}}\sqrt{E}$ であるから

$$U=\frac{4\pi V}{h^3}(2m)^{\frac{3}{2}}\int_0^{E_F} E^{\frac{3}{2}}dE=\frac{4\pi V}{h^3}(2m)^{\frac{3}{2}}\left[\frac{2}{5}E^{\frac{5}{2}}\right]_0^{E_F}=\frac{8\pi V}{5h^3}E_F\left(2mE_F\right)^{\frac{3}{2}}$$

となる。

---

ちなみに　$N_{\mathrm{e}}=\dfrac{8\pi}{3}\dfrac{V}{h^3}\left(2mE_F\right)^{\frac{3}{2}}$　であったので

$$U=\frac{8\pi V}{5h^3}E_F\left(2mE_F\right)^{\frac{3}{2}}=\frac{3}{5}N_{\mathrm{e}}E_F$$

となることがわかる。$U$ は示量変数であるが、右辺に、示量性を示す変数である電子数 $N_{\mathrm{e}}$ が入っているので、示量性に関して整合性のあることも確かめられる。

実は、離散的なフェルミ分布を利用して内部エネルギーを求めることは、それほど容易ではないが、連続関数による手法では、この演習のように、簡単に求めることができるのである。

ところで、一般の単原子分子からなる理想気体においては

$$U=\frac{3}{2}Nk_BT$$

から、絶対零度 $T=0$ [K] では、内部エネルギーが 0 となるはずである。フェルミ粒子では、ひとつの量子状態に1個の粒子しか入れないという制約により、絶対零度においても、これだけのエネルギーを有するのである。しか

も、そのエネルギーは温度換算で、80000 [K] というとてつもない高温となる。この事実が、金属の物性を評価するうえで、重要な因子となっている。

この温度から判断すると、われわれが多くの金属を利用している室温などは、金属の自由電子集団からみると、極低温の世界ということになる。

## 10. 3. 有限温度におけるフェルミ分布

フェルミ分布に従うミクロ粒子の数は

$$N = \int_0^\infty f(E)D(E)\,dE$$

に従い、温度 $T$ の影響は $f(E)$ に含まれているので、われわれは任意の温度におけるマクロな物性を計算することができる。しかし、問題がないわけではない。実は、この積分は、初等関数で解くことができないのである。

具体的に見てみよう。状態密度は、定数部を $A$ とまとめると

$$D(E) = A\sqrt{E} = AE^{\frac{1}{2}}$$

となる。ただし、電子では $A = \dfrac{4\pi V}{h^3}(2m)^{\frac{3}{2}}$ である。したがって

$$N = A\int_0^\infty \frac{E^{\frac{1}{2}}}{\exp\left(\dfrac{E-\mu}{k_BT}\right)+1}\,dE$$

となるが、この積分を簡単に解くことはできない。そのため、いろいろな工夫を施しながら近似的な解を求めていくことになる。

ここでは、まず、フェルミ分布関数のかたちをもとに、有限温度における分布がどのように変化するかを、考えてみる。

フェルミ分布関数をつぎのように置く。

$$f(E) = \frac{1}{1+\exp\left(\dfrac{E-\mu}{k_BT}\right)} = \frac{1}{\exp\{\beta(E-\mu)\}+1}$$

これは、逆温度 $\beta = \dfrac{1}{k_BT}$ を使って、分布関数を表示したものである。

絶対零度では、$\beta \to \infty$ となるので、フェルミ分布関数がステップ関数になることは、すでに確認している。有限の温度では、この分布からずれが生じることになる。

そこで、$f(E)$ の変化の様子を探るため $E$ に関して微分してみる。すると

$$\frac{df(E)}{dE} = f'(E) = -\frac{\beta \exp\{\beta(E-\mu)\}}{[\exp\{\beta(E-\mu)\}+1]^2}$$

となる。ここで $\beta(E-\mu)=t$ と置くと

$$-\frac{df(E)}{dt} = \frac{\beta e^t}{(e^t+1)^2} = \frac{\beta e^t}{(e^t+1)(e^t+1)} = \frac{\beta}{(e^t+1)(e^{-t}+1)}$$

となる。

**演習 10-5**　関数 $g(t) = \dfrac{\beta}{(e^t+1)(e^{-t}+1)}$ のグラフを描け。

**解**）$g(t) = g(-t)$ であるので、この関数は偶関数である。よって、$t=0$ を中心として左右対称となる。さらに $g(t)$ をつぎのように変形しよう。

$$g(t) = \frac{\beta}{(e^t+1)(e^{-t}+1)} = \frac{\beta}{e^t+e^{-t}+2}$$

この導関数は $g'(t) = -\dfrac{\beta(e^t-e^{-t})}{(e^t+e^{-t}+2)^2}$ から $g'(0)=0$ であるから、$t=0$ で極値をとることがわかる。その値は $g(0) = \dfrac{\beta}{e^0+e^0+2} = \dfrac{\beta}{4}$ となる。さらに、$t=0$ に関して、左右対称であるので、$t>0$ の領域を見てみよう。まず $t \to \infty$ では $e^t \to \infty$ かつ $e^{-t} \to 0$ であるから $g(t) \to 0$ となる。さらに、$t$ が大きいと $e^t >> e^{-t}$ から

$$g(t) = \frac{\beta}{e^t+e^{-t}+2} \cong \frac{\beta}{e^t+2}$$

となるが、さらに $e^t$ は 2 に比べて大きいとすると $g(t) \cong \dfrac{\beta}{e^t} = \beta e^{-t}$ となり、$t$ の増加とともに指数関数的に減少していき、0 に漸近する。したがって、$g(t)$

のグラフは図 10-3 のようになる。

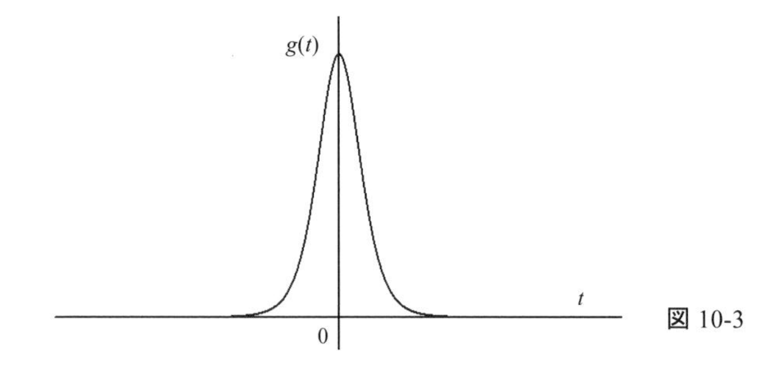

図 10-3

---

以上の結果をもとに $f'(E) = -\dfrac{\beta}{(e^t+1)(e^{-t}+1)}$ のグラフを考えてみよう。ただし $\beta(E-\mu)=t$ から $E=\mu+\dfrac{t}{\beta}=\mu+t(k_BT)$ という関係にある。まず、$t = 0$ に関して対称ということは、$E=\mu$ に関して対称なグラフとなり、ちょうど図 10-3 を上下に反転したものとなる。また、ピークは $\beta/4=1/4k_BT$ となる。よって、$f'(E)$ は、図 10-4 のようなグラフとなる。

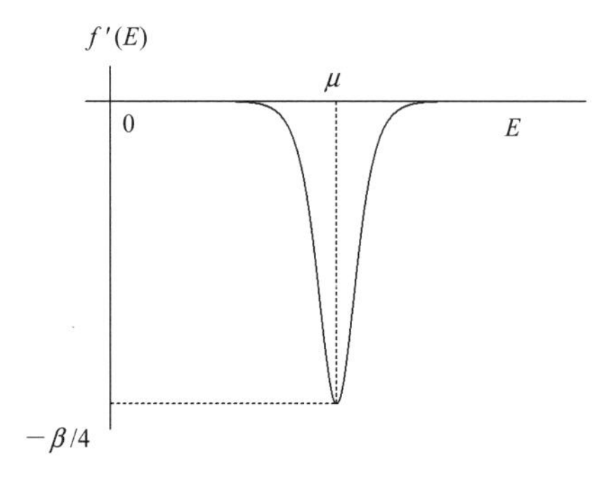


**図 10-4**　フェルミ分布関数のフェルミ面近傍での温度によるエネルギー変化

図 10-4 をみてわかるように

$$f(E) = \frac{1}{1+\exp\left(\dfrac{E-\mu}{k_B T}\right)} = \frac{1}{\exp\{\beta(E-\mu)\}+1}$$

は $E=\mu$ 近傍のみで変化する。ここで

$$E = \mu + t(k_B T)$$

から、この関数は、$t$ に対して $1/(e^t+2)$のように低下するから、エネルギー$E$ は、$\mu$ から $k_BT$ 離れれば $1/(e+2)=0.2$ となり、$2k_BT$ 離れれば $1/(e^2+2)=0.1$ 程度となり、$3k_BT$ では $1/(e^3+2)=0.045$ と急激に低下していくことがわかる。つまり、$\mu$ のまわりの近傍でのみ変化が生じることになる。

ということは、図 10-5 のように、有限温度の分布は、絶対零度におけるフェルミ分布から、フェルミ面近傍がわずかに変化するだけなのである。この図では、変化の様子を少々誇張して描いているが、実際には、このスケールでは変化が見えないほど小さな変化なのである。

これは、ひとつのエネルギー準位に 1 個の粒子しか占有できないというフェルミ粒子の特殊性により、絶対零度においても、かなりの高エネルギー準位を粒子が占有するという理由によっている。

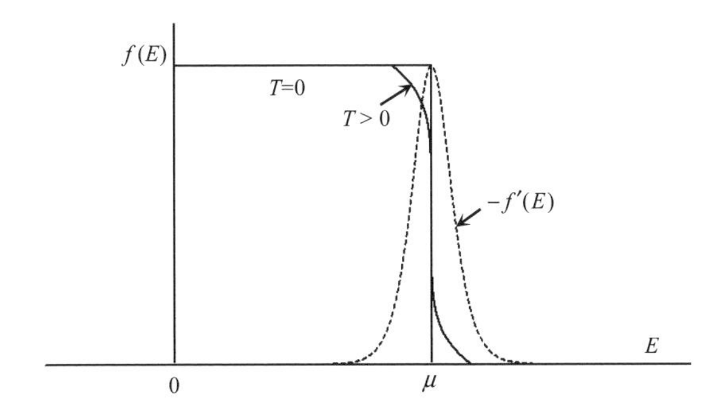


**図 10-5**　絶対零度と有限温度におけるフェルミ分布関数の変化

それでは、いよいよ積分に挑戦してみよう。まず

$$N = \int_0^\infty f(E)D(E)\,dE$$

において　$G(x)=\int_0^x D(E)dE$ という関係にある関数 $G(x)$を考える。すると

$$N=\int_0^\infty f(E)G'(E)dE$$

となるので、部分積分を利用できる。すると

$$N=[f(E)G(E)]_0^\infty-\int_0^\infty f'(E)G(E)dE$$

となる。ここで

$G(0)=\int_0^0 D(E)dE=0$　であり、$E\to\infty$　で $f(E)\to 0$　であるから

$[f(E)G(E)]_0^\infty=0-0=0$　となる。したがって　$N=-\int_0^\infty f'(E)G(E)dE$

となる。ところで、先ほど見たように、$f'(E)$ は $E=\mu$ にピークを有し、そのごく近傍だけに値を有する関数である。そこで、$G(E)$を $E=\mu$ のまわりでテーラー展開してみよう。すると

$$G(E)=G(\mu)+(E-\mu)G'(\mu)+\frac{(E-\mu)^2}{2}G''(\mu)+\frac{(E-\mu)^3}{3!}G'''(\mu)+\frac{(E-\mu)^4}{4!}G^{(4)}(\mu)...$$

と展開できる。すると　$N=-\int_0^\infty f'(E)G(E)dE$

$$=-G(\mu)\int_0^\infty f'(E)dE-G'(\mu)\int_0^\infty (E-\mu)f'(E)dE-\frac{G''(\mu)}{2}\int_0^\infty (E-\mu)^2 f'(E)dE$$

$$-\frac{G'''(\mu)}{6}\int_0^\infty (E-\mu)^3 f'(E)dE-\frac{G^{(4)}(\mu)}{24}\int_0^\infty (E-\mu)^4 f'(E)dE-...$$

となる。ここで　$\int_0^\infty f'(E)dE=\left[f(E)\right]_0^\infty=f(\infty)-f(0)=0-1=-1$　となるので、第1項は　$-G(\mu)\int_0^\infty f'(E)dE=G(\mu)$　となる。つぎに、第2項

$-G'(\mu)\int_0^\infty (E-\mu)f'(E)dE$　についてみてみよう。まず

$$f'(E)=-\frac{\beta\exp\{\beta(E-\mu)\}}{[\exp\{\beta(E-\mu)\}+1]^2}$$

であったが $\beta(E-\mu)=t$ と置くと

$$-f'(E)=\frac{\beta e^t}{(e^t+1)^2}=\frac{\beta}{(e^t+1)(e^{-t}+1)}$$

となる。ここで、$\beta(E-\mu)=t$ から $dE=\dfrac{dt}{\beta}$、$E=0$ のとき $t=-\beta\mu$ であるから

$$\int_0^{\infty}(E-\mu)f'(E)dE=-\int_{-\beta\mu}^{\infty}\frac{t}{\beta}\frac{\beta}{(e^t+1)(e^{-t}+1)}\frac{dt}{\beta}=-\frac{1}{\beta}\int_{-\beta\mu}^{\infty}\frac{t}{(e^t+1)(e^{-t}+1)}dt$$

となる。ここで、被積分関数は奇関数であり、$\beta$ は $k_BT$ の逆数であるから $10^{21}$ －$10^{24}$ 程度の巨大な数であるので

$$\int_{-\beta\mu}^{\infty}\frac{t}{(e^t+1)(e^{-t}+1)}dt\cong\int_{-\infty}^{\infty}\frac{t}{(e^t+1)(e^{-t}+1)}dt$$

のように積分範囲を$-\infty$ から $\infty$ までとしてもよい。すると、奇関数の性質から、この積分は0となる。よって、第2項は消えることになる。

つぎに、第3項 $-\dfrac{G''(\mu)}{2}\displaystyle\int_0^{\infty}(E-\mu)^2f'(E)dE$ を求めよう。ここでは、積分

$$\int_0^{\infty}(E-\mu)^2f'(E)dE$$

を考える。ふたたび $\beta(E-\mu)=t$ と置くと

$$\int_0^{\infty}(E-\mu)^2f'(E)dE=-\int_{-\beta\mu}^{\infty}\frac{t^2}{\beta^2}\frac{\beta e^t}{(e^t+1)^2}\frac{dt}{\beta}=-\frac{1}{\beta^2}\int_{-\infty}^{\infty}\frac{t^2e^t}{(e^t+1)^2}dt$$

となる。ここでも、$\beta$ が大きいということで、積分範囲の下限の$-\beta\mu$ を$-\infty$ としている。被積分関数は偶関数であるから

$$\int_0^{\infty}(E-\mu)^2f'(E)dE=-\frac{2}{\beta^2}\int_0^{\infty}\frac{t^2e^t}{(e^t+1)^2}dt$$

さらに、被積分関数の分子分母を $e^{2t}$ で除すと

$$\int_0^{\infty}(E-\mu)^2f'(E)dE=-\frac{2}{\beta^2}\int_0^{\infty}\frac{t^2e^{-t}}{(e^{-t}+1)^2}dt$$

となる。ここで、$e^{-t}<1$ であるから

$$\frac{1}{1+e^{-t}}=1-e^{-t}+e^{2t}-e^{-3t}+e^{4t}-\dots$$

と級数展開できる。

$$\frac{1}{(1+e^{-t})^2}=(1-e^{-t}+e^{-2t}-e^{-3t}+e^{-4t}-...)^2=1-2e^{-t}+3e^{-2t}-4e^{-3t}+...$$

となる。したがって

$$\int_0^\infty \frac{t^2e^{-t}}{(e^{-t}+1)^2}dt=\int_0^\infty t^2e^{-t}(1-2e^{-t}+3e^{-2t}-4e^{-3t}+...)dt$$

$$=\int_0^\infty t^2(e^{-t}-2e^{-2t}+3e^{-3t}-4e^{-4t}+...)dt$$

と展開できる。ここで $\int_0^\infty t^2e^{-nt}dt$ という積分を考える。$x=nt$ と置くと

$$\int_0^\infty t^2e^{-nt}dt=\int_0^\infty \left(\frac{x}{n}\right)^2 e^{-x}\frac{dx}{n}=\frac{1}{n^3}\int_0^\infty x^2e^{-x}dx$$

となるが、この積分はガンマ関数であり

$$\int_0^\infty t^2e^{-nt}dt=\frac{1}{n^3}\Gamma(3)=\frac{2}{n^3}$$

となる。したがって

$$\int_0^\infty \frac{t^2e^{-t}}{(e^{-t}+1)^2}dt=2\left(\frac{1}{1^3}-\frac{2}{2^3}+\frac{3}{3^3}-\frac{4}{4^3}+...\right)=2\left(\frac{1}{1^2}-\frac{1}{2^2}+\frac{1}{3^2}-\frac{1}{4^2}+...\right)$$

となる。ここで

$$\frac{1}{1^2}-\frac{1}{2^2}+\frac{1}{3^2}-\frac{1}{4^2}+\frac{1}{5^2}-...=\frac{\pi^2}{12}$$

であるので

$$\int_0^\infty (E-\mu)^2 f'(E)dE=-\frac{2}{\beta^2}\int_0^\infty \frac{t^2e^{-t}}{(e^{-t}+1)^2}dt=-\frac{2}{\beta^2}\frac{\pi^2}{6}=-(k_BT)^2\frac{\pi^2}{3}$$

となる。よって第 3 項は

$$-\frac{G''(\mu)}{2}\int_0^\infty (E-\mu)^2 f'(E)dE=\frac{\pi^2}{6}(k_BT)^2G''(\mu)$$

と与えられる。第 4 項については、第 2 項と同じように、被積分関数が奇関数となるので、その積分は 0 となる。

その次の、第 5 項 $-\frac{G^{(4)}(\mu)}{24}\int_0^\infty (E-\mu)^4 f'(E)dE$ はどうであろうか。

**演習 10-6**　つぎの積分値を求めよ。

$$\int_0^\infty (E-\mu)^4 f'(E)\,dE$$

**解）**　$\beta(E-\mu)=t$ と置くと

$$\int_0^\infty (E-\mu)^4 f'(E)\,dE = -\frac{2}{\beta^4}\int_0^\infty \frac{t^4 e^{-t}}{(e^{-t}+1)^2}\,dt$$

となる。分母を級数展開すると

$$\int_0^\infty \frac{t^4 e^{-t}}{(e^{-t}+1)^2}\,dt = \int_0^\infty t^4 e^{-t}(1-2e^{-t}+3e^{-2t}-4e^{-3t}+...)\,dt$$

となる。ここで $\int_0^\infty t^4 e^{-nt}\,dt$ という積分を考える。$x=nt$ と置くと

$$\int_0^\infty t^4 e^{-nt}\,dt = \int_0^\infty \left(\frac{x}{n}\right)^4 e^{-x}\frac{dx}{n} = \frac{1}{n^5}\int_0^\infty x^4 e^{-x}\,dx$$

となるが、この積分はガンマ関数であり

$$\int_0^\infty t^4 e^{-nt}\,dt = \frac{1}{n^5}\Gamma(5) = \frac{4!}{n^5} = \frac{24}{n^5}$$

となる。したがって

$$\int_0^\infty \frac{t^4 e^{-t}}{(e^{-t}+1)^2}\,dt = 24\left(\frac{1}{1^5}-\frac{2}{2^5}+\frac{3}{3^5}-\frac{4}{4^5}+...\right) = 24\left(\frac{1}{1^4}-\frac{1}{2^4}+\frac{1}{3^4}-\frac{1}{4^4}+...\right)$$

$$= 24\cdot\frac{7\pi^4}{720} = \frac{7}{30}\pi^4$$

から

$$\int_0^\infty (E-\mu)^4 f'(E)\,dE = -\frac{2}{\beta^4}\int_0^\infty \frac{t^4 e^{-t}}{(e^{-t}+1)^2}\,dt = -\frac{7}{15}\pi^4 (k_B T)^4$$

となる。

---

よって、第 5 項は

$$-\frac{G^{(4)}(\mu)}{24}\int_0^\infty (E-\mu)^4 f'(E)\,dE = \frac{7}{360}\pi^4 (k_B T)^4 G^{(4)}(\mu)$$

と計算できる。この後、第 6 項は、第 2, 4 項と同様に 0 となり、第 7 項以降は、順次、同様の手法で求めいけばよい。しかし、これでは、計算が延々と続いていくことになる。

ここで、ボルツマン定数は $k_B = 1.3\times10^{-23}$ [J/K] 程度と非常に小さいことに注目しよう。このため、第 7 項にあらわれる $(k_B T)^6$ という項は、$T = 10^4$ [K] の超高温としても、$10^{-57}$ となるので、無視してもよいと考えられるのである。したがって

$$N = G(\mu) + \frac{\pi^2}{6}(k_B T)^2 G''(\mu) + \frac{7}{360}\pi^4 (k_B T)^4 G^{(4)}(\mu)$$

と近似してよいことになる。

実は、ボルツマン定数が非常に小さいことから、もともと、$(k_B T)^4$ の項は $(k_B T)^2$ に比べて無視できるくらいに小さい。$T$ を $10^4$ [K] としても、$10^{-38}$ 程度の大きさであるから、一般的には第 5 項も無視して

$$N \cong G(\mu) + \frac{\pi^2}{6}(k_B T)^2 G''(\mu)$$

という近似式が採用される。

ここで、この式の意味するところを少し考察してみよう。$G(\mu)$は

$$G(\mu) = \int_0^{\mu} D(E)\,dE$$

であり、$\mu$ 以下のエネルギーを占める粒子数に対応する。全体の粒子数は $N$ のままで変化しないので、結局

$$\frac{\pi^2}{6}(k_B T)^2 G''(\mu)$$

は、温度によって$\mu$ 以上に熱的に励起された粒子数と考えられるのである。

ここで、さらなる考察を続けよう。まず、議論を明確にするために、絶対零度におけるフェルミエネルギーを$\mu_0$ とし、有限温度 $T$ におけるフェルミエネルギーを$\mu$ としよう。その関係を図 10-6 に模式的に示している。もちろん、$\mu_0$ と $\mu$ の差はごくわずかである。ここで、粒子数は

$$N = \int_0^{\mu_0} D(E)\,dE$$

から、表記の式は

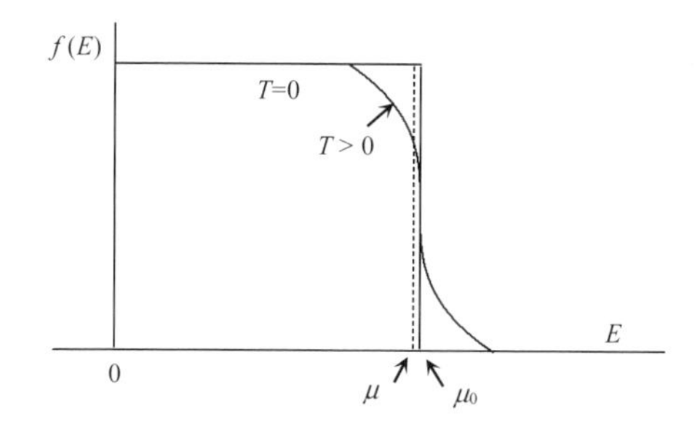


**図 10-6**　絶対零度と有限温度 $T$ のフェルミ分布とフェルミエネルギー

$$\int_0^{\mu_0} D(E)\,dE = \int_0^{\mu} D(E)\,dE + \frac{\pi^2}{6}(k_B T)^2 G''(\mu)$$

と変形できる。よって

$$\int_0^{\mu} D(E)\,dE - \int_0^{\mu_0} D(E)\,dE + \frac{\pi^2}{6}(k_B T)^2 G''(\mu) = 0$$

から

$$\int_{\mu_0}^{\mu} D(E)\,dE + \frac{\pi^2}{6}(k_B T)^2 G''(\mu) = 0$$

という関係式がえられる。ここで、積分 $\int_{\mu_0}^{\mu} D(E)\,dE$ を考えよう。

$$\int_{\mu_0}^{\mu} D(E)\,dE = G(\mu) - G(\mu_0)$$

であるが、$\mu$ と $\mu_0$ の値は非常に近いので、微分の定義を思い出すと

$$\frac{G(\mu) - G(\mu_0)}{\mu - \mu_0} \cong \frac{dG(\mu_0)}{d\mu_0} = D(\mu_0)$$

から

$$\int_{\mu_0}^{\mu} D(E)\,dE \cong (\mu - \mu_0) D(\mu_0)$$

と近似できる。よって

$$(\mu-\mu_0)D(\mu_0)=-\frac{\pi^2}{6}(k_BT)^2G''(\mu)$$

という関係がえられる。これを変形して

$$\mu=\mu_0-\frac{\pi^2}{6}(k_BT)^2\frac{G''(\mu)}{D(\mu_0)}$$

さらに

$$G''(E)=D'(E) \qquad \text{から} \qquad G''(\mu)=\left.\frac{dD(E)}{dE}\right|_{E=\mu}$$

とし、電子系では

$$D(E)=\frac{4\pi V}{h^3}(2m)^{\frac{3}{2}}\sqrt{E} \qquad \text{から} \qquad D'(E)=\frac{2\pi V}{h^3}(2m)^{\frac{3}{2}}E^{-\frac{1}{2}}$$

となり $G''(\mu)=D'(\mu)=\frac{2\pi V}{h^3}(2m)^{\frac{3}{2}}\mu^{-\frac{1}{2}}\cong\frac{2\pi V}{h^3}(2m)^{\frac{3}{2}}\mu_0^{-\frac{1}{2}}$ となる。また

$D(\mu_0)=\frac{4\pi V}{h^3}(2m)^{\frac{3}{2}}\mu_0^{\frac{1}{2}}$ から、結局、有限温度 $T$ の化学ポテンシャル $\mu$ は

$$\mu=\mu_0-\frac{\pi^2}{12}(k_BT)^2\frac{1}{\mu_0}=\mu_0\left\{1-\frac{\pi^2}{12}\left(\frac{k_BT}{\mu_0}\right)^2\right\}$$

となる。あるいは、フェルミ粒子系の化学ポテンシャル $\mu$ はフェルミエネルギー $E_F$ に対応するので

$$E_F(T)=E_F(0)\left\{1-\frac{\pi^2}{12}\left(\frac{k_BT}{E_F(0)}\right)^2\right\}$$

とすることもできる。ここで、フェルミ温度 $T_F$ を使うと $E_F(0)=k_BT_F$ という関係にあるから

$$E_F(T)=E_F(0)\left\{1-\frac{\pi^2}{12}\left(\frac{k_BT}{k_BT_F}\right)^2\right\}=E_F(0)\left\{1-\frac{\pi^2}{12}\left(\frac{T}{T_F}\right)^2\right\}$$

となる。このように、フェルミエネルギーは温度上昇とともに、ごくわずかではあるが、減るという結果となる。

**演習** 10-7　銅のフェルミ温度は、すでに求めたように $T_F = 81900$ [K] 程度である。銅の融点は、1085 [°C]程度である。この温度がフェルミエネルギーに与える影響を求めよ。

**解）**　銅の融点は、$T = 1085 + 273 = 1358$ [K] 程度である。よって

$$E_F(T) = E_F(0)\left\{1 - \frac{\pi^2}{12}\left(\frac{T}{T_F}\right)^2\right\} = E_F(0)\left\{1 - \frac{3.14^2}{12}\left(\frac{1358}{81900}\right)^2\right\}$$

$$= E_F(0)(1 - 2.3\times10^{-4})$$

となる。

---

このように、融点近傍の高温であっても、フェルミエネルギーを、わずか0.02% 程度下げるだけである。金属においては、そもそも、絶対零度のフェルミエネルギー $E_F$ が非常に高いため、かなり高温であっても、温度による影響はかなり小さいのである。

## 10. 4.　内部エネルギー

それでは、有限温度におけるフェルミ粒子系の内部エネルギーを求めてみよう。この場合の積分は

$$U = \langle E \rangle = \int_0^\infty E\, f(E) D(E)\, dE$$

となる。ここでは $G(x) = \int_0^x E\, D(E)\, dE$ という関係にある関数 $G(x)$を考えればよいことになる。すると $U = \int_0^\infty f(E) G'(E)\, dE$ となり、$N$ の場合と同様の取り扱いができ

$$U \cong G(\mu) - \frac{G''(\mu)}{2}\int_0^\infty (E-\mu)^2 f'(E)\, dE = G(\mu) + \frac{\pi^2}{6}(k_B T)^2 G''(\mu)$$

となる。ここで

$$G(\mu)=\int_0^{\mu} ED(E)\,dE=\int_0^{\mu_0} ED(E)\,dE+\int_{\mu_0}^{\mu} ED(E)\,dE \;=U_0+(\mu-\mu_0)\mu_0 D(\mu_0)$$

となる。ただし、$U_0$は $T=0$ [K] におけるフェルミ粒子系の内部エネルギーである。また

$$G''(\mu)=\frac{d}{dE}(ED(E))\bigg|_{E=\mu}$$

という関係にある。

$$\frac{d}{dE}(ED(E))=D(E)+E\frac{dD(E)}{dE}$$

であるから

$$G''(\mu)= D(\mu)+\mu\frac{dD(E)}{dE}\bigg|_{E=\mu} \cong D(\mu_0)+\mu_0 D'(\mu_0)$$

となる。したがって、内部エネルギーは

$$U=U_0+(\mu-\mu_0)\mu_0 D(\mu_0)\;+\frac{\pi^2}{6}(k_BT)^2 G''(\mu)$$

$$=U_0+(\mu-\mu_0)\mu_0 D(\mu_0)\;+\frac{\pi^2}{6}(k_BT)^2\{D(\mu_0)+\mu_0 D'(\mu_0)\}$$

ここで　$(\mu-\mu_0)D(\mu_0)=-\frac{\pi^2}{6}(k_BT)^2 D'(\mu_0)$　であったから

$$U=U_0+\frac{\pi^2}{6}(k_BT)^2 D(\mu_0)$$

となる。電子のエネルギー状態密度 $D(E)$ は $D(E)=\frac{4\pi V}{h^3}(2m)^{\frac{3}{2}}E^{\frac{1}{2}}$ から

$$U=U_0+\frac{\pi^2}{6}(k_BT)^2\cdot\frac{4\pi V}{h^3}(2m)^{\frac{3}{2}}\mu_0^{\frac{1}{2}}=U_0+\frac{2\pi^3 V}{3h^3}(2m)^{\frac{3}{2}}\mu_0^{\frac{1}{2}}(k_BT)^2$$

となる。このように、理想フェルミ気体の内部エネルギー$U$は、温度に対して $T^2$の依存性を有する。理想気体では$U=\frac{3}{2}Nk_BT$ のように、温度 $T$ に比例していたので、挙動が異なるのである。

**演習** 10-8　理想フェルミ気体の定積比熱 $C_V$を求めよ。

**解）** 定積比熱は、内部エネルギー$U$を、体積$V$が一定という条件下で、温度$T$で偏微分したものであるから

$$C_V = \left(\frac{\partial U}{\partial T}\right)_V = \frac{4\pi^3 V}{3h^3}(2m)^{\frac{3}{2}} \mu_0^{\frac{1}{2}} k_B{}^2 T$$

となる。

---

このように、フェルミ粒子系の比熱は、温度$T$に比例する。理想気体の場合には

$$C_V = \left(\frac{\partial U}{\partial T}\right)_V = \frac{3}{2} N k_B$$

となって、比熱は温度に関係なく、常に一定ということになるが、フェルミ気体である金属の自由電子による比熱は、温度依存性を示すことになる。実際に、金属の比熱では、このような温度依存性が観察されている。（実際には、格子比熱が電子系の比熱に加わる。）

ここで、絶対零度におけるフェルミエネルギー$E_F$は $E_F = \dfrac{1}{2m}\left(\dfrac{3Nh^3}{8\pi V}\right)^{\frac{2}{3}}$

であったので、これを利用して、内部エネルギー$U$および比熱$C_V$を求めてみよう。上の関係を変形して $E_F{}^{\frac{3}{2}} = \left(\dfrac{1}{2m}\right)^{\frac{3}{2}} \dfrac{3Nh^3}{8\pi V}$ とすると $\dfrac{N}{4E_F{}^{\frac{3}{2}}} = (2m)^{\frac{3}{2}} \dfrac{2\pi V}{3h^3}$ となるから

$$U = U_0 + \frac{2\pi^3 V}{3h^3}(2m)^{\frac{3}{2}} \mu_0^{\frac{1}{2}} (k_B T)^2 = U_0 + \frac{\pi^2 N}{4E_F{}^{\frac{3}{2}}} \mu_0^{\frac{1}{2}} (k_B T)^2 = U_0 + \frac{\pi^2 N}{4E_F}(k_B T)^2$$

という関係がえられる。ただし、$\mu_0 = E_F$という関係を使っている。

したがって、比熱は $C_V = \dfrac{\pi^2 N}{2E_F} k_B{}^2 T$ となる。あるいは、フェルミ温度$T_F$を使うと$E_F = k_B T_F$という関係にあるから $C_V = \dfrac{\pi^2 N}{2T_F} k_B T$ となる。

# 第 11 章　理想ボーズ気体

**ボーズ粒子** (Bose particle) は、フェルミ粒子と異なり、ひとつのエネルギー準位に粒子が何個でも入ることができるという特徴を有する。本章では、ボーズ分布に従う粒子からなる理想気体の挙動について調べていく。

## 11. 1.　ボーズ分布関数

ボーズ分布(Bose distribution)は $n_j = \dfrac{1}{\exp((\varepsilon_j - \mu)/k_B T) - 1}$ という離散的な式に従うが、フェルミ粒子の場合と同様に

$$f(E) = \frac{1}{\exp\left(\dfrac{E-\mu}{k_B T}\right) - 1}$$

という連続関数を考える。これを**ボーズ分布関数** (Bose distribution function) と呼んでいる。ところで、ボーズ粒子においては、大分配関数を求める際の級数の収束条件から $E > \mu$ という条件が付加されることを示した。ここで、$E$ の最小値として 0 を考えると、必然的に $\mu < 0$ ということも紹介したが、実は、 $\mu = 0$ という状態も考える必要がある。それをまず、説明しよう。

ひとつのエネルギー準位を何個でも占有できるというボーズ粒子の性質から、絶対零度 $T$= 0 [K]では、図 11-1 に示すように、最低エネルギー状態である $E = 0$ にすべての粒子が凝縮していると考えられる。

ここで $E = 0$ となる際のボーズ分布関数は

$$f(0) = \frac{1}{\exp(-\mu / k_B T) - 1}$$

となる。ここで $T \rightarrow 0$ の極限を考える。この場合、$E = 0$ の分布はどうなるであろうか。$\mu < 0$ ならば、$-\mu > 0$ となるので $\exp(-\mu / k_B T) \rightarrow \infty$ となり、結局

$$f(0)=\frac{1}{\exp(-\mu/k_BT)-1}\to 0$$

となってしまう。つまり、このままでは、$E=0$ の状態には、ボーズ粒子が存在しないということになる。これを回避できるのは $\mu=0$ しかない。

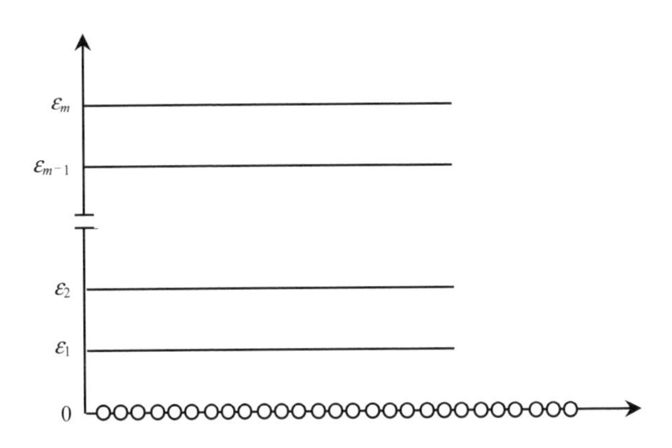


**図 11-1**　絶対零度 $T=0$ K におけるボーズ粒子の分布。最低エネルギー状態にすべての粒子が凝縮する。

このとき、ボーズ分布関数は $f(E)=\dfrac{1}{\exp(E/k_BT)-1}$ となる。この関数で、ふたたび $T\to+0$ の極限を考えてみよう。すると $E>0$ では

$$\exp\left(\frac{E}{k_BT}\right)\to\infty \qquad \text{となり} \qquad f(E)=\frac{1}{\exp(E/k_BT)-1}\to 0$$

となるので、絶対零度に近づくと、$E>0$ のボーズ粒子の存在確率は 0 に近づいていく。そして、$E=0$ ならば

$$\exp\left(\frac{E}{k_BT}\right)=1 \qquad \text{となり} \qquad f(E)=\frac{1}{\exp(E/k_BT)-1}\to\frac{1}{1-1}\to\infty$$

となり、すべてのボーズ粒子が $E=0$ の状態に凝縮することになる。

ところで、有限の温度 $k_BT\neq 0$ において、$E=0$ とすると

$$f(E)=\frac{1}{\exp(E/k_BT)-1}\to\frac{1}{1-1}\to\infty$$

となる。つまり、有限温度においても、$\mu=0$ となれば、$E=0$ の状態にすべ

ての粒子が凝縮することになる。この状態を**ボーズ凝縮** (Bose condensation) と呼んでいる。しかし、そもそも有限の温度において、$\mu = 0$ という状態などあるのであろうか。

化学ポテンシャル$\mu$ は、粒子 1 個あたりの自由エネルギーである。$\mu = 0$ ということは、粒子が増えても、系の自由エネルギーは増えも減りもしないということである。絶対零度であれば、すべての粒子のエネルギーが 0 になるから、このような状況が特異的に生じることは想定できるが、粒子が熱エネルギーを有する有限の温度では、通常は考えられない。

実は、有限の温度でも、このような状態が生じることが知られている。その代表が**超伝導** (superconductivity) である。フェルミ粒子である電子が対を形成することで、ボーズ粒子となって、エネルギー最低状態に**ボーズ凝縮** (Bose condensation) したのが、超伝導状態と考えられているのである。

また、液体ヘリウムにおいて観察される**超流動** (super-fluidity) もボーズ凝縮として知られている。

ところで、第 9 章で、ボーズ粒子の大分配関数を求める際に

$$1+\exp\left(-\frac{\varepsilon-\mu}{k_B T}\right)+\left\{\exp\left(-\frac{\varepsilon-\mu}{k_B T}\right)\right\}^2+\left\{\exp\left(-\frac{\varepsilon-\mu}{k_B T}\right)\right\}^3+\ldots=\frac{1}{1-\exp\left(-\frac{\varepsilon-\mu}{k_B T}\right)}$$

という関係を利用した。左辺の和が収束するための条件として$\varepsilon - \mu > 0$ を課したのであるが、これら項がすべて 1 の場合がボーズ凝縮に対応する。もちろん、この級数は発散するが、それが最低エネルギー状態にすべてのボーズ粒子が集まった状態ということになる。この場合は、$\mu = 0$ でも良いということに対応しているのである。

## 11. 2. 有限温度におけるボーズ分布

それでは、フェルミ粒子の場合と同様に、ボーズ粒子の解析を進めていこう。運動量空間における状態数を求め、それに分布関数を乗じて積分する手法を使うのである。まず、運動量空間におけるエネルギー状態密度は

$$D(E)=\frac{2\pi V}{h^3}(2m)^{\frac{3}{2}}\sqrt{E}$$

となる。これは、フェルミ粒子の場合と同様である。この状態密度とボーズ

分布関数を使うと、つぎの積分によって、粒子数

$$N = \int_0^\infty f(E)D(E)\,dE$$

がえられる。ここで、エネルギーに上限は設けていないので、積分範囲は 0 から ∞ になる。また、つぎの積分によって、エネルギーの和である内部エネルギー$U$

$$U = \int_0^\infty E\,f(E)D(E)\,dE$$

がえられる。

それでは、これら積分を具体的に求めてみよう。フェルミ粒子の場合と同様に、直接的に積分値を求めることができないので、工夫が必要となる。

状態密度は、定数部を $A$ とまとめると $D(E) = A\sqrt{E} = AE^{\frac{1}{2}}$ となる。ただし

$A = \dfrac{2\pi V}{h^3}(2m)^{\frac{3}{2}}$ である。したがって $N = A\displaystyle\int_0^\infty \frac{E^{\frac{1}{2}}}{\exp\left((E-\mu)/k_B T\right)-1}\,dE$

となる。ここで、ボーズ分布関数をつぎのように置く。

$$f(E) = \frac{1}{\exp\left((E-\mu)/k_B T\right)-1} = \frac{1}{\exp\{\beta(E-\mu)\}-1}$$

これは、逆温度 $\beta = 1/k_B T$ を使って分布関数を表示したものである。ここで

$\beta E = t$，$\beta\mu = a$　　と置くと　$dE = \dfrac{dt}{\beta}$　　であるから

$$N = A\int_0^\infty \frac{E^{\frac{1}{2}}}{\exp\left((E-\mu)/k_B T\right)-1}\,dE = A\int_0^\infty \frac{\beta^{-\frac{1}{2}}t^{\frac{1}{2}}}{\exp(t-a)-1}\frac{dt}{\beta} = A\beta^{-\frac{3}{2}}\int_0^\infty \frac{t^{\frac{1}{2}}}{e^{t-a}-1}\,dt$$

となり $\displaystyle\int_0^\infty \frac{t^{\frac{1}{2}}}{e^{t-a}-1}\,dt = \frac{N}{A}\beta^{\frac{3}{2}}$ という関係がえられる。$A = \dfrac{2\pi V}{h^3}(2m)^{\frac{3}{2}}$ を戻すと

$$\int_0^\infty \frac{t^{\frac{1}{2}}}{e^{t-a}-1}\,dt = \frac{Nh^3}{2\pi V}\left(\frac{\beta}{2m}\right)^{\frac{3}{2}}$$

となる。左辺の積分結果は、$a$ の関数となるので

$$I(a)=\int_0^{\infty}\frac{t^{\frac{1}{2}}}{e^{t-a}-1}dt$$ と置く。すると $$I(0)=\int_0^{\infty}\frac{t^{\frac{1}{2}}}{e^{t}-1}dt$$

となるが、この積分は、補遺 7 に示したつぎの関係

$$\int_0^{\infty}\frac{t^{s-1}}{e^{t}-1}dt=\Gamma(s)\cdot\varsigma(s)$$ を使うと $$I(0)=\int_0^{\infty}\frac{t^{\frac{1}{2}}}{e^{t}-1}dt=\Gamma\left(\frac{3}{2}\right)\cdot\varsigma\left(\frac{3}{2}\right)$$

のように、関数 (Γ function) とゼータ関数 (ζ function) の積となる。

ここで、ガンマ関数の性質から

$$\Gamma\left(\frac{3}{2}\right)=\frac{1}{2}\Gamma\left(\frac{1}{2}\right)=\frac{\sqrt{\pi}}{2}$$ と計算できる。また $$\varsigma\left(\frac{3}{2}\right)=2.612...$$

と値がえられるが、いまは、ゼータ関数表記のままにして

$$I(0)=\int_0^{\infty}\frac{t^{\frac{1}{2}}}{e^{t}-1}dt=\frac{\sqrt{\pi}}{2}\varsigma\left(\frac{3}{2}\right)$$

とする。ところで、この積分は、$a=\beta\mu=0$ から $\mu=0$ の場合に相当する。

---

**演習** 11-1　$I(a)$と $I(0)$の大小関係を比較せよ。

---

**解）** $$I(a)-I(0)=\int_0^{\infty}\left[\frac{t^{\frac{1}{2}}}{e^{t-a}-1}-\frac{t^{\frac{1}{2}}}{e^{t}-1}\right]dt$$ として、その符号を調べてみる。

この被積分関数は

$$\frac{t^{\frac{1}{2}}}{e^{t-a}-1}-\frac{t^{\frac{1}{2}}}{e^{t}-1}=\frac{t^{\frac{1}{2}}}{(e^{t-a}-1)(e^{t}-1)}(e^{t}-e^{t-a})$$

となる。ここで　$t=\beta E\geq 0$　であり　$a=\beta\mu\leq 0$　である。よって

$$\frac{t^{\frac{1}{2}}}{(e^{t-a}-1)(e^{t}-1)}\geq 0$$ であり $$e^{t}-e^{t-a}=e^{t}-\frac{1}{e^{a}}e^{t}=e^{t}(1-\frac{1}{e^{a}})\leq 0$$

となり、被積分関数は常に負となる。したがって $I(a)\leq I(0)$ となる。

---

ここで、つぎの関係にあることを思い出そう。

$$I(a)=\frac{Nh^3}{2\pi V}\left(\frac{\beta}{2m}\right)^{\frac{3}{2}} \qquad I(0)=\frac{\sqrt{\pi}}{2}\varsigma\left(\frac{3}{2}\right)$$

いま求めた関係から

$$\frac{Nh^3}{2\pi V}\left(\frac{\beta}{2m}\right)^{\frac{3}{2}} \le \frac{\sqrt{\pi}}{2}\varsigma\left(\frac{3}{2}\right)$$

となることがわかる。ここで、$\beta = 1/k_B T$ であったので

$$\frac{N}{V}\left(\frac{h^2}{2\pi m k_B T}\right)^{\frac{3}{2}} \le \varsigma\left(\frac{3}{2}\right)$$

という関係がえられる。ここで、この不等式で等号が成立する場合の温度 $T$ について考えてみよう。すでに、見たように、これは$\mu = 0$ に対応する。そして、このとき、ボーズ粒子系はボーズ凝縮を生じるのであった。

したがって、この温度は、ボーズ凝縮が生じる**臨界温度** (critical temperature) と考えることができる。臨界温度を通常は $T_\mathrm{c}$ と表記する。実は、超伝導物質が超伝導状態に転移する臨界温度がこの $T_\mathrm{c}$ に対応する。

**演習 11-2**　ボーズ粒子からなる理想ボーズ気体が、ボーズ凝縮を生じる臨界温度 $T_\mathrm{c}$ を求めよ。

**解）**　臨界温度 $T_\mathrm{c}$ では　$\frac{N}{V}\left(\frac{h^2}{2\pi m k_B T_\mathrm{c}}\right)^{\frac{3}{2}} = \varsigma\left(\frac{3}{2}\right)$　となるので

$$T_\mathrm{c}^{\frac{3}{2}} = \frac{N}{\varsigma(3/2)V}\left(\frac{h^2}{2\pi m k_B}\right)^{\frac{3}{2}} \text{ から } T_\mathrm{c} = \left(\frac{N}{\varsigma(3/2)V}\right)^{\frac{2}{3}}\frac{h^2}{2\pi m k_B} \cong 0.527\left(\frac{N}{V}\right)^{\frac{2}{3}}\frac{h^2}{2\pi m k_B}$$

---

ここで、一般の温度 $T$ では　$\frac{N}{V}\left(\frac{h^2}{2\pi m k_B T}\right)^{\frac{3}{2}} \le \varsigma\left(\frac{3}{2}\right)$ であり、臨界温度 $T_\mathrm{c}$ で

は　$\dfrac{N}{V}\left(\dfrac{h^2}{2\pi mk_BT_c}\right)^{\frac{3}{2}}=\varsigma\left(\dfrac{3}{2}\right)$　という関係にあるので

$$\frac{N}{V}\left(\frac{h^2}{2\pi mk_BT}\right)^{\frac{3}{2}}\leq\frac{N}{V}\left(\frac{h^2}{2\pi mk_BT_c}\right)^{\frac{3}{2}}$$

ということがわかる。これから、ただちに$\dfrac{1}{T}\leq\dfrac{1}{T_c}$よって$T_c\leq T$という関係が導出される。つまり、高温では$\mu\neq0$であるが、臨界温度$T_c$を境に$\mu=0$となって、ボーズ凝縮状態に相転移する。

## 11.3.　ボーズ凝縮

それでは、物性物理などの興味の対象となっているボーズ凝縮について、もう少し解析してみよう。$\mu=0$であるから　$N=A\displaystyle\int_0^\infty\frac{E^{\frac{1}{2}}}{\exp(E/k_BT)-1}dE$

となるが、この式では、ボーズ凝縮した状態を反映できないのである。それは、運動量空間の状態密度　$D(E)=\dfrac{2\pi V}{h^3}(2m)^{\frac{3}{2}}\sqrt{E}$　では、$E=0$に対応した状態数が$D(0)=0$としているからである。つまり、この式を使う限り、ボーズ凝縮には対応できない。ただし、有限のエネルギー　$E>0$　では、粒子数に対応するはずである。よって、ボーズ凝縮した粒子数を$N_0$として

$N=N_0+A\displaystyle\int_0^\infty\frac{E^{\frac{1}{2}}}{\exp(E/k_BT)-1}dE$とする。ただし　$A=\dfrac{2\pi V}{h^3}(2m)^{\frac{3}{2}}$　である。

ここで、積分において　$t=\dfrac{E}{k_BT}$　と置くと　$dE=k_BTdt$　から

$$\int_0^\infty\frac{E^{\frac{1}{2}}}{\exp(E/k_BT)-1}dE=(k_BT)^{\frac{3}{2}}\int_0^\infty\frac{t^{\frac{1}{2}}}{\exp t-1}dt=(k_BT)^{\frac{3}{2}}I(0)=\frac{\sqrt{\pi}}{2}\varsigma\left(\frac{3}{2}\right)(k_BT)^{\frac{3}{2}}$$

となる。したがって　$N = N_0 + \varsigma\left(\dfrac{3}{2}\right)\dfrac{V}{h^3}(2\pi mk_BT)^{\frac{3}{2}}$　という関係がえられる。

---

**演習** 11-3　ボーズ凝縮する粒子数 $N_0$ の温度依存性を、ボーズ凝縮の臨界温度 $T_c$ を利用して求めよ。

---

**解**）　先ほど求めた臨界温度 $T_c$ と ζ(3/2) の関係を思いだそう。それは

$$\varsigma\left(\frac{3}{2}\right) = \frac{N}{V}\left(\frac{h^2}{2\pi mk_BT_c}\right)^{\frac{3}{2}}$$

であった。これを今求めた粒子数　$N = N_0 + \varsigma\left(\dfrac{3}{2}\right)\dfrac{V}{h^3}(2\pi mk_BT)^{\frac{3}{2}}$ に代入すると　$N = N_0 + N\left(\dfrac{T}{T_c}\right)^{\frac{3}{2}}$ となり、　$N_0(T) = N\left\{1-\left(\dfrac{T}{T_c}\right)^{\frac{3}{2}}\right\}$ となる。

---

結局、粒子数 $N$ の温度依存性は、図 11-2 に示すようになる。

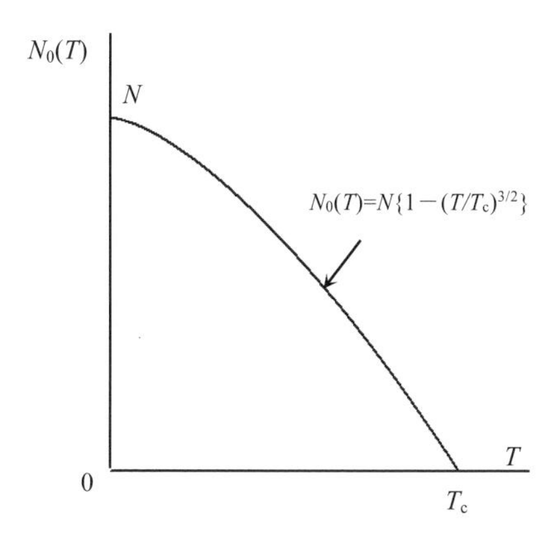


**図 11-2**　ボーズ凝縮する粒子数の温度依存性

いま求めた式の $T$ に $T_c$ を代入すると

$$N_0(T_c) = N\left\{1-(T_c)^{\frac{3}{2}}\right\} = 0$$

となり、臨界温度では、ボーズ凝縮した粒子数 0 であるが、$T < T_c$ では、その粒子数が増えていく。そして、$T = 0$ [K] では

$$N_0(0) = N\left\{1-\left(\frac{0}{T_c}\right)^{\frac{3}{2}}\right\} = N$$

となって、すべての粒子がボーズ凝縮することになる。

## 11. 4.　ボーズ気体のエネルギー

それでは、理想ボーズ気体のエネルギーを求めてみよう。すでに示したように内部エネルギー $U$ は、状態密度 $D(E)$ とボーズ分布関数 $f(E)$ を使って

$$U = \int_0^\infty E f(E) D(E) dE$$

と与えられる。よって $U = A\int_0^\infty \frac{E^{\frac{3}{2}}}{\exp((E-\mu)/k_B T)-1} dE$ となる。ただし $A = \frac{2\pi V}{h^3}(2m)^{\frac{3}{2}}$ である。ここで、再び、興味の対象であるボーズ凝縮した状態を対象とし、$\mu = 0$ の場合を考えてみよう。すると $U = A\int_0^\infty \frac{E^{\frac{3}{2}}}{\exp(E/k_B T)-1} dE$ となり $t = \frac{E}{k_B T}$ という変数変換を行うと $U = A(k_B T)^{\frac{5}{2}}\int_0^\infty \frac{t^{\frac{3}{2}}}{\exp t - 1} dt$ となる。

ここで再び、補遺 7 に示した関係 $\int_0^\infty \frac{t^{s-1}}{e^t - 1} dt = \Gamma(s)\cdot\varsigma(s)$ を使うと

$\int_0^\infty \frac{t^{\frac{3}{2}}}{\exp t - 1} dt = \Gamma\left(\frac{5}{2}\right)\varsigma\left(\frac{5}{2}\right)$ と与えられる。ガンマ関数の性質から

$$\Gamma\left(\frac{5}{2}\right) = \frac{3}{2}\Gamma\left(\frac{3}{2}\right) = \frac{3}{2}\cdot\frac{1}{2}\Gamma\left(\frac{1}{2}\right) = \frac{3}{4}\sqrt{\pi}$$

となる。また $\varsigma\left(\frac{5}{2}\right) = 1.342...$ 程度であるが、ゼータ関数表記を使用すると

$$\int_0^\infty \frac{t^{\frac{3}{2}}}{\exp t - 1} dt = \Gamma\left(\frac{5}{2}\right)\varsigma\left(\frac{5}{2}\right) = \frac{3}{4}\sqrt{\pi}\varsigma\left(\frac{5}{2}\right)$$

となる。したがって $U = A(k_B T)^{\frac{5}{2}} \int_0^\infty \frac{t^{\frac{3}{2}}}{\exp t - 1} dt = \frac{3}{4}\sqrt{\pi}\varsigma\left(\frac{5}{2}\right) A(k_B T)^{\frac{5}{2}}$ となる。また

$A = \frac{2\pi V}{h^3}(2m)^{\frac{3}{2}}$ であり

$$U = \frac{3}{4}\sqrt{\pi}\varsigma\left(\frac{5}{2}\right)\left\{\frac{2\pi V}{h^3}(2m)^{\frac{3}{2}}\right\}(k_B T)^{\frac{5}{2}} = \frac{3}{2}\varsigma\left(\frac{5}{2}\right)\left\{\frac{V}{h^3}(2m\pi)^{\frac{3}{2}}\right\}(k_B T)^{\frac{5}{2}}$$

となる。したがって、臨界温度よりも低い温度領域における理想ボーズ気体の内部エネルギーは $T^{5/2}$ に比例する。また、比熱は

$$C_V = \frac{dU}{dT} = \frac{15}{4}\varsigma\left(\frac{5}{2}\right)\left\{\frac{V}{h^3}(2m\pi)^{\frac{3}{2}}\right\} k_B^{\frac{5}{2}} T^{\frac{3}{2}}$$

となる。

---

**演習 11-4**　理想ボーズ気体の臨界温度 $T_\mathrm{c}$ 以下における内部エネルギー $U$ を、$T_\mathrm{c}$ を使って示せ。

---

**解）**　$U$ は $U = \frac{3}{2}\varsigma\left(\frac{5}{2}\right)\left\{\frac{V}{h^3}(2m\pi)^{\frac{3}{2}}\right\}(k_B T)^{\frac{5}{2}} = \frac{3}{2}\varsigma\left(\frac{5}{2}\right)\left\{\frac{V}{h^3}(2m\pi k_B T)^{\frac{3}{2}}\right\} k_B T$

であり、臨界温度 $T_\mathrm{c}$ は　$T_\mathrm{c}^{\frac{3}{2}} = \frac{N}{\varsigma(3/2)V}\left(\frac{h^2}{2\pi m k_B}\right)^{\frac{3}{2}}$ であった。したがって

$\varsigma\left(\frac{3}{2}\right)\frac{T_\mathrm{c}^{\frac{3}{2}}}{N} = \frac{1}{V}\left(\frac{h^2}{2\pi m k_B}\right)^{\frac{3}{2}}$ となるが、$U$ の{　}内をみると

$\frac{V}{h^3}(2m\pi k_B)^{\frac{3}{2}} = V\left(\frac{2m\pi k_B}{h^2}\right)^{\frac{3}{2}} = \frac{N}{\varsigma(3/2)T_\mathrm{c}^{\frac{3}{2}}}$ から　$U = \frac{3}{2}\frac{\varsigma(5/2)}{\varsigma(3/2)}\left(\frac{T}{T_\mathrm{c}}\right)^{\frac{3}{2}} N k_B T$　と与え

られる。$\varsigma\left(\frac{5}{2}\right)=1.342$，$\varsigma\left(\frac{3}{2}\right)=2.612$を代入して$U=0.771\left(\frac{T}{T_c}\right)^{\frac{3}{2}}Nk_BT$ となる。

---

いま求めた式を使って、比熱$C_V$を求めると

$U=0.771\left(\frac{T}{T_c}\right)^{\frac{3}{2}}Nk_BT=0.771\left(\frac{1}{T_c}\right)^{\frac{3}{2}}Nk_BT^{\frac{5}{2}}$ とし $C_V=\frac{dU}{dT}=1.93Nk_B\left(\frac{T}{T_c}\right)^{\frac{3}{2}}$ となる。

ここで　$\frac{C_V}{Nk_B}=\frac{C_V}{nR}=1.93\left(\frac{T}{T_c}\right)^{\frac{3}{2}}$　として$C_V/Nk_B$の温度依存性を考えてみる。

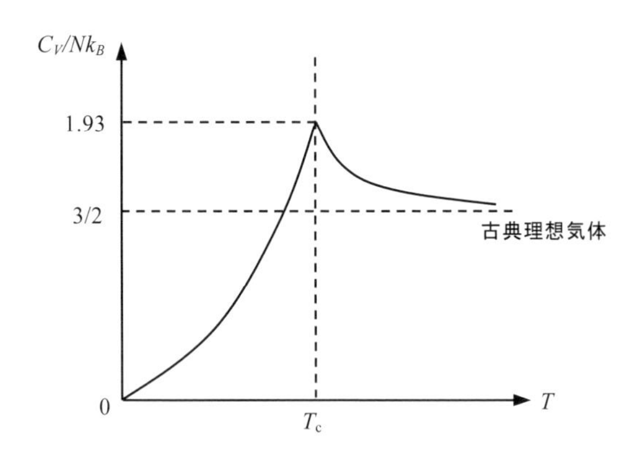


**図 11-3**　ボーズ粒子の比熱の温度依存性

高温域では、通常の古典的なミクロ粒子の内部エネルギーと同じになると考えられるので $C_V=\frac{3}{2}Nk_B$　から $\frac{C_V}{Nk_B}=\frac{3}{2}$ となる。結局、ボーズ粒子の比熱の温度依存性は図 11-3 のようになる。このように、ボーズ凝縮の臨界温度$T_c$においては、比熱の急激な変化が観測されるものと考えられる。

実際に、超伝導転移においても、臨界温度で比熱の急激な変化が観察されている。ただし、比熱の飛びは、相転移によって生じるものなので、いまの計算結果を超伝導転移と単純に同等とみなすことはできない。

# 補遺 1　連続関数の確率

サイコロを振って出る目の確率を考えてみよう。1 回振って、2 の目が出る確率はどれくらいであろうか。誰もが 1/6 と答えるであろう。5 の目が出る確率も 1/6 である。そして、1 から 6 までの目の出る確率は、すべて同じ 1/6 であり、これら確率の和は $\frac{1}{6}+\frac{1}{6}+\frac{1}{6}+\frac{1}{6}+\frac{1}{6}+\frac{1}{6}=1$ のように 1 となる。

それでは、$0 < x_1 \leq 6$ までの区間の数直線があり、この数直線上にある任意の点を無作為に抽出して 2 という数字にあたる確率はどの程度かと聞かれたら、どうであろうか。同じように、1/6 としてよいのであろうか。

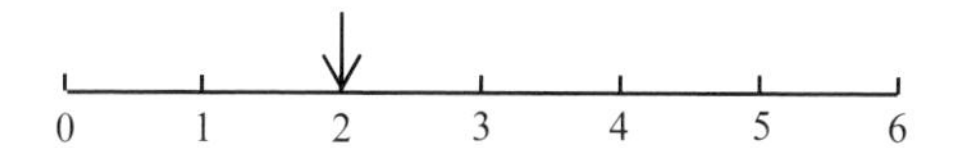


実は、この確率は、計算不能なのである。その理由を考えてみよう。実数は連続であり、その数は無限である。そして、2 の近傍には、1.9 と 2.1 という数字もあれば、1.99999 と 2.00001 という数字もある。2±Δ のΔはいくらでも小さくできるので、2 という数字の近傍にある実数は無数にあり、ぴったり 2 という数字にあたる確率は、ほぼ 0 なのである。これが離散的な場合と、連続的な場合の違いである。

そこで、いまの数直線に幅を持たせ $0 < x_1 \leq 1$, $1 < x_2 \leq 2$, ….., $5 < x_6 \leq 6$ という 6 個の区間に分ける。

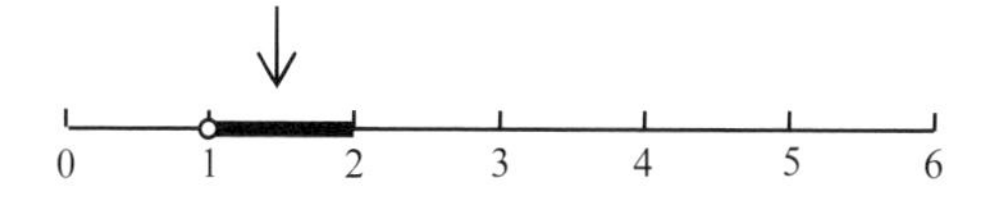


ここで、例えば、数直線上にある任意の点を無作為に抽出して、その数が $1 < x_2 \leq 2$ という範囲にある確率はと問われれば、この場合は、1/6 という答えを

出すことができる。このように、連続的に変化する事象を対象とする場合の確率を求めるためには、必ず、ある区間（幅）を想定する必要がある。

つぎに、図 A1-1 に示すように、事象 $x$ =1, 2, 3, ..., $n$ に対応して、それぞれの事象の生じる数が $N(1), N(2), N(3), \ldots , N(n)$ となる場合を想定しよう。

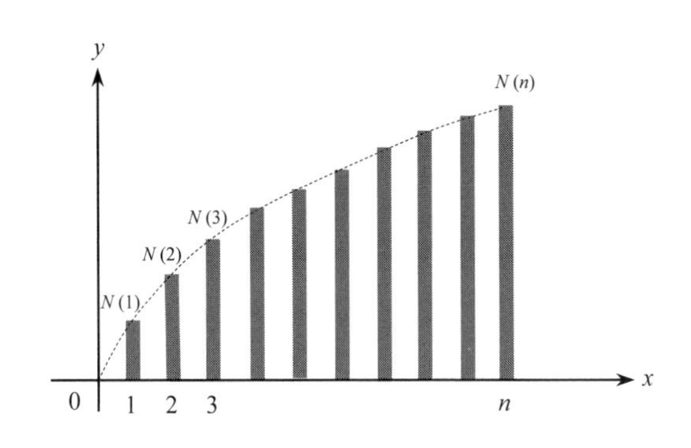


**図 A1-1**　離散的な事象

すると、事象 1 が生じる確率 $p(1)$は

$$p(1) = \frac{N(1)}{N(1) + N(2) + \ldots + N(n)} = \frac{N(1)}{\sum_{j=1}^{n} N(j)}$$

となる。そして、一般的には、事象 $j$ が生じる確率は $p(j) = \dfrac{N(j)}{\sum_{j=1}^{n} N(j)}$

となる。このとき　$p(1) + p(2) + \ldots + p(n) = \sum_{j=1}^{n} p(j) = 1$ となる。このように、離散的な場合には、ある事象が起こる回数を全事象の数で割れば、その事象が生じる確率が得られる。確率をすべて足せば 1 となる。

ところで、$x$ が離散的ではなく、連続している場合はどうなるであろうか。

例えば、速度やエネルギーなどの物理量の分布は連続的である。このような場合には、$N(x)$は連続関数となる。この時、離散的な場合の全事象の総和に対応するものとして、ある区間 $0 \le x \le a$ における積分 $\int_0^a N(x)\,dx$ を考えればよい。これは、図 A1-2 の陰影部の面積に相当する。

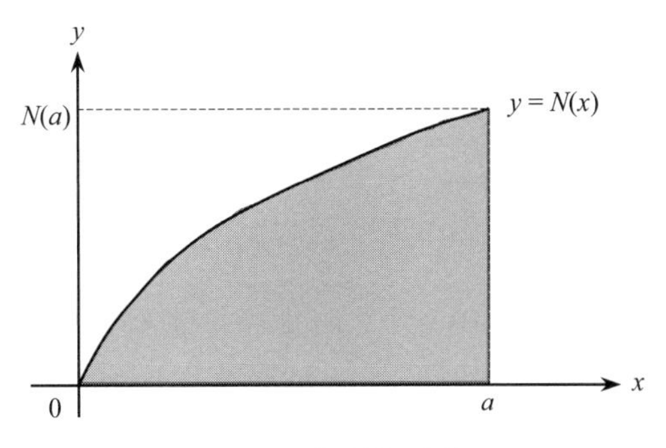


**図 A1-2**　連続的な事象

それでは、連続型の場合に、$x = x_1$ に対応した事象が生じる確率はどうなるのであろうか。すでに、説明したように、連続関数では、この確率を求めることができない。なぜなら、$x_1$ の近傍には、無数の実数が存在するからである。あえて解を出せば、確率は 0 となる。

つまり、連続型の場合には、ある区間（幅）を考えないと、確率を求めることができないのである。例えば、図 A1-3 に示したような $c \le x \le d$ の範囲にある確率は、つぎの式によって求めることができる。

$$p(c \le x \le d) = \int_c^d N(x)dx \Big/ \int_0^a N(x)dx$$

右辺の分子は、図 A1-3 の陰影部の面積に相当する。つまり、面積比で確率を求めることができるのである。

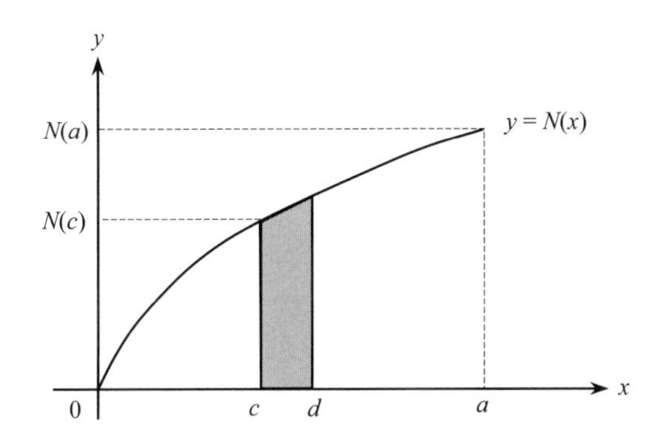


**図 A1-3**　$c \le x \le d$ の範囲にある事象に対応した積分

ところで、このような区間を考える場合に、$x_1$ 近傍の狭い領域で、事象が生じる確率を求めたいということがある。この場合は、$\Delta x$ を微小変化量として

$$x_1 \le x \le x_1 + \Delta x$$

という範囲で、事象が生じる確率を求めればよい。この場合、求める確率は

$p(x_1 \le x \le x_1 + \Delta x) = \dfrac{\int_{x_1}^{x_1+\Delta x} N(x)\,dx}{\int_0^a N(x)\,dx}$ と与えられる。ここで $f(x) = \dfrac{N(x)}{\int_0^a N(x)\,dx}$ という関数を考えよう。すると $\int_0^a f(x)\,dx = 1$ となり、結局、$f(x)$は確率分布を与える関数となる。専門的には、$f(x)$のことを確率密度関数と呼んでいる。この関数を使うと、つぎの積分から直接確率を求めることができ

$$p(x_1 \le x \le x_1 + \Delta x) = \int_{x_1}^{x_1+\Delta x} f(x)\,dx$$

となる。ここで $F(x) = \int f(x)dx$ という原始関数 $F(x)$を考えよう。すると、積分は

$$\int_{x_1}^{x_1+\Delta x} f(x)dx = F(x_1 + \Delta x) - F(x_1)$$

となる。ここで、$\Delta x$ が微小量として、微分の定義を思い出すと

$$\frac{F(x_1 + \Delta x) - F(x_1)}{\Delta x} = \left.\frac{dF(x)}{dx}\right|_{x=x_1} = f(x_1)$$

となり $F(x_1 + \Delta x) - F(x_1) = f(x_1)\Delta x$ となる。よって

$$\int_{x_1}^{x_1+\Delta x} f(x)\,dx = f(x_1)\Delta x$$

と与えられる。したがって、$\Delta x$ が微小量のとき、$f(x)$を確率密度関数とすると

$f(x_1)\Delta x$ は $x_1 \le x \le x_1 + \Delta x$

の範囲で事象が生じる確率を与えるのである。あるいは、$\Delta x$ を $dx$ として $f(x_1)dx$ という表記を使う場合も多い。

# 補遺2　ガウスの積分公式

ガウスの積分公式は

$$f(x) = \exp(-ax^2)$$

のかたちをした関数を$-\infty$ から$+\infty$ まで積分したときの値を与えるものである。この関数は**ガウス関数** (Gaussian function) とも呼ばれる重要な関数である。例えば、統計学で重用されている**正規分布** (normal distribution) は**ガウス分布** (Gaussian distribution) とも呼ばれるが、それはガウス関数のかたちをしているからである。

この関数を図示すると図 2A-1 に示したようなグラフとなる。 $x=0$ にピークを持ち、 $x$ の絶対値の増加とともに急激に減衰する。よって、無限の範囲で積分しても有限の値を持つことが分かる。それほど複雑な関数ではないので、簡単に積分できそうだが、見た目ほど単純ではなく、この積分の解法には工夫を要する。

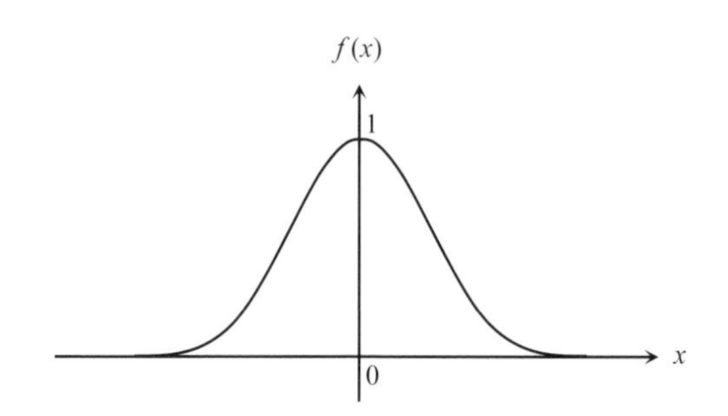


**図 2A-1**　ガウス関数のグラフ

ここで、この値を $I$ と置こう。すると

$$I = \int_{-\infty}^{\infty} \exp(-ax^2)\,dx$$

となる。つぎに、まったく同様な $y$ の関数の積分を考え

$$I = \int_{-\infty}^{\infty} \exp(-ay^2)\, dy$$

とする。そのうえで、これら積分の積を求めると

$$I^2 = \int_{-\infty}^{\infty} \exp(-ax^2)\, dx \cdot \int_{-\infty}^{\infty} \exp(-ay^2)\, dy$$

となるが、これをまとめて

$$I^2 = \int_{-\infty}^{\infty}\int_{-\infty}^{\infty} \exp(-a(x^2+y^2))\, dxdy$$

という 2 **重積分** (double integral) のかたちに変形できる。この 2 重積分は図 2A-2 に示すような $z = \exp(-(x^2+y^2))$ という関数の体積に相当する。

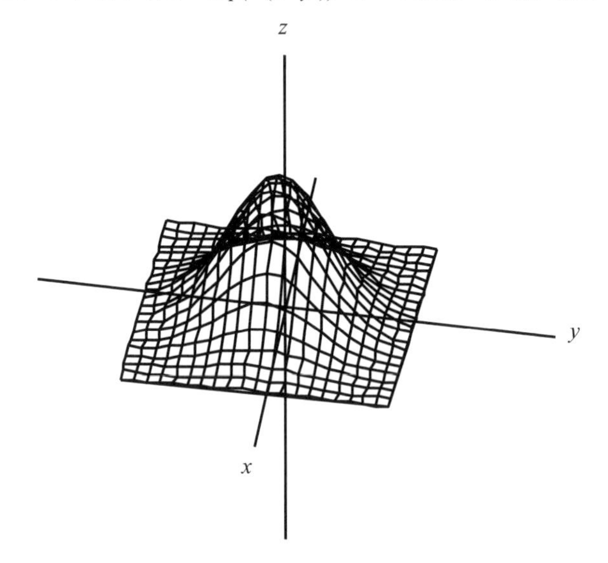


図 2A-2　$z = \exp(-(x^2+y^2))$ のグラフ

ここで、直交座標 $(x, y)$ を極座標 $(r, \theta)$ に変換する。すると $x^2 + y^2 = r^2$ となるが、微分係数は $dx\,dy \to r\,dr\,d\theta$ という変換が必要となる。

ここで、$dx\ dy$ は直交座標における面積素に相当する。これを極座標での面積素に変換するには、極座標系で、$r$ が $dr$ だけ、また、$\theta$ が $d\theta$ だけ増えたときの面積素を計算する必要がある。これは、図 2A-3 の斜線部分の面積に相当する。

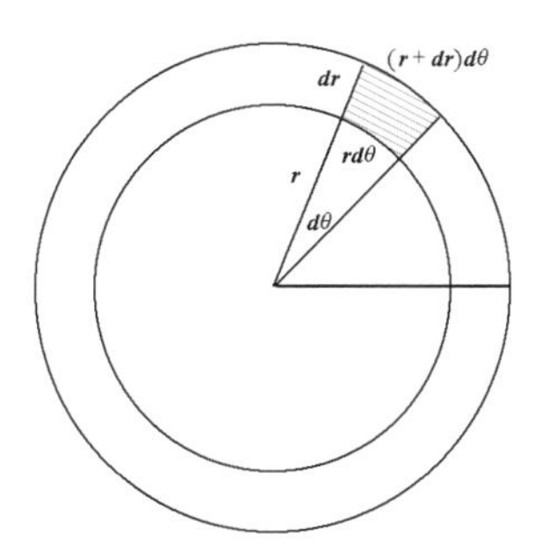


**図 2A-3**　極座標の面積素

この面積 $dS$ を台形で近似すると

$$dS = \frac{r\,d\theta + (r+dr)d\theta}{2}dr = \frac{2r\,drd\theta + (dr)^2\,d\theta}{2}$$

となる。ここで、すでに紹介したように、無限小においては、高次の項は0とみなせる。よって$(dr)^2d\theta$は、$drd\theta$に対して無視できるので、極座標における面積素は $dS = rdrd\theta$ となる。直交座標から極座標への変換にともなって、積分範囲は

$$-\infty \le x \le \infty,\ -\infty \le y \le \infty \quad \to \quad 0 \le r \le \infty,\ 0 \le \theta \le 2\pi$$

と変わるから $I^2 = \int_0^{2\pi}\int_0^{\infty}\exp(-ar^2)\,rdrd\theta$ と置き換えられる。

まず $\int_0^{\infty}\exp(-ar^2)\,rdr$ の積分を計算する。$r^2 = t$ と置くと $2rdr = dt$ であるから

$$\int_0^{\infty}\exp(-ar^2)\,rdr = \int_0^{\infty}\frac{\exp(-at)}{2}dt = \left[-\frac{\exp(-at)}{2a}\right]_0^{\infty} = \frac{1}{2a}$$

と計算できる。よって

$$I^2 = \int_0^{2\pi}\int_0^{\infty}\exp(-ar^2)\,rdrd\theta = \int_0^{2\pi}\frac{1}{2a}d\theta = \left[\frac{\theta}{2a}\right]_0^{2\pi} = \frac{\pi}{a} \qquad \therefore I = \pm\sqrt{\frac{\pi}{a}}$$

となるが、グラフから明らかなように$I$の値は正であるので、結局

$$\int_{-\infty}^{\infty}\exp(-ax^2)\,dx = \sqrt{\frac{\pi}{a}}$$

と与えられる。

# 補遺3　ガンマ関数とベータ関数

## A3. 1.　ガンマ関数

**ガンマ関数** ($\Gamma$ function) はつぎの積分によって定義される特殊関数である。

$$\Gamma(x) = \int_0^\infty t^{x-1} e^{-t} dt$$

この関数は**階乗**(factorial)と同じ働きをするので、物理数学において階乗の近似を行うときなどに利用される。その特徴をまず調べてみよう。**部分積分** (integration by parts) を利用すると

$$\Gamma(x+1) = \int_0^\infty t^x e^{-t} dt = \left[-t^x e^{-t}\right]_0^\infty + x\int_0^\infty t^{x-1} e^{-t} dt$$

と変形できる。ここで右辺の第 1 項において、 $x$ が負であると、この積分の下端で $t \to 0$ で、 $t^x \to \infty$ と発散してしまうので値がえられない。このため、この積分を使ったガンマ関数の定義域は正の領域となる。ここで $x > 0$ とすると、この積分は

$$\Gamma(x+1) = \int_0^\infty t^x e^{-t} dt = \left[-t^x e^{-t}\right]_0^\infty + x\int_0^\infty t^{x-1} e^{-t} dt = x\int_0^\infty t^{x-1} e^{-t} dt$$

と変形できる。ここで、最後の式の積分をみると、これはまさに $\Gamma(x)$ である。よって

$$\Gamma(x+1) = x\Gamma(x)$$

という**漸化式** (recursion relation) を満足することがわかる。ここで、$\Gamma$ 関数の定義式において $x=1$ を代入してみよう。すると

$$\Gamma(1) = \int_0^\infty e^{-t} dt = \left[-e^{-t}\right]_0^\infty = 1$$

と計算できる。この値がわかれば、漸化式を使うと

$$\Gamma(2) = 1\Gamma(1) = 1$$

のように $\Gamma(2)$ を計算することができる。同様にして漸化式を利用すると

$$\Gamma(3) = 2\Gamma(2) = 2 \cdot 1 \qquad \Gamma(4) = 3\Gamma(3) = 3 \cdot 2 \cdot 1$$

と順次計算でき

$$\Gamma(n+1) = n \cdot (n-1) \cdot (n-2) \cdot \cdots \cdot 3 \cdot 2 \cdot 1 = n!$$

のように、階乗に対応していることがわかる。このため、ガンマ関数のことを **階乗関数** (factorial function) とも呼ぶ。ここで、$n = 0$ を代入すると

$$\Gamma(1) = 0!$$

となる。先ほど定義式から求めたように $\Gamma(1) = 1$ であったから

$$0! = 1$$

となることがわかる。階乗を習うとき、くわしい説明もなく「$0! = 1$ とする」ということで済まされるが、ガンマ関数を基本に階乗を考えれば、この定義が自然であることが理解できる。

ガンマ関数は、整数だけではなく、実数にも拡張することができる。例えば

$$\Gamma\left(\frac{1}{2}\right) = \int_0^\infty t^{-\frac{1}{2}} e^{-t} dt$$

のように、整数でない場合のガンマ関数が、この積分で定義できる。この積分は $t = u^2$ とおくと $dt = 2udu$ であるから

$$\Gamma\left(\frac{1}{2}\right) = 2\int_0^\infty \exp(-u^2) du$$

と変形できるが、この積分は補遺 2 の**ガウス積分**であり $\int_0^\infty \exp(-u^2) du = \frac{\sqrt{\pi}}{2}$

と計算できる。よって $\Gamma\left(\frac{1}{2}\right) = \sqrt{\pi}$ と値がえられる。いったん、この値が計算できれば漸化式を利用することで

$$\Gamma\left(\frac{3}{2}\right) = \Gamma\left(\frac{1}{2}+1\right) = \frac{1}{2}\Gamma\left(\frac{1}{2}\right) = \frac{\sqrt{\pi}}{2}$$

のように $\Gamma(3/2)$ の値が簡単に計算できる。よって、正の実数に対するガンマ関

数の値は$0<z<1$の範囲の値がわかれば、漸化式によってすべて計算できることになる。例えば

$$\Gamma\left(\frac{5}{2}\right)=\Gamma\left(\frac{3}{2}+1\right)=\frac{3}{2}\Gamma\left(\frac{3}{2}\right)=\frac{3}{2}\cdot\frac{\sqrt{\pi}}{2}=\frac{3\sqrt{\pi}}{4}$$

となる。このようにガンマ関数には漸化式の性質があるので、計算せずに積分の解がえられるという大きな実用上の利点がある。

## A3. 2.　ベータ関数

**ベータ関数** ($\beta$ function) はガンマ関数から導かれる特殊関数である。ここで$m$を整数とすると、階乗記号を使ってガンマ関数はつぎのように書くことができる。

$$\Gamma(m+1)=m!=\int_0^\infty t^m e^{-t}dt$$

同様にして $n!=\int_0^\infty u^n e^{-u}du$ となる。ここで、これらの積は

$$m!n!=\int_0^\infty t^m e^{-t}dt\int_0^\infty u^n e^{-u}du$$

と与えられる。ここで$t=x^2$, $u=y^2$という変数変換を行うと$dt=2xdx$, $du=2ydy$であり、積分範囲も

$$0\le t\le\infty \quad\rightarrow\quad -\infty\le x\le\infty \qquad\qquad 0\le u\le\infty \quad\rightarrow\quad -\infty\le y\le\infty$$

と変わる。よって

$$m!n!=\int_{-\infty}^\infty x^{2m}\exp(-x^2)(2xdx)\int_{-\infty}^\infty y^{2n}\exp(-y^2)(2ydy)$$

と積分が変わり、これを整理すると

$$m!n!=4\int_{-\infty}^\infty x^{2m+1}\exp(-x^2)dx\int_{-\infty}^\infty y^{2n+1}\exp(-y^2)dy$$

まとめると

$$m!n!=4\int_{-\infty}^\infty\int_{-\infty}^\infty x^{2m+1}y^{2n+1}\exp\{-(x^2+y^2)\}dxdy$$

となる。ここで、**極座標** (polar coordinates) に変換してみる。

$$x = r\cos\theta \qquad y = r\sin\theta$$

すると積分範囲は

$$-\infty \le x \le \infty,\ -\infty \le y \le \infty \quad \to \quad 0 \le r \le \infty,\ 0 \le \theta \le 2\pi$$

$$dxdy \to rdrd\theta$$

となるので

$$m!n! = 4\int_0^{2\pi} \int_0^{\infty} (r\cos\theta)^{2m+1}(r\sin\theta)^{2n+1}\exp(-r^2)r\,dr\,d\theta$$

のように変換できる。ここで $r$ と $\theta$ の積分に分けると

$$m!n! = 4\int_0^{\infty} r^{2m+1}r^{2n+1}\exp(-r^2)r\,dr \int_0^{2\pi}(\cos\theta)^{2m+1}(\sin\theta)^{2n+1}\,d\theta$$

これを整理すると

$$m!n! = 4\int_0^{\infty} r^{2m+2n+3}\exp(-r^2)\,dr \int_0^{2\pi}\cos^{2m+1}\theta\sin^{2n+1}\theta\,d\theta$$

となる。ここで、再びガンマ関数の定義を思い出すと

$$\Gamma(m+1) = m! = \int_0^{\infty} t^m \exp(-t)\,dt$$

であった。そこで $r$ に関する積分をみると $\int_0^{\infty} r^{2m+2n+3}\exp(-r^2)\,dr$ となっている。

これを変形すると $\int_0^{\infty}\left(r^2\right)^{m+n+1} r\exp(-r^2)dr$ となり、さらに $t = r^2$ の変数変換を行うと $dt = 2rdr$ であるから

$$\int_0^{\infty}\left(r^2\right)^{m+n+1} r\exp(-r^2)dr = \frac{1}{2}\int_0^{\infty} t^{m+n+1}\exp(-t)dt$$

と変形できるが、これはまさに $\int_0^{\infty} t^{m+n+1}\exp(-t)dt = (m+n+1)!$ である。よって、

先ほどの式に代入すると $m!n! = 2(m+n+1)!\int_0^{2\pi}\cos^{2m+1}\theta\sin^{2n+1}\theta\,d\theta$ となり、結局

$$2\int_0^{2\pi} \cos^{2m+1}\theta \sin^{2n+1}\theta \, d\theta = \frac{m!n!}{(m+n+1)!}$$

と変形できることになる。この左辺をベータ関数と呼び。

$$B(m+1, n+1) = 2\int_0^{2\pi} \cos^{2m+1}\theta \sin^{2n+1}\theta \, d\theta$$

と定義される。これは三角関数で表現したベータ関数である。この式は $m$ および $n$ に関して対称であるから $B(m+1, n+1) = B(n+1, m+1)$ という関係にある。ここで $t = \cos^2\theta$ という変数変換を行うと $dt = -2\cos\theta \sin\theta \, d\theta$ となる。また、$\sin^2\theta = 1 - \cos^2\theta = 1 - t$ であることに注意して、ベータ関数を変形すると

$$B(m+1, n+1) = \int_0^{2\pi} \cos^{2m}\theta \sin^{2n}\theta (2\cos\theta \sin\theta \, d\theta)$$

$$= \int_0^{2\pi} \left(\cos^2\theta\right)^m \left(\sin^2\theta\right)^n (2\cos\theta \sin\theta \, d\theta) = -\int_0^1 t^m (1-t)^n dt$$

よって

$$B(m, n) = \int_0^1 t^{m-1} (1-t)^{n-1} dt$$

となる。これが、より一般的なベータ関数の定義である。ベータ関数は

$$B(m, n) = \frac{(m-1)!(n-1)!}{(m+n-1)!}$$

のように階乗と関係がある。ガンマ関数を使えば

$$B(m, n) = \frac{\Gamma(m)\Gamma(n)}{\Gamma(m+n)}$$

となる。

# 補遺 4　体積要素の極座標変換

直交座標における体積要素 $dx\,dy\,dz$ は、極座標ではどのようになるのであろうか。図 4A-1 に極座標の体積要素を示す。

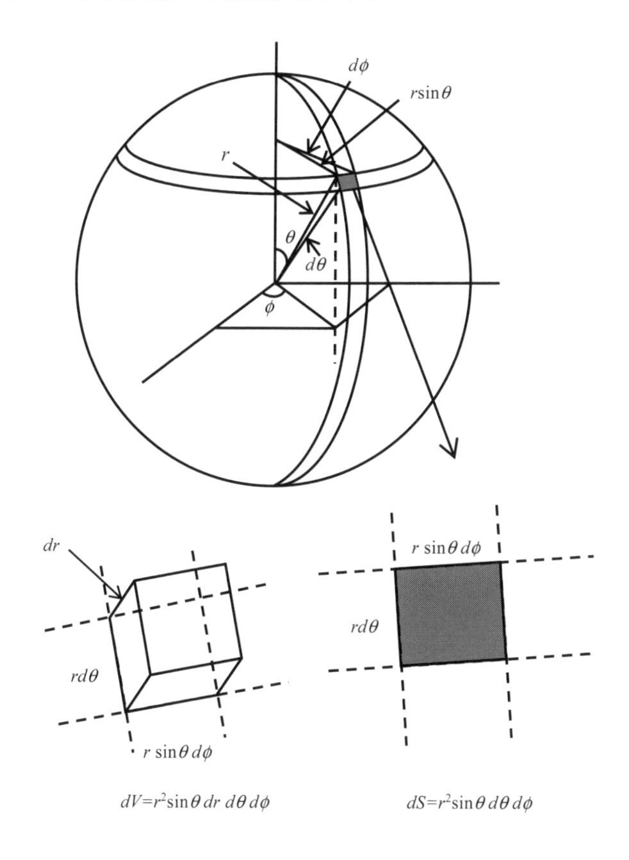


**図 4A-1**　極座標における体積要素

まず、簡単化のため、面積要素から考えてみる。図に示したように、面積要素の辺の長さは、それぞれ $r\,d\theta$ および $r\ \sin\theta\,d\phi$ と与えられる。したがって、面積要素は

$$dS = r^2 \sin\theta\, d\theta\, d\phi$$

となる。

ここで、体積要素は、この面積要素に $dr$ を乗じればえられる。よって

$$dx\,dy\,dz = dV = r^2 \sin\theta\, dr\, d\theta\, d\phi$$

となる。

# 補遺 5　$n$ 次元球の体積

半径が $r$ の円 $x^2+y^2=r^2$ の面積は $\pi r^2$ である。つぎに、半径が $r$ の球 $x^2+y^2+z^2=r^2$ 　の体積は　$(4/3)\pi r^3$ となる。それでは

$$x^2+y^2+z^2+w^2=r^2$$

のように 4 次元空間の球の体積を求めるにはどうすればよいであろうか。

もちろん、このような球を頭で思い浮かべることはできないが、体積らしきものを求めることは可能である。今後は、一般化のために

$$x_1{}^2+x_2{}^2+x_3{}^2+x_4{}^2=r^2$$

という表記を使う。ここで、$x_1{}^2+x_2{}^2+x_3{}^2=r^2$ の体積を $x_1{}^2+x_2{}^2=r^2$ を足がかりに求める方法を考えてみる。

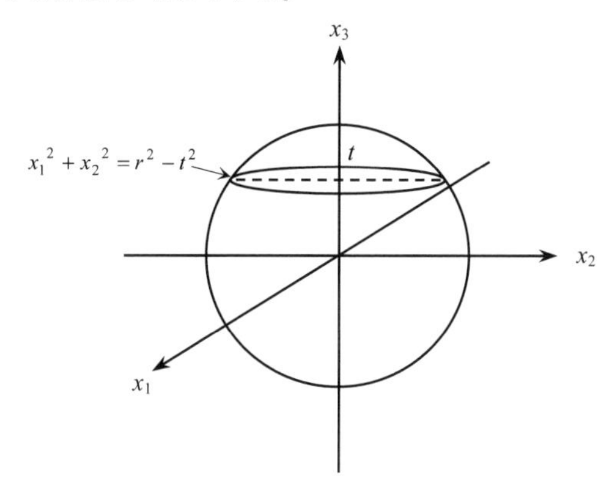


**図 A5-1**　3 次元球の $x_3=t$ における切断面は円である。

図 A5-1 に示すように、$x_1{}^2+x_2{}^2+x_3{}^2=r^2$ において、$x_3=t$ の切断面は

$$x_1^{\ 2} + x_2^{\ 2} = r^2 - t^2$$

という式で表される半径が $\sqrt{r^2 - t^2}$ の円となる。その面積 $S$ は $S = \pi(r^2 - t^2)$ である。これをもとに、球 $x_1^{\ 2} + x_2^{\ 2} + x_3^{\ 2} = r^2$ の体積を求めるには

$$V = \int_{-r}^{r} S\,dt = \int_{-r}^{r} \pi(r^2 - t^2)\,dt$$

という積分を実施すればよい。これを計算すると

$$V_3 = \int_{-r}^{r} \pi(r^2 - t^2)\,dt \ = 2\int_{0}^{r} \pi(r^2 - t^2)\,dt \ = 2\left[\pi\left(r^2 t - \frac{1}{3}t^3\right)\right]_0^r = \frac{4}{3}\pi r^3$$

となって、球の体積がえられる。それでは、同様の原理で4次元球である

$$x_1^{\ 2} + x_2^{\ 2} + x_3^{\ 2} + x_4^{\ 2} = r^2$$

の体積を求めてみよう。まず、$x_4 = t$ において切断すると

$$x_1^{\ 2} + x_2^{\ 2} + x_3^{\ 2} = r^2 - t^2$$

という球となる。この体積は

$$V_3(r' = \sqrt{r^2 - t^2}) = \frac{4\pi}{3}(r^2 - t^2)^{\frac{3}{2}}$$

となるので、3次元への拡張と同様の手法を用いると、4次元球の体積 $V_4$ は

$$V_4 = \int_{-r}^{r} V_3(r' = \sqrt{r^2 - t^2})\,dt \ = \int_{-r}^{r} \frac{4}{3}\pi(r^2 - t^2)^{\frac{3}{2}}\,dt \ = \frac{8}{3}\int_{0}^{r} \pi(r^2 - t^2)^{\frac{3}{2}}\,dt$$

という積分で与えられることになる。ここで $t = r\sin\theta$ と置くと $dt = r\cos\theta\,d\theta$ から

$$V_4 = \frac{8}{3}\pi r^4 \int_0^{\frac{\pi}{2}} \cos^4\theta\,d\theta \ = \frac{8}{3}\pi r^4 \frac{1\cdot 3}{2\cdot 4}\cdot\frac{\pi}{2} = \frac{\pi^2}{2}r^4$$

となる。ただし、ここでは、$m$ を整数として

$$\int_0^{\frac{\pi}{2}} \cos^{2m}\theta\,d\theta = \frac{\pi}{2}\frac{(2m-1)!!}{(2m)!!}$$

という公式を使っている。以後、被積分関数 $\cos\theta$ のべきが偶数の場合に、この公式を利用する。

同様の手法を使えば、高次元の球の体積が順次求められることになる。たとえば、5 次元の球の体積は

$$V_5 = \int_{-r}^{r} V_4(r' = \sqrt{r^2 - t^2})\,dt = \int_{-r}^{r} \frac{1}{2}\pi^2 (r^2 - t^2)^2\,dt = \int_0^r \pi^2 (r^2 - t^2)^2\,dt$$

となり、 $t = r\sin\theta$ と置くと

$$V_5 = \pi^2 r^5 \int_0^{\frac{\pi}{2}} \cos^5\theta\,d\theta = \pi^2 r^5 \frac{2\cdot 4}{1\cdot 3\cdot 5} = \frac{8}{15}\pi^2 r^5$$

となる。ただし、ここでは、$m$ を整数として

$$\int_0^{\frac{\pi}{2}} \cos^{2m+1}\theta\,d\theta = \frac{\pi}{2}\frac{(2m)!!}{(2m+1)!!}$$

という公式を使っている。以後、被積分関数 $\cos\theta$ のべきが奇数の場合に、この公式を利用する。

これ以降も、同様にして、6 次元球の体積は

$$V_6 = \int_{-r}^{r} V_5(r' = \sqrt{r^2 - t^2})\,dt = \int_{-r}^{r} \frac{8}{15}\pi^2 (r^2 - t^2)^{\frac{5}{2}}\,dt = \frac{16}{15}\pi^2 \int_0^r (r^2 - t^2)^{\frac{5}{2}}\,dt$$

$t = r\sin\theta$ と置くと

$$V_6 = \frac{16}{15}\pi^2 r^6 \int_0^{\frac{\pi}{2}} \cos^6\theta\,d\theta = \frac{16}{15}\pi^2 r^6 \frac{1\cdot 3\cdot 5}{2\cdot 4\cdot 6}\cdot\frac{\pi}{2} = \frac{\pi^3}{6} r^6$$

7 次元球の体積は

$$V_7 = \int_{-r}^{r} V_6(r' = \sqrt{r^2 - t^2})\,dt = \int_{-r}^{r} \frac{\pi^3}{6}(r^2 - t^2)^3\,dt = \frac{\pi^3}{3}\int_0^r (r^2 - t^2)^3\,dt$$

$t = r\sin\theta$ と置くと

$$V_7 = \frac{\pi^3}{3} r^7 \int_0^{\frac{\pi}{2}} \cos^7\theta\,d\theta = \frac{\pi^3}{3} r^7 \frac{2\cdot 4\cdot 6}{1\cdot 3\cdot 5\cdot 7} = \frac{16}{105}\pi^3 r^7$$

となる。8 次元球の体積は

$$V_8 = \int_{-r}^{r} V_7(r' = \sqrt{r^2 - t^2})\,dt = \int_{-r}^{r} \frac{16}{105}\pi^3 (r^2 - t^2)^{\frac{7}{2}}\,dt = \frac{32\pi^3}{105}\int_0^r (r^2 - t^2)^{\frac{7}{2}}\,dt$$

$t = r\sin\theta$ と置くと

$$V_8 = \frac{32}{105}\pi^3 r^8 \int_0^{\frac{\pi}{2}} \cos^8\theta\, d\theta = \frac{32}{105}\pi^3 r^8 \frac{\pi}{2}\frac{3\cdot5\cdot7}{2\cdot4\cdot6\cdot8} = \frac{1}{24}\pi^4 r^8$$

となる。線分 $2r$ の長さを 1 次元球の体積、円の面積を 2 次元球の体積とみなすと、1 次元から 8 次元球の体積は

$$2r,\ \pi r^2,\ \frac{4}{3}\pi r^3,\ \frac{\pi^2}{2}r^4,\ \frac{8}{15}\pi^2 r^5,\ \frac{\pi^3}{6}r^6,\ \frac{16}{105}\pi^3 r^7,\ \frac{\pi^4}{24}r^8$$

と与えられことになる。

以上の結果をみると、規則性のあることがわかる。それがわかれば、一般式がえられるはずである。それを探ってみよう。

まず、$n$ 次元球の体積 $V_n$ は、$n-1$ 次元の球の体積 $V_{n-1}$ を利用すると

$$V_n = \int_{-r}^{r} V_{n-1}(r' = \sqrt{r^2 - t^2})\, dt = 2\frac{V_{n-1}}{r^{n-1}}\int_0^r (\sqrt{r^2 - t^2})^{n-1}\, dt = 2rV_{n-1}\int_0^{\frac{\pi}{2}} \cos^n\theta\, d\theta$$

と与えられる。$t = \sin^2\theta$ と置くと、積分範囲は 0 から 1 に変わる。また

$$dt = 2\sin\theta\cos\theta\, d\theta = 2t^{\frac{1}{2}}(1-t)^{\frac{1}{2}}d\theta,\quad d\theta = \frac{1}{2}t^{-\frac{1}{2}}(1-t)^{-\frac{1}{2}}dt,\quad \cos^n\theta = (1-t)^{\frac{n}{2}}$$

として

$$V_n = \int_0^1 (1-t)^{\frac{n}{2}} \left\{\frac{1}{2}t^{-\frac{1}{2}}(1-t)^{-\frac{1}{2}}\right\}dt = \frac{1}{2}\int_0^1 (1-t)^{\frac{n-1}{2}}\, t^{-\frac{1}{2}}dt$$

となる。この積分は、補遺 3 で紹介したベータ関数であり、その公式

$$B(a,b) = \int_0^1 t^{a-1}(1-t)^{b-1}\, dt = \frac{\Gamma(a)\Gamma(b)}{\Gamma(a+b)}$$

から

$$\int_0^{\frac{\pi}{2}} \cos^n\theta\, d\theta = \frac{1}{2}\int_0^1 (1-t)^{\frac{n-1}{2}}\, t^{-\frac{1}{2}}dt = \frac{\Gamma\left(\frac{n+1}{2}\right)\Gamma\left(\frac{1}{2}\right)}{2\Gamma\left(\frac{n}{2}+1\right)} = \frac{\sqrt{\pi}}{2}\frac{\Gamma\left(\frac{n+1}{2}\right)}{\Gamma\left(\frac{n}{2}+1\right)}$$

となる。よって $V_n = \sqrt{\pi}r\ \dfrac{\Gamma\left(\frac{n+1}{2}\right)}{\Gamma\left(\frac{n}{2}+1\right)}V_{n-1}$ という漸化式がえられる。すると

$$V_3 = \sqrt{\pi} r \ \frac{\Gamma(2)}{\Gamma\left(\frac{3}{2}+1\right)} V_2 \ = \frac{1}{\Gamma\left(\frac{5}{2}\right)} \pi^{\frac{3}{2}} r^3$$

つぎに漸化式を利用して $V_3$ から $V_4$ を求めると

$$V_4 = \sqrt{\pi} r \ \frac{\Gamma\left(\frac{5}{2}\right)}{\Gamma(3)} V_3 \ = \sqrt{\pi} r \frac{\Gamma\left(\frac{5}{2}\right)}{\Gamma(3)\Gamma\left(\frac{5}{2}\right)} \pi^{\frac{3}{2}} r^3 \ = \frac{1}{\Gamma(3)} \pi^2 r^4$$

となる。同様にして、$V_5$ は

$$V_5 = \sqrt{\pi} r \ \frac{\Gamma(3)}{\Gamma\left(\frac{7}{2}\right)} V_4 = \sqrt{\pi} r \ \frac{\Gamma(3)}{\Gamma\left(\frac{7}{2}\right)} \ \frac{1}{\Gamma(3)} \pi^2 r^4 \ = \frac{1}{\Gamma\left(\frac{7}{2}\right)} \pi^{\frac{5}{2}} r^5$$

以下、同様のステップを行えば $V_6$ は

$$V_6 = \sqrt{\pi} r \ \frac{\Gamma\left(\frac{7}{2}\right)}{\Gamma(4)} V_5 = \sqrt{\pi} r \frac{\Gamma\left(\frac{7}{2}\right)}{\Gamma(4)} \ \frac{1}{\Gamma\left(\frac{7}{2}\right)} \pi^{\frac{5}{2}} r^5 \ = \frac{1}{\Gamma(4)} \pi^3 r^6$$

となり、結果として

$$V_n = \frac{1}{\Gamma\left(\frac{n}{2}+1\right)} \pi^{\frac{n}{2}} r^n \ = \frac{1}{\frac{n}{2}\Gamma\left(\frac{n}{2}\right)} \pi^{\frac{n}{2}} r^n \ = \frac{2}{n\Gamma\left(\frac{n}{2}\right)} \pi^{\frac{n}{2}} r^n$$

という一般式がえられる。

# 補遺 6　フェルミ粒子とボーズ粒子

量子力学が対象とする波動関数 $\varphi(x)$ は、ミクロ粒子の量子状態を表す関数である。そして、波動関数に、適当な演算子を作用させると、ミクロ粒子の物理量をえることができる。例えば、**運動量演算子** (momentum operator): $\hat{p}$ を波動関数 $\varphi(x)$ に作用させると $\hat{p}\varphi(x) = a\varphi(x)$ のように、**固有値** (eigenvalue) $a$ が、波動関数 $\varphi(x)$ によって記述されるミクロ粒子の運動量となる。さらに、$\varphi(x)$ は複素関数であるが、固有値は実数となり、これが物理的実態に対応するのである。例として、波動関数として

$$\varphi(x) = C\exp(ikx)$$

を考える。この関数に運動量演算子 $\hat{p} = \dfrac{\hbar}{i}\dfrac{\partial}{\partial x}$ を作用させると

$$\hat{p}\varphi(x) = -i\hbar\frac{d}{dx}(C\exp(ikx)) = \hbar k(C\exp(ikx)) = \hbar k\varphi(x)$$

となり、固有値として $\hbar k$ がえられ、これがミクロ粒子の運動量となる。同様にして、**ハミルトニアン** (Hamiltonian) と呼ばれるエネルギー演算子 $\hat{H}$ を作用させると、エネルギー$E$ が固有値としてえられる。

$$\hat{H}\varphi(x) = E\varphi(x)$$

これを**シュレディンガー方程式** (Schrödinger equation) と呼んでいる。さらに、量子力学では、波動関数の絶対値の 2 乗である $\left|\varphi(x)\right|^2 dx$ は、$x$ と $x+dx$ の範囲にミクロ粒子を見出す確率に相当するとされている。したがって、全空間で積分すると

$$\int_{-\infty}^{+\infty}\left|\varphi(x)\right|^2 dx = \int_{-\infty}^{+\infty}\varphi^*(x)\varphi(x)\,dx = 1$$

となる。これを**規格化条件** (normalization condition) と呼ぶ。

ここで、粒子が 2 個ある場合を考えてみよう。この場合、波動関数は粒子

1 と粒子 2 の位置 $x_1$ と $x_2$ の関数となるので $\varphi(x_1, x_2)$ と与えられる。ここで、粒子 1 と 2 を交換しても、2 個のミクロ粒子を見いだす確率に変化はないので $|\varphi(x_1, x_2)|^2 = |\varphi(x_2, x_1)|^2$ となるはずである。これを満足するのは

$$\varphi(x_2, x_1) = \varphi(x_1, x_2) \quad あるいは \quad \varphi(x_2, x_1) = -\varphi(x_1, x_2)$$

しかない。前者を**対称関数** (symmetric function)、後者を**反対称関数** (asymmetric function)と呼んでいる。

本文の統計処理でも紹介したように、ミクロ粒子を 1 個 1 個区別することはできないので、2 個の粒子の位置を交換してもなんら変化のない $\varphi(x_2, x_1) = \varphi(x_1, x_2)$ が成立するように思えるが、不思議なことに、量子力学の世界では、$\varphi(x_2, x_1) = -\varphi(x_1, x_2)$ も起こりうるのである。

そして、対称型の波動関数を有する粒子を**ボーズ粒子** (Boson)、反対称型の波動関数を有する粒子を**フェルミ粒子** (Fermion) と呼んでいる。

これを $n$ 粒子系で考えてみよう。波動関数は

$$\varphi(x_1, x_2, ..., x_i, ..., x_j, ..., x_n)$$

となる。このとき、$i$ 番目の粒子と $j$ 番目の粒子を交換したとき

$$\varphi(x_1, x_2, ..., x_i, ..., x_j, ..., x_n) = \pm\varphi(x_1, x_2, ..., x_j, ..., x_i, ..., x_n)$$

という対称と反対称の関係がえられる。前者がボーズ粒子、そして後者がフェルミ粒子である。

このように、ボーズ粒子では、粒子の交換が可能であり、結果として、ひとつのエネルギー準位を、いくらでも粒子が占有できることになる。これに対し、フェルミ粒子では、ひとつのエネルギー準位を、1 個の粒子しか占有できないことになる。

# 補遺 7　ゼータ関数とガンマ関数

**ゼータ関数** ($\varsigma$ function) の定義は

$$\varsigma(s) = \frac{1}{1^s} + \frac{1}{2^s} + \frac{1}{3^s} + \ldots + \frac{1}{n^s} + \ldots = \sum_{n=1}^{\infty} \frac{1}{n^s}$$

である。ここで $s$ は任意の実数であるが、複素数に拡張することも可能である。代表的なゼータ関数の値を示すと

$$\varsigma(2) = \frac{1}{1^2} + \frac{1}{2^2} + \frac{1}{3^2} + \ldots + \frac{1}{n^2} + \ldots = \frac{\pi^2}{6} \cong 1.6449$$

$$\varsigma(4) = \frac{1}{1^4} + \frac{1}{2^4} + \frac{1}{3^4} + \ldots + \frac{1}{n^4} + \ldots = \frac{\pi^4}{90} \cong 1.0823$$

となる。これら計算については、『なるほど整数論』(村上雅人著、海鳴社) を参照していただきたい。

すでに紹介したように、**ガンマ関数** ($\Gamma$ function) はつぎの積分によって定義される特殊関数である。

$$\Gamma(x) = \int_0^{\infty} t^{x-1} e^{-t} dt$$

ここで、ガンマ関数の変数を $s$ と置いて、ゼータ関数との積を計算してみよう。すると

$$\Gamma(s)\varsigma(s) = \left(\int_0^{\infty} t^{s-1} e^{-t} dt\right)\left(\sum_{n=1}^{\infty} \frac{1}{n^s}\right) = \int_0^{\infty} \sum_{n=1}^{\infty} \frac{1}{n^s} t^{s-1} e^{-t} dt$$

となる。

最後の積分において、$t = nx$ と変数変換すると $dt = ndx$ となり

$$\int_0^{\infty} \sum_{n=1}^{\infty} \frac{1}{n^s} t^{s-1} e^{-t} dt = \int_0^{\infty} \sum_{n=1}^{\infty} \frac{1}{n^s} (nx)^{s-1} e^{-nx} ndx = \int_0^{\infty} \sum_{n=1}^{\infty} x^{s-1} e^{-nx} dx$$

$$= \int_0^\infty x^{s-1} \sum_{n=1}^\infty e^{-nx}\, dx$$

と変形できる。ここで

$$\sum_{n=1}^\infty e^{-nx} = e^{-x} + e^{-2x} + e^{-3x} + \ldots + e^{-nx} + \ldots$$

は、初項が $e^{-x}$ であり、公比が $e^{-x}$ の無限等比級数の和であるから

$$\sum_{n=1}^\infty e^{-nx} = \frac{e^{-x}}{1 - e^{-x}}$$

となる。分子、分母に $e^x$ を乗じると $\sum_{n=1}^\infty e^{-nx} = \frac{1}{e^x - 1}$ となる。したがって

$$\Gamma(s)\varsigma(s) = \int_0^\infty \frac{x^{s-1}}{e^x - 1} dx$$

という積分となる。よって

$$\varsigma(s) = \frac{1}{\Gamma(s)} \int_0^\infty \frac{x^{s-1}}{e^x - 1} dx$$

と与えられ、これがゼータ関数の積分表示となる。ここで、$s = 3/2$ のとき

$$\int_0^\infty \frac{x^{\frac{1}{2}}}{e^x - 1} dx = \Gamma\left(\frac{3}{2}\right)\varsigma\left(\frac{3}{2}\right)$$

となる。ちなみに、ゼータ関数は $\varsigma\left(\frac{3}{2}\right) = 1 + 2^{-\frac{3}{2}} + 3^{-\frac{3}{2}} + \ldots + 10^{-\frac{3}{2}} + \ldots$ という数列

を計算すればよく、簡単な計算ソフトを使って求められ $\varsigma\left(\frac{3}{2}\right) = 2.612\ldots$ となる。

同様にして　$\varsigma\left(\frac{5}{2}\right) = 1 + 2^{-\frac{5}{2}} + 3^{-\frac{5}{2}} + \ldots + 10^{-\frac{5}{2}} + \ldots$　から

$$\varsigma\left(\frac{5}{2}\right) = 1.342\ldots$$

と計算できる。

# 索引

## あ行



## か行



## さ行

## た行



## な行



## は行



## ま行



## や行



## ら行

著者：村上　雅人（むらかみ　まさと）

1955年，岩手県盛岡市生まれ．東京大学工学部金属材料工学科卒，同大学工学系大学院博士課程修了．工学博士．超電導工学研究所第一および第三研究部長を経て，2003年4月から芝浦工業大学教授．2008年4月同副学長，2011年4月より同学長．

1972年米国カリフォルニア州数学コンテスト準グランプリ，World Congress Superconductivity Award of Excellence，日経BP技術賞，岩手日報文化賞ほか多くの賞を受賞．

著書：『なるほど虚数』『なるほど微積分』『なるほど線形代数』『なるほど量子力学』など「なるほど」シリーズを十数冊のほか，『日本人英語で大丈夫』．編著書に『元素を知る事典』（以上，海鳴社），『はじめてナットク超伝導』（講談社，ブルーバックス），『高温超伝導の材料科学』（内田老鶴圃）など．

なるほど統計力学

2017年 1 月 30 日　第1刷発行
2023年 8 月 24 日　第2刷発行

発行所：㈱海 鳴 社　http://www.kaimeisha.com/

〒101-0065　東京都千代田区西神田２－４－６
Eメール：kaimei@d8.dion.ne.jp
Tel.：03-3262-1967　Fax：03-3234-3643

発 行 人：辻　信行
組　　版：小林　忍
印刷・製本：シ ナ ノ



出版社コード：1097



ISBN 978-4-87525-329-7